动手打造
深度学习框架

李伟◎著

人民邮电出版社

北 京

图书在版编目（ＣＩＰ）数据

动手打造深度学习框架 / 李伟著. -- 北京 ：人民
邮电出版社，2022.4
ISBN 978-7-115-57012-3

Ⅰ．①动… Ⅱ．①李… Ⅲ．①机器学习 Ⅳ.
①TP181

中国版本图书馆CIP数据核字(2021)第149494号

内 容 提 要

本书基于C++编写，旨在带领读者动手打造出一个深度学习框架。本书首先介绍C++模板元编程的基础技术，然后在此基础上剖析深度学习框架的内部结构，逐一实现深度学习框架中的各个组件和功能，包括基本数据结构、运算与表达模板、基本层、复合层、循环层、求值与优化等，最终打造出一个深度学习框架。本书将深度学习框架与C++模板元编程有机结合，更利于读者学习和掌握使用C++开发大型项目的方法。

本书适合对C++有一定了解，希望深入了解深度学习框架内部实现细节，以及提升C++程序设计水平的读者阅读。

◆ 著　　　　李 伟

责任编辑　赵祥妮

责任印制　陈 犇

◆ 人民邮电出版社出版发行　　北京市丰台区成寿寺路 11 号

邮编　100164　　电子邮件　315@ptpress.com.cn

网址　https://www.ptpress.com.cn

北京市艺辉印刷有限公司印刷

◆ 开本：800×1000　1/16

印张：20　　　　　　　　2022 年 4 月第 1 版

字数：423 千字　　　　　2022 年 4 月北京第 1 次印刷

定价：89.90 元

读者服务热线：**(010)81055410**　印装质量热线：**(010)81055316**
反盗版热线：**(010)81055315**
广告经营许可证：京东市监广登字 20170147 号

前言

本书讨论了如何将 C++模板元编程（简称元编程）深入应用到一个相对较大的项目（深度学习框架）的开发过程中，通过元编程与编译期计算为运行期优化提供更多的可能。

C++模板元编程与深度学习框架

本书内容将围绕两个主题展开：C++模板元编程与深度学习框架。在笔者看来，这两个主题都算是时下比较前沿的技术。深度学习框架不必多说，它几乎已经成为人工智能的代名词，无论是在自然语言处理、语音识别，还是图像识别等与人工智能相关的技术中，都可以看到深度学习的身影。本书的另一个主题——C++模板元编程，或者说与之相关的C++泛型编程，也是 C++领域越来越热门的一种技术。从 C++11 到 C++20，我们看到标准中引入了越来越多的与 C++模板元编程相关的内容。C++20 中非常振奋人心的特性可能要数 Concepts 与 std::ranges 了，前者是直接对元编程语法的增强，后者则深入应用了元编程技术。可以说，正是元编程技术的发展，使得 C++这门已经被使用了 40 余年的语言焕发出新的活力。

从泛型编程到元编程

C++并不容易上手。与 Java 等语言相比，它过于关注底层的机制，开发者需要人为地处理诸如内存的分配与释放、对象的生命周期管理等"零零碎碎"的问题；与 C 语言、汇编语言相比，它又包含了过多的语法细节，学习成本要高很多。但 C++也有它自身的优势：它可以写出性能堪比 C 语言程序的代码，同时包含了足以用于构建大型程序的语法框架。这也让它在众多编程语言中脱颖而出，为很多开发者所钟爱。

严格来说，几乎所有的程序设计语言都是"图灵完备"的，这也就意味着大家能做的事情差不多。之所以要发明出这么多程序设计语言，一个主要的原因就是要在易用性与高性能之间取得一种平衡。关于这种平衡，不同的程序设计语言选择了不同的取舍方式：像

Python、Java 等语言更倾向于易用性，比如 Python 是弱类型的，我们可以使用一个变量名称指代不同类型的数据；Java 则通过虚拟机隐藏了不同计算机之间的硬件与操作系统的差异，实现了"一次编译，到处运行"。相比之下，C++则将语言的天平更多地向性能倾斜，可以说，C++泛型编程与元编程正是这一点的体现。

举例来说，同样是构造容器保存数据，Python 可以直接将数据放置到数组中，不需要考虑每个数据的具体类型。之所以可以这样做，是因为 Python 中的每个类型都派生自一个相同的类型，所以数组中所保存的元素本质上都是这个类型的指针——这是一种典型的面向对象编程方式。C++也支持这种方式，但除此之外，C++还可以通过模板引入专门的容器，来保存特定类型的数据。事实证明，后一种方式由于对存储的类型引入了更多的限制，因此有更多优化的空间，其性能也就更好。这种方式也被 C++标准库所采用。

通过模板，我们可以编写一套相似的代码，并以不同的类型进行实例化，从而实现对不同的类型进行相似的处理。这种可以应用于不同类型的代码也被称为"泛型"代码。

在引入泛型机制的基础上，又产生了一些新的问题。比如，我们可能需要根据某个类型来推导出相应的指针类型，以间接引用该类型的某个变量；又如，虽然大部分情况下，我们可以使用一套代码来处理不同类型，但对于某些"特定的"类型来说，一些处理逻辑上的调整可能会极大地提升性能。因此，我们需要一种机制进行类型推导或逻辑调整。这种机制以程序作为输入与输出，是处理程序的程序，因此被称为元程序，而相应的代码编写方法则被称为元编程。

早期的元编程应用范围相对有限，一方面是因为这种代码的编写方式难以掌握；另一方面则是因为 C++语法对其支持程度不高。随着人们对 C++这门语言认识程度的加深，以及 C++标准中引入了更多的相关工具，元编程的使用门槛也逐渐降低，以至于可以应用在很多复杂程序的开发之中。本书将元编程深入应用到深度学习框架的开发过程中，就是一次有益的尝试。

深度学习框架中的元编程

深度学习框架中有一个核心概念——张量。张量可以被视为多维数组，典型的张量包括一维向量、二维矩阵等。矩阵可被视为一个二维数组，其中的每个元素是一个数值，可以通过指定行数与列数获取该位置元素的值。

在一个相对复杂的系统中，可能涉及各种不同的矩阵。比如，在某些情况下我们可能需要引入某种数据类型来表示"元素全为 0"的矩阵；或者一些情况可能需要基于某个矩阵表示出一个新的矩阵，新矩阵中的每个元素都是原有矩阵中相同位置元素乘 −1 后的结果。

如果采用面向对象的方式，我们可以很容易地想到引入一个基类来表示矩阵，在此基础上派生出若干具体的矩阵类型。比如：

```
1   class AbstractMatrix
2   {
3   public:
4       virtual int Value(int row, int column) = 0;
5   };
6
7   class Matrix : public AbstractMatrix;
8   class ZeroMatrix : public AbstractMatrix;
9   class NegMatrix : public AbstractMatrix;
```

AbstractMatrix 定义了表示矩阵的基类，其中的 Value 接口在传入行号与列号时，返回对应元素的值（这里假定它为 int 类型）。之后，我们引入了若干个派生类，使用 Matrix 来表示一般意义的矩阵；使用 ZeroMatrix 来表示元素全为 0 的矩阵；NegMatrix 的内部则包含一个 AbstractMatrix 类型的对象指针，它表示的矩阵的每个元素为其中包含的 Matrix 对应元素乘–1 的结果。

所有派生自 AbstractMatrix 的具体矩阵必须实现 Value 接口。比如，对 ZeroMatrix 来说，其 Value 接口的功能就是返回数值 0；对 NegMatrix 来说，它会首先调用其内部对象的 Value 接口，之后将获取的值乘–1 并返回。

现在考虑一下，如果我们要构造一个函数，输入两个矩阵并计算二者之和，该怎么实现。基于前文所定义的类，矩阵相加函数可以使用如下声明：

```
1   Matrix Add(const AbstractMatrix* mat1, const AbstractMatrix* mat2);
```

由于每个矩阵都实现了 AbstractMatrix 所定义的接口，因此我们可以在这个函数中分别遍历两个矩阵中的元素，将对应元素求和并保存在结果矩阵 Matrix 中返回。

显然，这是一种相对通用的实现，能解决大部分问题，但对于一些特殊的情况则性能较差，比如：

- 如果一个 Matrix 对象与一个 ZeroMatrix 对象相加，那么直接返回 Matrix 对象即可；
- 如果一个 Matrix 对象与一个 NegMatrix 对象相加，同时我们能确保 NegMatrix 对象中，每个元素都是 Matrix 对象对应元素乘–1 的结果，那么直接将结果矩阵中的每个元素赋值 0 即可。

为了在这类特殊情况中提升计算速度，我们可以在 Add 中引入动态类型转换，来尝试获取参数所对应的实际数据类型：

```
1   Matrix Add(const AbstractMatrix* mat1, const AbstractMatrix* mat2)
2   {
3       if (auto ptr = dynamic_cast<const ZeroMatrix*>(mat1))
4           // 引入相应的处理
5       else if (...)
6           // 其他情况
7   }
```

这种设计有两个问题：首先，大量的 if 会使函数变得非常复杂，难以维护；其次，调用 Add 时需要对 if 的结果进行判断——这是一个涉及运行期的计算，引入过多的判断，甚至可能使函数的运行速度变慢。

以上问题有一个很经典的解决方案：函数重载。比如，我们可以引入如下若干函数：

```
1   Matrix Add(const AbstractMatrix* mat1, const AbstractMatrix* mat2);
2   Matrix Add(const ZeroMatrix* mat1, const AbstractMatrix* mat2);
3   ...
4
5   ZeroMatrix m1;
6   Matrix m2;
7   Add(&m1, &m2); // 调用第二个优化算法
```

其中的第一个版本对应一般的情况，而其他版本则对应一些特殊的情况，为其提供相应的优化。

这种方案很常见，以至于我们可能意识不到这已经是在使用元编程了。我们相当于构造了一个元程序，其输入是具体的矩阵类型，输出是相应的求和算法。编译器会根据不同的输入选择不同的算法处理——整个计算过程在编译期完成。相应地，元编程也被称为编译期计算。

函数重载只是一种很简单的编译期计算——它虽然能够解决一些问题，但使用范围还是相对狭窄的。本书所要讨论的则是更加复杂的编译期计算方法：我们将使用模板来构造若干组件，其中显式包含了需要编译器处理的逻辑。编译器使用这些模板推导出来的值（或类型）来优化系统。这种用于编译期计算的模板被称为"模板元函数"，而相应的计算方法也被称为"元编程"或"C++模板元编程"。

元编程与大型程序设计

元编程并非一个新概念。事实上，早在 1994 年，埃尔温·翁鲁（Erwin Unruh）就展示了一个程序，其可以利用编译期计算来输出质数。但由于种种原因，对 C++模板元编程的研究一直处于不温不火的状态。虽然一度也出现过若干元编程的库（比如 Boost::MPL、Boost::Hana 等），但应用这些库来解决实际问题的案例相对较少。即使偶尔出现，这些元编程的库与技术也往往处于一种辅助的地位，辅助面向对象的方法来构造程序。

随着 C++标准的发展，我们欣喜地发现，其中引入了大量的工具与语法，使得元编程越来越容易。这也使得使用元编程构造相对复杂的程序成为可能。

在本书中，我们将构造一个相对复杂的系统——深度学习框架。元编程在这个系统中不再是辅助地位，而是整个系统的"主角"。在前文中，我们提到了元编程与编译期计算的优

势之一就是更好地利用运算本身的信息，提升系统性能。这里将概述如何在大型系统中实现这一点。

一个大型系统往往包含若干概念，每一种概念可能存在不同的实现，这些实现各有优势。基于元编程，我们可以将同一概念所对应的不同实现组织成松散的结构。进一步可以通过使用标签等方式对不同的概念分类，从而便于维护已有的概念、引入新的概念，或者引入已有概念的新实现。

概念可以进行组合。典型地，两个矩阵相加可以构成新的矩阵。我们将讨论元编程中的一项非常有用的技术：表达式模板。它用于组合已有的类型，形成新的类型。新的类型中保留了原有类型中的全部信息，可以在编译期利用这些信息进行优化。

元编程的计算是在编译期进行的。深入使用元编程技术，一个随之而来的问题就是编译期与运行期该如何交互。通常来说，为了在高效性与可维护性之间取得平衡，我们必须考虑哪些计算是可以在编译期完成的、哪些则最好放在运行期、二者如何过渡。在深度学习框架实现的过程中，我们会看到大量编译期与运行期交互的例子。

编译期计算并非目的，而是手段：我们希望通过编译期计算来改善运行期性能。读者将在本书的第 10 章看到如何基于已有的编译期计算结果，来优化深度学习框架的性能。

目标读者与阅读建议

本书将使用编译期计算与元编程打造一个深度学习框架。深度学习是当前研究的一个热点领域，以人工神经网络作为核心，包含了大量的技术与学术成果。本书主要讨论元编程与编译期计算的方法，因此并不考虑做一个大而全的工具包。但我们所打造的深度学习框架是可扩展的，能够用于人工神经网络的训练与预测。

尽管对讨论的范围进行了上述限定，但本书毕竟同时涉及元编程与深度学习，读者如果没有一定的背景知识很难完成学习。因此，我们假定读者对相关数学知识与 C++ 都有一定的了解，具体有以下几点。

- 读者需要对 C++ 面向对象的开发技术、模板有一定的了解。本书并不是 C++ 入门书，如果读者想了解 C++ 的入门知识以及 C++ 标准的有关内容，可以参考《C++ Primer Plus 第 6 版 中文版》或者其他类似的书籍。
- 读者需要对线性代数的基本概念有所了解，知道矩阵、向量、矩阵乘法等概念。人工神经网络的许多操作都可以抽象为矩阵运算，因此基本的线性代数知识是不可缺少的。
- 读者需要对高等数学中的微积分与导数的概念有基本的了解。梯度是微积分中的一个基本概念，在深度学习的训练过程中占据非常重要的地位——深度学习中的很大一部分操作就是梯度的传播与计算。虽然本书不会涉及微积分中很高深的知识，但要求读者了解偏导数 $\partial y / \partial x$ 的基本含义。

元编程的成本

使用元编程可以写出灵活高效的代码，但这并非没有代价。本书将集中讨论元编程，但在此之前有必要明确使用元编程的成本，从而对这项技术有更加全面的认识。

元编程的成本主要由两个方面构成：研发成本与使用成本。

1. 研发成本

从本质上来说，元编程的研发成本并非来自这项技术本身，而是来自开发者编写代码的习惯转换所产生的成本。虽然本书讨论的是 C++ 中的一项编程技术，但它与面向对象的 C++ 开发技术有很大区别。从某种意义上来说，元编程更像一门可以与面向对象的 C++ 代码无缝衔接的新语言，想掌握并用好它还是要花费一些力气的。

对熟悉面向对象的 C++ 开发者来说，学习并掌握这项新的编程技术，主要的难点在于建立函数式编程的思维模式。编译期涉及的所有元编程方法都是函数式的，构造的中间结果无法改变，由此产生的影响可能会比想象中要大一些。本书将会通过大量的示例来帮助读者逐步建立这样的思维模式。相信读完本书，读者会对其有相对深入的认识。

使用元编程的另一个问题是调试困难。原因也很简单：大部分 C++ 开发者都在使用面向对象的方式编程，因此大部分编译器都会针对这一点进行优化。相应地，编译器在输出元编程的调试信息方面效果就会差很多。很多情况下，编译器输出的元程序错误信息更像是一篇短文。这个问题在 C++20 标准引入了 Concepts 后有所缓解，但目前主流的编译器还是支持 C++17 标准，对该问题没有什么特别好的解决方案。通常来说，我们要多动手做实验，多看编译器的输出信息，慢慢找到感觉。

还有一个问题：相对使用面向对象的 C++ 开发者来说，使用元编程的开发者毕竟算是"小众"。这就造成了在多人协作开发时，使用元编程比较困难——因为别人看不懂你的代码，所以其学习与维护成本会比较高。笔者在工作中就经常遇到这样的问题，事实上也正是这个问题间接促进了本书的面世。如果你希望说服你的协作者使用元编程开发 C++ 程序，可以向他推荐本书。

2. 使用成本

元编程的研发成本是一种主观成本，可以通过开发者提升自身的编程水平来降低。相对地，元编程的使用成本则是一种客观成本，处理起来更棘手。

通常情况下，如果我们希望开发一个程序包并交付他人使用，那么程序包中往往会包含头文件与编译好的静态库或动态库，程序的主体逻辑是位于静态库或动态库中的。这样有两个好处：首先，程序包的提供者不必担心位于静态库或动态库中的主体逻辑遭到泄漏——使用者无法看到源码，要想获得程序包中的主体逻辑，需要通过逆向工程等手段实现，成本相对较高；其次，程序包的使用者可以较快地进行自身程序的编译并链接——因为程序包中的静态库、动态库都是已经编译好的，这一部分代码的编译过程会被省略。

但如果我们使用元编程开发一个程序包并交付他人使用，那么通常来说将无法获得上述两个好处：首先，元编程的逻辑往往是在模板中实现的，而模板是要放在头文件中的，这就造成元程序包的主体逻辑源代码在头文件中，其会随着程序包的发布提供给使用者，使用者了解并仿制相应逻辑的成本会大大降低；其次，调用元程序库的程序在每次编译过程中都需要编译头文件中的相应逻辑，这就会增加编译的时间。

如果我们无法承担由元编程所引入的使用成本，就要考虑一些折中的解决方案了。一种典型的方案是对程序包的逻辑进行拆分，将编译耗时长、不希望泄漏的逻辑先行编译，形成静态库或动态库，同时将编译时长较短、可以展示源代码的部分使用元程序编写，以头文件的形式提供，从而确保依旧可以利用元程序的优势。至于如何划分，则要视项目的具体情况而定。

本书的组织结构

本书包含两部分。第 1 部分（第 1~3 章）将讨论元编程的基础技术，这些技术将被用在第 2 部分（第 4~10 章）中，用于打造深度学习框架。

第 1 章　元编程基本方法。本章讨论元函数的基本概念，讨论将模板作为容器的可能性，在此基础上给出顺序、分支、循环代码的编写方法——这些方法构成整个编程体系的核心。在此之后，我们会进一步讨论一些典型的惯用法，包括奇特的递归模板式（Curiously Recurring Template Pattern，CRTP）等内容，它们都会在后文中被用到。

第 2 章　元数据结构与算法。本章在第 1 章的基础上进行了引伸，引入基本的数据结构与算法的概念。我们将讨论在编译期表示集合、映射（map）等数据结构的方法，同时给出编译期高效的数据索引与变换算法。这些算法都是泛型的，但与传统的 C++ 泛型算法不同。传统的 C++ 泛型算法的目的是处理运行期不同的数据，而这里的算法是为了处理编译期不同的数据（甚至是类型）。我们将这种高效处理的算法抽象出来，保存在一个元算法库中，供后续编写深度学习框架使用。

第 3 章　异类词典与 policy 模板。本章将会利用前两章的知识构造出两个组件。第 1 个组件是一个容器，用于保存不同类型的数据对象；第 2 个组件则是一个使用具名参数的 policy 系统。这两个组件均将用于后续深度学习框架的打造。虽然本章偏重于基础技术的应用，但笔者还是将其归纳为泛型编程的基础技术，因为这两个组件都比较基础，可以作为基础组件应用于其他项目之中。这两个组件本身不涉及深度学习的相关知识，但我们会在后续打造深度学习框架时使用它们来辅助设计。

第 4 章 深度学习概述。从本章开始，我们将着手打造深度学习框架。本章将介绍深度学习框架的背景知识。如果读者之前没有接触过深度学习，那么通过阅读本章，可以对这一领域有一个大致的了解，从而明晰我们要打造的框架所要包含的主要功能。

第 5 章 类型体系与基本数据类型。本章讨论深度学习框架所涉及的数据。为了最大限度地发挥编译期计算的优势，我们将深度学习框架设计为富类型的，即它能够支持很多具体的数据类型。随着所支持数据类型的增多，如何有效地组织这些数据类型就成了一个重要的问题。本章讨论基于标签的数据类型组织形式，它是元编程中一种常见的分类方法。

第 6 章 运算与表达式模板。本章讨论深度学习框架中运算的设计。人工神经网络会涉及很多运算，包括矩阵相乘、矩阵相加、取元素对数值，以及更复杂的运算。为了能够在后续对运算进行优化，这里采用了表达式模板以及缓式求值的技术。

第 7 章 基本层。在运算的基础上，我们引入了层的概念。层将深度学习框架中相关的操作关联到一起，提供了正向、反向传播的接口，便于用户调用。本章将讨论基本层，描述如何使用第 3 章所构造的异类词典和 policy 模板来简化层的接口与设计。

第 8 章 复合层。基于第 7 章的知识，我们就可以构造各式各样的层，并使用这些层来搭建人工神经网络。但这种做法有一个问题：人工神经网络中的层是千变万化的，如果每一个之前没有出现过的层都手工编写代码实现，那么工作量还是比较大的，也不是我们希望看到的。在本章我们将构造一个特殊的层——复合层，用于组合其他的层来产生新的层。复合层中比较复杂的一块逻辑是自动梯度计算——这是人工神经网络在训练过程中的一个重要概念。可以说，如果无法实现自动梯度计算，那么复合层存在的意义将大打折扣。本章将会讨论自动梯度计算的一种实现方式，它也是本书的重点之一。

第 9 章 循环层。循环层的特殊之处在于需要对输入数据进行拆分，对拆分后的数据依次执行正向、反向传播逻辑，并将执行后的结果进行合并。我们将循环层的通用逻辑与具体的正向、反向传播算法分离出来，从而实现一个相对灵活的循环层组件。

第 10 章 求值与优化。人工神经网络是一种计算密集型的系统，无论对训练还是预测来说都是如此。一方面，我们可以采用多种方式来提升计算速度，典型地，可以使用批量计算同时处理多组数据，最大限度地利用计算机的处理能力；另一方面，我们可以对求值过程进行优化，从数学意义上简化与合并多个计算过程，从而提升计算速度。本章将讨论与此相关的主题。

源代码与编译环境

本书是元编程的实战型图书，很多理论也是通过示例的方式进行阐述的。不可避免地，本书会涉及大量代码。我尽量避免将本书做成代码的堆砌（这是在浪费读者的时间与金钱），尽量做到书中只引用需要讨论的核心代码与逻辑，完整的代码则在随书源码中给出。

读者可以在 https://github.com/liwei-cpp/MetaNN/tree/book_v2 中下载本书的源码。源码中包含几个子目录。其中，MetaNN 子目录包含了深度学习框架中的全部逻辑，而其他子目录中则是一些测试逻辑，用来验证框架逻辑的正确性。本书所讨论的内容可以在 MetaNN 目录中找到对应的源码。阅读本书时，有一份可以参考的源码以便随时查阅是非常重要的。本书用了较多的篇幅阐述设计思想，但只是罗列了一些核心代码。因此，笔者强烈建议读者对照源代码来阅读本书，这样能对本书讨论的内容有更加深入的理解。

对于 MetaNN 中实现的每个技术要点，我们都引入了相应的测试用例。因此，读者可以在了解了某个技术要点的实现细节之后，通过阅读测试用例，进一步体会相应技术要点的使用方法。

MetaNN 中的内容全部是头文件，测试用例则包含了一些 CPP 文件，可以编译成可执行程序。MetaNN 中的代码主要基于 C++17 编写。因此，测试代码的编译器需要支持 C++17 标准。同时需要注意的是，由于代码中使用了大量的元编程技术，因此会给编译过程带来不小的负担。特别地，编译所需要的内存相对较多。因此，这里不建议采用 32 位编译器进行编译，否则可能会出现因编译器内存溢出而编译失败的情况。

笔者采用 Linux 系统，以 GCC 与 Clang 作为测试编译器，在 GCC 7.4.0、Clang 8.0.0 等环境中完成编译测试。代码使用 CodeLite 工程进行组织，读者可以在 Linux 系统中安装 CodeLite，导入代码中的 MetaNN.workspace 工程文件进行编译，也可以尝试使用自己熟悉的工具编译代码[①]。

本书代码的格式

笔者尽量避免在讨论技术细节时罗列很多非核心的代码。同时，为了便于讨论，通常来说代码的每一行前面会包含一个行号：在对该代码进行分析时，一些情况下会使用行号来表示具体行的代码，说明该行所实现的功能。

行号只是为了便于后续的代码分析，并不表明该代码在源代码文件中的位置。一种典型的情况是，当要分析的核心代码比较长时，代码的展示与分析是交替进行的。此时，展示的每一段代码将均从行号 1 开始标记，即使当前展示的代码与上一段展示的代码存在先后关系，也是如此。如果读者希望阅读完整的代码，明确代码的先后关系，可以阅读随书源码。

---

① 需要说明的是，虽然很多编译器都支持 C++17，但在支持的细节上有所差异。笔者尝试使用 Visual Studio 2019 编译测试代码，但有部分代码无法通过编译，系统提示编译器内部错误。

关于练习

除了第 4 章外，每一章的最后都包含了若干题目，用于读者巩固学到的知识。这些题目并不简单，有些也没有所谓标准答案。因此，如果读者在练习的过程中遇到了困难，请不要灰心，你可以选择继续阅读后文，在熟练掌握了本书所要传达的一些技巧后，回顾之前的题目，可能就迎刃而解了。再次声明，一些题目本就是开放性的，没有标准答案。因此如果做不出来，或者你的答案与别人的不同，请不要灰心。

反馈

由于笔者水平有限，而元编程又是一个比较有挑战性的领域，因此本书难免出现疏漏。对于本书描述隐晦不清之处以及其他可以改进的地方，欢迎发邮件到 liwei.cpp@gmail.com 与笔者交流。

李伟

2021 年 12 月

目录

第1部分　元编程基础技术

第2部分　深度学习框架

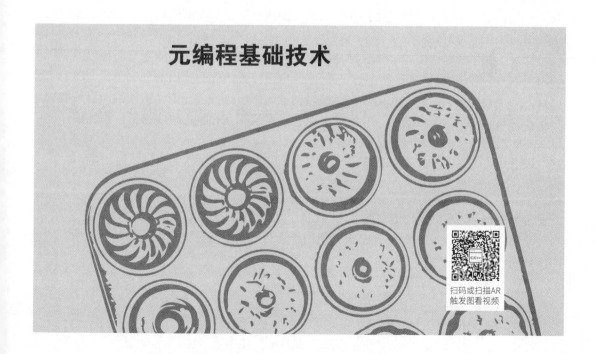

元编程基础技术

第 1 章

元编程基本方法

我们的深度学习框架将大量利用 C++模板元编程（metaprogramming）技术。因此在讨论深度学习框架的打造之前，我们有必要先对这一技术进行系统而深入的学习。本章将讨论 C++元程序的基本编写方法，它是后文所涉及的其他技术的基础。

1.1　元函数与 type_traits

1.1.1　元函数简介

C++模板元编程是一种典型的函数式编程，函数在整个编程体系中处于核心的地位。这里的函数与一般 C++程序中定义与使用的函数有所区别，其更接近数学意义上的函数——是无副作用的映射或变换：在输入相同的前提下，多次调用同一个函数，得到的结果是相同的。

如果函数存在副作用，那么通常是由于存在某个维护系统状态的变量而导致的。每次调用函数时，即使输入相同，系统状态的差异也会导致函数的输出结果不同：这样的函数被称为具有副作用的函数。元函数会在编译期被调用与执行。在编译期，编译器只能构造常量作为其中间结果，无法构造并维护可以记录系统状态并随之改变的量。因此编译期可以使用的函数（元函数）只能是无副作用的函数。

以下代码定义了一个函数，其满足无副作用的限制，可以作为元函数使用：

```
1 │ constexpr int fun(int a) { return a + 1; }
```

其中的 constexpr 为 C++11 中的关键字，表明这个函数可以在编译期被调用，是一个元函数。如果去掉这个关键字，那么函数 fun 将只能用于运行期，虽然它满足无副作用的性质，但也无法在编译期调用。

作为一个反例，考虑如下的代码：

```
1 │ static int call_count = 3;
2 │ constexpr int fun2(int a)
```

```
3   {
4       return a + (call_count++);
5   }
```

这段代码无法通过编译，原因是函数内部的逻辑丧失了无副作用的性质——相同输入会产生不同的输出，而关键字 constexpr 却在本质上声明了函数是无副作用的，这就导致了冲突，将其进行编译就会产生相应的编译错误。如果将函数中声明的 constexpr 关键字去掉，那么代码是可以通过编译的，但 fun2 函数无法在编译期被调用，因为它不再是一个元函数了。

希望上面的例子能让读者对元函数有一个基本的印象。在 C++ 中，我们使用关键字 constexpr 来表示数值元函数，这是 C++ 中涉及的元函数的一种，但远非全部。事实上，C++ 中用得更多的是类型（type）元函数——以类型作为输入和（或）输出的元函数。

1.1.2 类型元函数

从数学角度来看，函数通常可以被写为如下的形式：

$$y = f(x)$$

其中的 3 个符号分别表示输入（x）、输出（y）与映射（f）[1]。通常来说，函数的输入与输出均是数值。但我们大可不必局限于此，比如在概率论中就存在从事件到概率值的函数映射，相应的输入是某个事件描述，并不一定要表示为数值。

回到元编程的讨论中。元编程的核心是元函数，元函数输入与输出的形式也可以有很多种，数值是其中的一种，由此衍生出来的就是 1.1.1 小节所提到的数值元函数；也可以将 C++ 中的数据类型作为函数的输入与输出。考虑如下的情形：我们希望将某个整数类型映射为相应的无符号类型。比如：输入 int 类型时，映射结果为 unsigned int 类型；而输入类型为 unsigned long 时，我们希望映射的结果与输入相同。这种映射也可以被视作函数，只不过函数的输入是 int、unsigned long 等类型，输出是另外的一些类型而已。

可以使用如下的代码来实现上述元函数[2]：

```
1    template <typename T>
2    struct Fun_ { using type = T; };
3
4    template <>
5    struct Fun_<int> { using type = unsigned int; };
6
7    template <>
8    struct Fun_<long> { using type = unsigned long; };
9
10   Fun_<int>::type h = 3;
```

---

[1] C++中的函数可以视为对上述定义的扩展，允许输入或输出为空。

[2] 代码使用了模板的部分特化以及 C++11 中的 using 特性。using 特性可以实现 typedef 的功能，同时比 typedef 的用途更加广泛，读者可以参考 *C++ Primer* 等书籍学习。

　　刚刚接触元函数的读者往往会有这样的疑问：函数定义在哪儿？事实上，上述代码的第 1～8 行已经定义了一个函数 Fun_，第 10 行则使用了这个函数：Fun_<int>::type 返回类型为 unsigned int，所以第 10 行相当于定义了一个 unsigned int 类型的变量 h 并赋值 3。

　　Fun_ 与 C++ 一般意义上的函数看起来完全不同，但根据前文对函数的定义，我们不难发现 Fun_ 具备了一个元函数所需要的全部性质：

- 输入为某个类型信息 T，以模板参数的形式传递到 Fun_ 函数中；
- 输出为 Fun_ 函数的内部类型 type，即 Fun_<T>::type；
- 映射则体现为模板通过特化实现的转换逻辑，若输入类型为 int，则输出类型为 unsigned int 等。

　　在 C++11 发布之前，已经有一些对 C++ 元函数进行讨论的著作了。在 *C++ Template Metaprogramming* 一书中，作者将上述代码中的第 1～8 行所声明的 Fun_ 视为元函数：认为函数输入是 X 时，输出是 Fun_<X>::type。同时，该书规定了元函数的输入与输出均是类型。将一个包含了 type 声明的类模板称为元函数，这一点并无不妥之处：它完全满足元函数无副作用的要求。但笔者认为，这种定义还是过于狭隘了。当然像该书那样引入限制，相当于在某种程度上统一了接口，这将带来一些程序设计上的便利性。但笔者认为这种便利性是以牺牲代码编写的灵活性为代价的，成本高了一些。因此，本书对元函数的定义并不局限于上述形式。具体来说，我们：

- 并不限制映射的表示形式——像前文所定义的以 constexpr 开头的函数，以及本小节讨论的提供内嵌 type 类型的模板，乃至后文所讨论的其他形式的"函数"，只要其无副作用，同时可以在编译期被调用，都被本书视为元函数；
- 并不限制输入与输出的形式，输入与输出可以是类型、数值甚至是模板。

　　在放松了对元函数定义限制的前提下，我们可以在 Fun_ 的基础上再引入一个定义，从而构造出另一个元函数 Fun [①]：

```
1   template <typename T>
2   using Fun = typename Fun_<T>::type;
3
4   Fun<int> h = 3;
```

　　Fun 是一个元函数吗？如果按照 *C++ Template Metaprogramming* 一书中的定义，它不是一个元函数，因为它没有内嵌类型 type。但根据本章开头的讨论，它具有输入（T）、输出（Fun<T>），同时明确定义了映射规则，所以在本书中，它会被视为一个元函数。

　　事实上，前文所展示的同时也是 C++ 标准库中定义元函数的一种常用的方式。比如，C++11 中定义了元函数 std::enable_if，而在 C++14 中引入了 std::enable_if_t [②] 前者就像 Fun_那样，是内嵌了 type 类型的元函数；后者就像 Fun 那样，是基于前者给出的一个定义，用

---

① 注意第 2 行的 typename 表明 Fun_<T>::type 是一个类型，而非静态数据，这是 C++ 规范中的书写要求。
② 1.4.2 小节会讨论这两个元函数。

于简化书写。

1.1.3　各式各样的元函数

在前文中，我们展示了几种元函数的书写方法。与一般的函数不同，元函数本身并非在 C++ 语言设计之初就被引入，因此 C++ 本身也没有对这种构造的具体形式给出相应的规定。总的来说，只要确保所构造的映射是无副作用的，可以在编译期被调用，那么相应的映射都可以被称为元函数，而映射具体的表现形式则可以千变万化，并无一定之规。

事实上，一个模板就是一个元函数。下面的代码定义了一个元函数，其接收参数 T 作为输入，输出为 Fun<T>：

```
1   template <typename T>
2   struct Fun {};
```

函数的输入可以为空，所以我们也可以建立无参元函数：

```
1   struct Fun
2   {
3       using type = int;
4   };
5
6   constexpr int fun()
7   {
8       return 10;
9   }
```

这里定义了两个无参元函数，前者返回类型 int，后者返回数值 10。

基于 C++14 中对 constexpr 的扩展，我们可以按照如下的形式来重新定义 1.1.1 小节中引入的元函数：

```
1   template <int a>
2   constexpr int fun = a + 1;
```

这看上去越来越不像函数了，连函数应有的花括号都没有了。但这确实是一个元函数。唯一需要说明的是，现在调用该函数的方法与 1.1.1 小节中的元函数调用不同了。对于 1.1.1 小节的元函数，我们的调用方法是 fun(3)，而对于这个函数，相应的调用方法则变成了 fun<3>。除此之外，对于编译器来说，这两个函数并没有很大的差异[①]。

前文所讨论的元函数均只有一个返回值。实际上，元函数可以具有多个返回值。考虑下面的代码：

```
1   template <T>
2   struct Fun_
```

[①] 事实上，这两个函数还是存在一些差异的：使用函数签名 constexpr int fun(int) 所引入的函数既可以在编译期调用，也可以在运行期调用；使用上述模板所引入的元函数则只能在编译期调用。

```
3   {
4       using reference_type = T&;
5       using const_reference_type = const T&;
6       using value_type = T;
7   };
```

上述代码是个元函数吗？希望你会回答：是。从函数的角度来看，它有输入（T），但包含多个输出：Fun_<T>::reference_type、Fun_<T>::const_reference_type 与 Fun_<T>::value_type。

一些学者反对上述形式的元函数，认为这种形式增加了逻辑间的耦合，从而会对程序设计产生不良的影响。从某种意义上来说，这种观点是正确的。但笔者并不认为完全不能使用这种类型的元函数，我们大可不必因噎废食，只需要在合适的地方选择合适的元函数形式即可。

1.1.4　type_traits

提到元函数，就不能不提及元程序库：type_traits。type_traits 是由 boost 引入的，C++11 将其纳入，可以通过头文件 type_traits 来引入相应的功能。这个库实现了类型变换、类型比较与判断等功能。

考虑如下的代码：

```
1   std::remove_reference<int&>::type h1 = 3;
2   std::remove_reference_t<int&> h2 = 3;
```

其中第 1 行调用 std::remove_reference 元函数将 int& 转换为 int 类型并以之声明了一个变量；第 2 行则使用 std::remove_reference_t 实现了相同的功能。std::remove_reference 与 std::remove_reference_t 都是定义于 type_traits 中的元函数，其关系类似于我们在 1.1.2 小节中讨论的 Fun_ 与 Fun。

通常来说，编写元程序往往需要使用这个库以进行类型转换。我们的深度学习框架也不例外：本书会使用其中的一些元函数，并在首次使用某个元函数时说明其功能。读者可以通过 *The C++ Standard Library: A Tutorial and Reference* 一书来系统性地了解该函数库。

1.1.5　元函数与宏

按前文中对函数的定义，理论上宏也可以被视为一类元函数。但一般来说，我们在讨论 C++ 元函数时，会把讨论的重点限制在 constexpr 函数以及使用模板构造的函数上，并不包括宏[1]。这是因为宏是由预处理器而非编译器所解析的，这就导致了很多编译期可以利用到的特性宏无法利用。

---

[1] *Advanced Metaprogramming in Classic C++* 一书对使用宏与模板协同构造元函数有较深入的讨论。

比如，我们可以将 constexpr 函数与函数模板置于名字空间之中，从而确保它们不会与其他同名函数产生名字冲突。但如果使用宏来作为元函数的载体，那么我们将丧失这种优势。也正是这个原因，笔者认为在代码中应尽量避免使用宏。

但在特定情况下，宏还是有其自身的优势的。事实上，在打造深度学习框架时，本书就会使用宏作为模板元函数的一个补充。但使用宏时还是要非常小心。最基本的，笔者会尽量避免让深度学习框架的最终用户接触到框架内部所定义的宏，同时确保在宏不再被使用时解除其定义。

1.1.6 本书中元函数的命名方式

元函数的形式多种多样，使用起来也非常灵活。在本书（以及所打造的深度学习框架）中，我们会用到各种类型的元函数。这里限定了元函数的命名方式，以使得程序的风格达到某种程度上的统一。

在本书中，根据元函数返回值形式的不同，元函数的命名方式也会有所区别：如果元函数的返回值要用某种依赖型的名称表示，那么元函数将被命名为 xxx_ 的形式（以下划线为其后缀）；反之，如果元函数的返回值可以直接用某种非依赖型的名称表示，那么元函数的名称中将不包含下划线形式的后缀。以下是一个典型的例子：

```
1   template <int a, int b>
2   struct Add_ {
3       constexpr static int value = a + b;
4   };
5
6   template <int a, int b>
7   constexpr int Add = a + b;
8
9   constexpr int x1 = Add_<2, 3>::value;
10  constexpr int x2 = Add<2, 3>;
```

其中的第 1～4 行定义了元函数 Add_，第 6～7 行定义了元函数 Add。它们具有相同的功能，只是调用方式不同：第 9～10 行分别调用了这两个元函数，获取返回结果后赋予 x1 与 x2。第 9 行所获取的是一个依赖型的结果（value 依赖于 Add_ 的存在）。相应地，被依赖的名称使用下划线作为后缀：Add_；第 10 行在获取结果时没有采用依赖型的写法，因此函数名中没有下划线后缀。这种书写形式并非强制性的，本书选择这种形式，仅仅是为了风格上的统一。

1.2 模板型模板参数与容器模板

相信在阅读了 1.1 节之后，读者应该已经建立起以下认识：元函数可以操作类型与数值。对于元函数来说，类型与数值并没有本质上的区别：它们都可视为一种数据，都可以作为元函数的输入与输出。

事实上，C++元函数可以操作的数据包含 3 类：数值、类型与模板。它们统一被称为"元数据"，以与运行期所操作的"一般意义上的数据"有所区别。在 1.1 节中，我们看到了其中的前两类，本节首先简单讨论一下模板类型的元数据。

1.2.1　模板作为元函数的输入

模板可以作为元函数的输入参数，考虑下面的代码：

```
1   template <template <typename> class T1, typename T2>
2   struct Fun_ {
3       using type = typename T1<T2>::type;
4   };
5
6   template <template <typename> class T1, typename T2>
7   using Fun = typename Fun_<T1, T2>::type;
8
9   Fun<std::remove_reference, int&> h = 3;
```

其中第 1~7 行定义了元函数 Fun，它接收两个输入参数：一个模板与一个类型。将类型应用于模板之上，产生的结果类型作为返回值。在第 9 行，我们使用了这个元函数并以 std::remove_reference 与 int&作为参数传入。根据调用规则，这个函数将返回 int 类型，也即我们在第 9 行声明了一个 int 类型的变量 h 并赋值 3。

从函数式程序设计的角度来说，上述代码所定义的 Fun 是一个典型的高阶函数，即以另一个函数为输入参数的函数。可以将其总结为如下的数学表达式（为了更明确地说明函数与数值的关系，下式中的函数以大写字母开头，而数值则以小写字母开头）：

$$Fun(T_1, t_2) = T_1(t_2)$$

1.2.2　模板作为元函数的输出

与数值、类型相似，模板除了可以作为元函数的输入外，还可以作为元函数的输出，但编写起来会相对复杂一些。

考虑下面的代码：

```
1   template <bool AddOrRemoveRef> struct Fun_;
2
3   template <>
4   struct Fun_<true> {
5       template <typename T>
6       using type = std::add_lvalue_reference<T>;
7   };
8
9   template <>
```

```
10    struct Fun_<false> {
11        template <typename T>
12        using type = std::remove_reference<T>;
13    };
14
15    template <typename T>
16    using Res_ = typename Fun_<false>::template type<T>;
17
18    Res_<int&>::type h = 3;
```

其中第 1~13 行定义了元函数 Fun_:

- 输入为 true 时, 其输出 Fun_<true>::type 为函数模板 add_lvalue_reference, 这个函数模板可以为类型增加左值引用;
- 输入为 false 时, 其输出 Fun_<false>::type 为函数模板 remove_reference, 这个函数模板可以去除类型中的引用。

代码的第 15~16 行是应用元函数 Fun_ 计算的结果: 输入为 false, 输出结果保存在 Res_ 中。注意, 此时的 Res_ 还是一个函数模板, 它实际上对应了 std::remove_reference——这个元函数用于去除类型中的引用。第 18 行则进一步使用这个函数模板 (调用元函数) 来声明 int 类型的对象 h。

与 1.2.1 小节类似, 这里也将整个处理过程表示为数学形式, 如下:

$$\text{Fun\_(addOrRemove)} = T$$

其中的 addOrRemove 是一个 bool 值, 而 T 则是 Fun_ 的输出, 在代码中是一个元函数。

1.2.3 容器模板

学习任何一门程序设计语言之初, 我们通常会首先了解该语言所支持的基本数据类型, 比如在 C++ 中使用 int 类型表示带符号的整数。在此基础上, 我们会对基本数据类型进行一次很自然的扩展: 讨论如何使用数组。与之类似, 如果将数值、类型、模板看成元函数的操作数, 那么前文所讨论的是以单个操作数为输入的元函数。在这一小节中, 我们将讨论元数据的 "数组" 表示: 数组中的 "元素" 可以是数值、类型或模板。

有很多种方法可以表示数组甚至更复杂的结构。*C++ Template Metaprogramming* 讨论了 C++ 模板元程序库 (Meta-Programming Library, MPL)。它实现了类似标准模板库 (Standard Template Library, STL) 的功能, 使用它可以很好地在编译期表示数组、集合、映射等复杂的数据结构。

但本书并不打算使用已有的元程序库[①], 主要的原因是这些元程序库基本上都会封装一些底层的细节, 这些细节对于元编程的学习来说又是非常重要的。读者如果简单地使用元程序库将在一定程度上失去学习元编程技术的机会。掌握了基本的元程序方法之后再来看元程序库的使用方法, 就会对其有更深入的理解, 同时使用起来也会更加得心应手。这就

---

① 当然, 作为最基本的元程序库, type_traits 除外。

好像学习 C++时，我们通常会首先讨论 int a[10]这样的数组，并以此引申出指针等重要的概念，在此基础上再讨论 vector<int>时，就会有更深入的理解。本书将会讨论元编程的核心技术，而非一些元程序库的使用方式。我们只会使用一些自定义的简单结构来表示数组，就像 int*这样，简单易用。

从本质上来说，我们需要的并非一种数组的表示方式，而是一个容器：用来保存数组中的每个元素。元素可以是数值、类型或模板。可以将这 3 种元素视为不同类别（category）的操作数：就像 C++ 中的 int 类型与 float 类型属于不同的类型，在元函数中，我们也可以简单地认为"数值"与"类型"属于不同类别的操作数。典型的 C++ 数组（无论是 int*还是 vector<int>）仅能保存一种类型的数据：这样设计的原因首先是实现比较简单，其次是它能满足大部分的需求。与之类似，容器也仅能保存一种类别的操作数：比如仅能保存数值的容器，或者仅能保存类型的容器，或者仅能保存模板的容器。这种容器能满足绝大多数的使用需求。

C++11 中引入了变长参数模板（variadic template），使用它可以很容易地实现我们需要的容器[①]：

```
1   template <int... Vals> struct IntContainer;
2   template <bool... Vals> struct BoolContainer;
3
4   template <typename...Types> struct TypeContainer;
5
6   template <template <typename> class...T> struct TemplateCont;
7   template <template <typename...> class...T> struct TemplateCont2;
```

上面的代码声明了 5 个容器（相当于定义了 5 个数组）。其中，前两个容器分别可以存放 int 类型与 bool 类型的常量；第 3 个容器可以存放类型；第 4 个容器可以存放模板作为其元素，每个模板元素都可以接收一个类型作为参数；第 5 个容器同样以模板作为其元素，但每个模板可以放置多个类型信息。

细心的读者可能会发现，上面的 5 条语句实际上是声明而非定义（每个声明的后面都没有跟着花括号，因此仅仅是声明）。这也是 C++模板元编程的一个特点：事实上，我们可以将每条语句最后加上花括号，形成定义。但思考一下，我们需要定义吗？不需要。声明中已经包含了编译器需要的全部信息。既然如此，为什么还要引入定义呢？事实上，这几乎可以称为元编程中的一个惯用法——仅在必要的时候才引入定义，其他时候直接使用声明即可。在后文中，我们将会看到很多类似的声明，并通过具体的示例来了解这些声明的使用方式。

1.3 从元函数到元对象

大部分技术的发展都经历了由简单到复杂的过程，程序设计语言也不例外。早期的程

[①] 注意代码的第 6~7 行：在 C++17 之前，像 template<typename>class 这样的声明中，class 不能换成 typename。这一要求在 C++17 中有所放松，本书沿用了 C++17 之前的书写惯例，使用 class 而非 typename 来表示模板。

序设计语言只包含语句，后期为了逻辑的可复用性，人们引入了函数的概念；进一步，为了更好地复用逻辑，人们又引入了对象的概念。某些时候，新概念的引入并不需要在语言层面上添加额外的支持：我们需要做的，仅仅是从不同的视角来看待相同的问题。但往往这种新概念、新视角的引入，能让我们对事物的本质有更深刻的认识。

对 C++模板元编程的理解也是如此。现阶段，大部分讨论该技术的资料都是从元函数的角度来考虑的。但事实上，笔者认为，我们完全可以更进一步，从对象的角度来重新审视元编程这项技术。相信本书的很多读者都比较熟悉面向对象的编程方法。相比之下，了解函数式编程的读者可能相对较少。从面向对象的角度来讨论元编程技术，我们无须引入任何新的语法，只是换一个角度来看相同的问题，就足以使我们对其有更深刻的认识。

1.3.1 元对象与元数据域

来看如下示例：

```
template <typename T, size_t N>
struct Fun_
{
    constexpr static size_t val = N > 10 ? N / 2 : N;
    using ArrType = T[val];
};

using ResType = Fun_<int, 5>::ArrType;
constexpr size_t Number = Fun_<int, 5>::val;
```

从元函数的角度来看，我们可以将上述代码视为具有多个返回值的元函数。代码第 8～9 行相当于调用这个元函数，并获取相应的返回值。

正如前文所述，一些学者认为元函数最好只有一个返回值，他们对上述这种包含多个返回值的元函数持反对的态度。但换个角度来看，我们可以将 Fun_视为一个对象，而将其中的定义视为对象的元数据域。第 8～9 行则被视为获取一个对象的不同的元数据域。从这个角度来说，在一个对象中包含多个数据域就是一件非常自然的事情了。

我们可以使用 C++ 的一些限定符来限制这些元数据域[1]：

```
template <typename T, size_t N>
struct Fun_
{
private:
    constexpr static size_t val = N > 10 ? N / 2 : N;
public:
    using ArrType = T[val];
};
```

---

[1] 元数据域即编译期可访问的数据域。在这里，我们从元数据域的角度来审视该代码。在后文中，我们将会看到，还可以从顺序执行逻辑的角度来审视该代码。正如前文所述，对于同一段代码，我们可以从不同的角度来观察它，从而更深入地理解它。

上述代码展示了可以为不同的元数据域引入不同的限定符，从而确保了用户无法直接访问 Fun_<T>::val。这与我们掌握的 C++ 知识是吻合的。

1.3.2　元方法

如果元数据域看上去"平平无奇"，那么元方法可能会让读者耳目一新。在面向对象中，我们可以为一个对象提供相应的调用方法。来看如下代码：

```
1 | res = Fun(f).method(m);
```

这是一种典型的面向对象调用方法：函数 Fun 以 f 为参数，返回一个对象。返回对象的 method 方法被调用，以 m 为参数，进行某种处理后返回 res。

这并没有什么大不了的，不是吗？那么让我们换一种写法：

```
1 | using res = Fun<int*>::method<5>;
```

除去语句中的一些符号的差异外，我并不认为这两种语句有什么本质的不同：相比之下，第二种无非就是将"."换成了"::"，将调用的圆括号换成了角括号而已。

现在让我们给出 Fun 与 method 的一种实现：

```
1    template <typename T>
2    struct Wrapper
3    {
4        template <size_t N>
5        using method = T[N];
6    };
7
8    template <typename T>
9    struct Fun_
10   {
11       using type = Wrapper<std::remove_pointer_t<T>>;
12   };
13
14   template <typename T>
15   using Fun = typename Fun_<T>::type;
```

如果按照前文所讨论的方式，从函数式编程的角度来理解这段代码，那么显然，Fun 与 Wrapper 都是高阶函数：前者返回一个元对象，而后者在传入参数 T 后会产生元方法 method。对于不习惯函数式编程的读者来说，掌握并运用高阶函数其实是比较困难的。但我们完全可以换一个角度来理解上面的代码：Fun 返回了一个元对象，该元对象包含了一个元方法。对于调用语句来说，则是 Fun 以 int*为输入，之后调用了返回元对象的元方法 method，仅此而已。

方法可以返回对象，对象可以继续调用相应的方法，以此类推就可以形成如下的调用链：

```
1 | X().method1().method2()...
```

相应地，元方法就可以返回元对象，我们可以构造如下的调用链：

```
1 | X<>::template method1<>::template method2<>...
```

如果从函数式编程的角度理解，我们需要考虑二阶函数、三阶函数等概念，但从面向对象的角度理解，这仅仅是对象方法的调用而已。

1.4 顺序、分支与循环代码的编写

到目前为止，我们已经基本完成了数据结构的讨论——我们的深度学习框架只需要使用上述数据结构就可以完成打造了。如果你对这些数据结构还不熟悉，没关系，在后续打造深度学习框架的过程中，我们会不断地使用上述数据结构，你也就会不断地熟悉它们。

数据结构仅仅是程序的一部分，一个完整的程序除了数据结构还要包含算法。算法则是由最基本的顺序、分支与循环操作构成的。在本节，我们将讨论涉及元函数时，该如何编写相应的顺序、分支或循环代码。

相信本书的每位读者都可以熟练地编写出在运行期顺序、分支与循环执行的代码。但这里还是需要单独用一节来讨论这个问题，这是因为一旦涉及元函数，相应的代码编写方法也会随之改变。

1.4.1 顺序执行的代码

顺序执行的代码还是比较直观的，来看如下代码：

```
 1 | template <typename T>
 2 | struct RemoveReferenceConst_ {
 3 | private:
 4 |     using inter_type = typename std::remove_reference<T>::type;
 5 | public:
 6 |     using type = typename std::remove_const<inter_type>::type;
 7 | };
 8 |
 9 | template <typename T>
10 | using RemoveReferenceConst
11 |         = typename RemoveReferenceConst_<T>::type;
12 |
13 | RemoveReferenceConst<const int&> h = 3;
```

这一段代码的重点在于第 2~7 行，它封装了元函数 RemoveReferenceConst_，这个函数的内部包含了两条语句，它们顺序执行：

（1）第 4 行根据 T 计算出 inter_type；

（2）第 6 行根据 inter_type 计算出 type。

同时，上段代码为 inter_type 加入了 private 限定符，以确保函数的使用者不会误用 inter_type 这个中间结果作为函数的返回值。

这种顺序执行的代码很好理解，唯一需要进一步提醒的是，现在结构体中的所有声明都要被看成执行的语句，不能随意调换其顺序。来看下面的代码：

```
1   struct RuntimeExample {
2       static void fun1() { fun2(); }
3       static void fun2() { cerr << "hello" << endl; }
4   };
```

这段代码是正确的，可以将 fun1 与 fun2 的定义顺序进行调换，不会改变它们的行为。但如果我们将元编程示例中的代码调整顺序：

```
1   template <typename T>
2   struct RemoveReferenceConst_ {
3       using type = typename std::remove_const<inter_type>::type;
4       using inter_type = typename std::remove_reference<T>::type;
5   };
```

代码将无法编译。

这并不难理解：在编译期，编译器会扫描两遍结构体中的代码：第 1 遍处理声明，第 2 遍才会深入函数的定义之中。正因为如此，RuntimeExample 是正确的。第 1 遍扫描时，编译器只是了解到 RuntimeExample 包含了两个成员函数 fun1 与 fun2；在后续的扫描中，编译器才会关注 fun1 中调用了 fun2。虽然 fun2 的调用语句出现在其声明之前，但正是由于这样的两遍扫描，编译器并不会报告找不到 fun2 这样的错误。

但在修改后的 RemoveReferenceConst_ 中，编译器在首次从前到后扫描代码时，就会发现 type 依赖于一个没有定义的 inter_type，它不继续扫描后续的代码，而是会直接给出错误信息。很多情况下，我们会将元程序的语句置于结构体或类中，此时就要确保其中的语句顺序正确。

1.4.2 分支执行的代码

我们也可以在编译期引入分支逻辑。与编译期顺序执行的代码不同的是，编译期的分支逻辑可以表现为纯粹的编译期逻辑，也可以与运行期的执行逻辑相结合。对于后者，编译期的分支往往用于运行期逻辑的选择。我们将在本小节中看到这两种情形各自的例子。

事实上，在前文的讨论中，我们已经实现过分支执行的代码了。比如在 1.2.2 小节中，我们实现了一个 Fun_ 元函数，并使用一个 bool 类型的参数来决定元函数的行为（返回值）：这就是一种典型的分支行为。事实上，像该例那样，使用模板的特化或部分特化来实现分支，是一种非常常见的分支实现方式。当然，除此之外，还存在一些其他的分支实现方式，每种方式都有自己的优缺点。本小节将会讨论其中的几种。

1. 使用 std::conditional 与 std::conditional_t 实现分支

conditional 与 conditional_t 是 type_traits 中提供的两个元函数，其定义如下[①]：

---

① 这里只是给出了一种可能的实现，不同的编译器可能会使用不同的实现方式，但其逻辑是等价的。

```
1  namespace std
2  {
3      template <bool B, typename T, typename F>
4      struct conditional {
5          using type = T;
6      };
7
8      template <typename T, typename F>
9      struct conditional<false, T, F> {
10         using type = F;
11     };
12
13     template <bool B, typename T, typename F>
14     using conditional_t = typename conditional<B,T,F>::type;
15 }
```

这段代码的逻辑行为是，如果 B 为 true，则函数返回 T，否则返回 F。典型的使用方式为：

```
1  std::conditional<true, int, float>::type x = 3;
2  std::conditional_t<false, int, float> y = 1.0f;
```

其中分别定义了 int 类型的变量 x 与 float 类型的变量 y。

在使用 conditional（conditional_t）的过程中有一点需要注意，来看以下代码：

```
1  using Res = std::conditional_t<false,
2                                 remove_reference_t<int&>,
3                                 remove_reference_t<float&>>;
```

其中虽然传入的第 1 个参数是 false，但作为其分支的第 2 个与第 3 个模板参数均会被求值。即使只有一个求值结果会被使用，也是如此。

在这个示例中，我们使用了 remove_reference_t 作为分支的计算逻辑，remove_reference_t 是复杂度较低的元函数。如果作为分支的元函数复杂度较高，那么对两个分支均进行计算会对编译器造成不小的负担，同时也没有必要。

为了解决这个问题，通常来说我们会采用如下惯用法：

```
1  using Res =
2      std::conditional_t<false, remove_reference<int&>,
3                         remove_reference<float&>>::type;
```

这段代码与上一段是逻辑等价的。但 conditional_t 会选择两个 remove_reference 元函数的调用之一来返回，而随后的 type 则会实际调用 conditional_t 返回的元函数进行计算。这样，我们只需要对返回的分支进行计算即可：与上一段代码相比，这就降低了编译期的计算成本。

但这种形式会引入一个新的问题。在一些情况下，我们希望使用 conditional_t 来实现如下逻辑：传入一个类型，如果第一个模板参数为 true（或为 false），那么直接返回该类型，否则就引入元函数对该类型进行变换。来看以下代码：

```
1  using Res1 = std::conditional_t<false,
2                                  remove_reference_t<int&>,
3                                  int&>;
4
```

```
5    using Res2 = std::conditional_t<false,
6                                     remove_reference<int&>,
7                                     int&>::type;
```

其中 Res1 的调用是合法的，虽然这段代码进行了一个无用的操作（计算 remove_reference_ t<int&>，但没有使用它）。Res2 虽然降低了元函数的计算成本，但它是非法的，因为 int& 并不存在 type 定义。

为了解决这个问题，我们需要引入一个额外的元函数层：

```
1    template <typename T>
2    struct Identity_
3    {
4        using type = T;
5    };
```

在此基础上，可以按照如下方式来修改上述定义：

```
1    using Res2 = std::conditional_t<false,
2                                     remove_reference<int&>,
3                                     Identity_<int&>>::type;
```

其中 Identity_ 的计算成本非常低，这种定义既确保了调用的合法性，也降低了编译期的计算成本。

conditional 与 conditional_t 的优点在于其定义比较直观，但缺点是表达能力不强。

- 它们的语法很像运行期的问号表达式 "x = B ? T : F;"。虽然问号表达式也是 C++ 中的标准语法，但其使用场景与 if 比起来还是相对较少的。与之类似，std::conditional 与 std:: conditional_t 在编译期的用途也不像其他分支实现方式那样广泛。
- 它们只能实现二元分支（真假分支），对于多元分支（类似于 switch 的功能），支持起来就比较困难了。

鉴于上述原因，conditional 与 conditional_t 的使用场景是相对较少的。除非是特别简单的分支情况，否则并不建议使用这两个元函数。

2. 使用（部分）特化实现分支

在前文的讨论中，我们就是使用特化来实现的分支。（部分）特化天生就是用来引入差异的，因此，使用它来实现分支也是十分自然的。来看下面的代码：

```
1    struct A; struct B;
2
3    template <typename T>
4    struct Fun_ {
5        constexpr static size_t value = 0;
6    };
7
8    template <>
9    struct Fun_<A> {
10       constexpr static size_t value = 1;
11   };
```

```
12
13    template <>
14    struct Fun_<B> {
15        constexpr static size_t value = 2;
16    };
17
18    constexpr size_t h = Fun_<B>::value;
```

其中第 18 行调用了元函数 Fun_，将其返回值赋予 h。以不同的参数作为元函数 Fun_ 的输入，其返回值也不同——这是一种典型的分支行为。元函数 Fun_实际上引入了 3 个分支，分别对应输入参数为 A、B 与默认的情况。使用特化引入分支代码编写起来比较自然，容易理解，但代码一般比较长。

在 C++14 中，除了可以使用上述方式进行特化外，还可以有其他的特化方式，来看下面的代码：

```
1     struct A; struct B;
2
3     template <typename T>
4     constexpr size_t Fun = 0;
5
6     template <>
7     constexpr size_t Fun<A> = 1;
8
9     template <>
10    constexpr size_t Fun<B> = 2;
11
12    constexpr size_t h = Fun<B>;
```

这段代码与上一段实现了相同的功能（二者主要的区别是调用元函数时，前者需要给出依赖型名称 ::value，而后者不需要)，但实现方式简单一些。如果希望分支返回的结果是单一的数值，则可以考虑这种方式。

使用特化来实现分支，有一点需要注意：在非完全特化的类模板中引入完全特化的分支代码是非法的。来看如下代码：

```
1     template <typename TW>
2     struct Wrapper {
3         template <typename T>
4         struct Fun_ {
5             constexpr static size_t value = 0;
6         };
7
8         template <>
9         struct Fun_<int> {
10            constexpr static size_t value = 1;
11        };
12    };
```

这段代码是非法的。原因是 Wrapper 是一个未完全特化的类模板，但在其内部包含了一个模板的完全特化 Fun_<int>。这是 C++ 标准所不允许的，会产生编译错误。

为了解决这个问题，我们可以使用部分特化来代替完全特化，上面的代码修改如下：

```
1    template <typename TW>
2    struct Wrapper {
3        template <typename T, typename TDummy = void>
4         struct Fun_ {
5           constexpr static size_t value = 0;
6        };
7
8        template <typename TDummy>
9        struct Fun_<int, TDummy> {
10           constexpr static size_t value = 1;
11        };
12   };
```

这里引入了一个伪参数 TDummy，用于将原有的完全特化修改为部分特化。这个伪参数有一个默认值 void，这样就能直接以 Fun_<int>的形式调用这个元函数，无须为伪参数赋值了。

3. 使用 std::enable_if 与 std::enable_if_t 实现分支

enable_if 与 enable_if_t 的定义如下：

```
1    namespace std
2    {
3        template<bool B, typename T = void>
4        struct enable_if {};
5
6        template<class T>
7        struct enable_if<true, T> { using type = T; };
8
9        template< bool B, class T = void >
10       using enable_if_t = typename enable_if<B,T>::type;
11   }
```

对于分支的实现来说，上述代码中的 T 并不重要，重要的是当 B 为 true 时，enable_if 元函数可以返回一个结果 type。我们可以基于这个构造实现分支，来看下面的代码：

```
1    template <bool IsFeedbackOut, typename T,
2            std::enable_if_t<IsFeedbackOut>* = nullptr>
3    auto FeedbackOut_(T&&) { /* ... */ }
4
5    template <bool IsFeedbackOut, typename T,
6            std::enable_if_t<!IsFeedbackOut>* = nullptr>
7    auto FeedbackOut_(T&&) { /* ... */ }
```

其中就引入了一个分支，即当 IsFeedbackOut 为 true 时，std::enable_if_t<IsFeedbackOut>是有意义的，这就使得第 1 个函数匹配成功，与之相应，第 2 个函数匹配失败，反之，当 IsFeedbackOut 为 false 时，std::enable_if_t<!IsFeedbackOut>是有意义的，这就使得第 2 个函数匹配成功，第 1 个函数匹配失败。

C++中有一个特性："匹配失败并非错误"(Substitution Failure Is Not An Error, SFINAE)。

对于上面的代码来说，一个函数匹配失败，另一个函数匹配成功，则编译器会选择匹配成功的函数而不会报告错误。这里的分支实现也正是利用了这个特性。

通常来说，enable_if 与 enable_if_t 会被用于函数之中，用作重载的有益补充——重载通过不同类型的参数来区别重名的函数。在一些情况下，我们希望引入重名函数，但我们无法通过参数类型对它们进行区分[①]。此时通过 enable_if 与 enable_if_t 就能在一定程度上解决相应的重载问题。

需要说明的是，enable_if 与 enable_if_t 的使用形式是多种多样的，并不局限于前文中作为模板参数的形式。事实上，只要在 C++ 中支持 SFINAE 的地方，都可以引入 enable_if 或 enable_if_t。有兴趣的读者可以参考 CPP Reference 中的说明[②]。

enable_if 或 enable_if_t 也是有缺点的：它们并不像模板特化那样直观，以之编写的代码阅读起来也相对困难一些（相信了解模板特化机制的开发者比了解 SFINAE 的还是多一些的）。

还要说明的一点是，这里给出的基于 enable_if 的例子就是一个典型的编译期与运行期结合的使用方式。FeedbackOut_ 是一个一般意义上的函数，其中的逻辑可能会在运行期执行，但选择哪一个 FeedbackOut_ 则是通过编译期的分支来实现的。通过引入编译期的分支方法，我们可以创造出更加灵活的函数。

这里讨论的分支实现方式远非全部，还有很多分支实现方式。比如，在 C++17 中新引入的 void_t 模板也可以用来实现分支。你还能想到其他的分支实现方式吗？

4. 编译期分支与多种返回类型

编译期分支的代码看上去比运行期分支的复杂一些，但与运行期的相比，它也更加灵活。来看如下代码：

```
1  auto wrap1(bool Check)
2  {
3      if (Check) return (int)0;
4      else return (double)0;
5  }
```

这是一个运行期的代码。首先要对第 1 行的代码进行简单说明：在 C++14 中，函数声明中可以不用显式指明其返回类型，编译器可以根据函数体中的 return 语句来自动推导其返回类型，但要求函数体中的所有 return 语句所返回的类型均相同。对于上述代码来说，其第 3 行与第 4 行返回的类型并不相同，这会导致编译出错。事实上，对于运行期的函数，其返回类型在编译期就已经确定了，无论采用何种写法，都无法改变。

但在编译期，我们可以在某种程度上打破这样的限制：

```
1  template <bool Check, std::enable_if_t<Check>* = nullptr>
2  auto fun() {
```

---

① 我们将在深度学习框架中看到这样的例子。

② http://en.cppreference.com/w/cpp/types/enable_if。

```
3          return (int)0;
4      }
5
6      template <bool Check, std::enable_if_t<!Check>* = nullptr>
7      auto fun() {
8          return (double)0;
9      }
10
11     template <bool Check>
12     auto wrap2() {
13         return fun<Check>();
14     }
15
16     int main() {
17         std::cerr << wrap2<true>() << std::endl;
18     }
```

wrap2 的返回类型是什么呢? 事实上, 这要根据模板参数 Check 的值来确定。通过 C++ 中的这个新特性以及编译期的计算能力, 我们实现了一种编译期能够返回不同类型的函数。当然, 为了执行这个函数, 我们还是需要在编译期指定模板参数值, 从而将这个编译期的返回多种类型的函数蜕化为运行期的返回单一类型的函数。但无论如何, 通过上述技术, 编译期的函数将具有更强大的功能, 这种功能对元编程来说是很有用的。

这也是一个编译期分支与运行期函数相结合的例子。事实上, 通过元函数在编译期选择正确的运行期函数是一种相对常见的编程方法, 为此 C++17 专门引入了一种新的语句 if constexpr 来简化代码的编写。

5. 使用 if constexpr 简化代码编写

上面的代码在 C++17 中可以写为:

```
1      template <bool Check>
2      auto fun()
3      {
4          if constexpr (Check)
5          {
6              return (int)0;
7          }
8          else
9          {
10             return (double)0;
11         }
12     }
13
14     int main() {
15         std::cerr << fun<true>() << std::endl;
16     }
```

其中 if constexpr 必须接收一个常量表达式, 即编译期常量。编译器在解析到相关的函数调用时, 会自动选择使 if constexpr 为 true 的语句体, 而忽略其他的语句体。比如, 在编译器解析到第 15 行的函数调用时, 会自动构造类似下面的函数:

```
1   //template <bool Check>
2   auto fun()
3   {
4   //    if constexpr (Check)
5   //    {
6           return (int)0;
7   //    }
8   //    else
9   //    {
10  //        return (double)0;
11  //    }
12  }
```

使用 if constexpr 写出的代码与运行期的分支代码更像。同时，它有一个好处，就是可以减少编译实例的产生。使用前文中编写的代码，编译器在进行一次实例化时，需要构造 wrap2 与 fun 两个实例；但使用这里的代码，编译器在实例化时只会产生一个 fun 函数的实例。虽然优秀的编译器可以通过内联等方式对构造的实例进行合并，但我们并不能保证编译器一定会这样处理。而使用 if constexpr 则可以确保减少编译器所构造的实例数，这也就意味着在一定程度上可以减小编译所需要的内存，以及编译产出的文件大小。

但 if constexpr 也有缺点。首先，如果我们在编程时忘记书写 constexpr，那么某些函数也能通过编译，但分支的选择则从编译期转换到运行期——此时，我们还是会在运行期引入相应的分支选择，但无法在编译期将不会执行的分支优化掉；其次，if constexpr 只能放在一般意义上的函数内部，用于在编译期选择所执行的代码。如果我们希望构造元函数，通过分支来返回不同的类型作为结果，那么 if constexpr 就无能为力了。具体在什么情况下使用 if constexpr，还需要针对特定的问题具体分析。

1.4.3　循环执行的代码

一般来说，我们不会用 while、for 这样的语句组织元函数中的循环代码——因为这些代码操作的是变量。但在编译期，我们操作的更多的则是常量、类型与模板[1]。为了能够有效地操作元数据，我们往往会使用递归的形式来实现循环。

还是让我们看一个例子：给定一个无符号整数，求该整数所对应的二进制表示中 1 的个数。在运行期，我们可以使用一个简单的循环来实现上述示例。而在编译期，我们就需要使用递归来实现了：

```
1   template <size_t Input>
2   constexpr size_t OnesCount = (Input % 2) + OnesCount<(Input / 2)>;
3
4   template <> constexpr size_t OnesCount<0> = 0;
5
6   constexpr size_t res = OnesCount<45>;
```

---

[1] C++14 允许在 constexpr 函数中使用变量，但支持程度有限。

其中第 1～4 行定义了元函数 OnesCount，第 6 行则使用这个元函数计算 45 对应的二进制表示中包含的 1 的个数。

你可能需要一段时间才能适应这种编程风格：整段代码在逻辑上并不复杂，它使用了 C++14 中的特性，代码量也与编写一个 while 循环相差无几。第 2 行 OnesCount<(Input / 2)> 是其核心，它本质上是一个递归调用。读者可以思考一下，当 Input 为 45 或者任意其他的数值时第 2 行的代码如何运行。

一般来说，在采用递归实现循环的元程序中，需要引入一个分支来结束循环。上述代码的第 4 行实现了这一分支：当将输入减小到 0 时，代码进入这一分支，结束循环。

使用循环更多的一类情况是处理数组元素。基于前文讨论的数组表示方法，在这里我们给出一个处理数组的示例：

```
1   template <size_t...Inputs>
2   constexpr size_t Accumulate = 0;
3
4   template <size_t CurInput, size_t...Inputs>
5   constexpr size_t Accumulate<CurInput, Inputs...>
6                           = CurInput + Accumulate<Inputs...>;
7
8   constexpr size_t res = Accumulate<1,2,3,4,5>;
```

其中第 1～6 行定义了一个元函数 Accumulate，它接收一个 size_t 类型的数组，对数组中的元素求和并将结果作为该元函数的输出。第 8 行展示了该元函数的用法：计算 res 的值（最终结果为 15）。

正如前文所述，在元函数中引入循环，非常重要的一点是引入一个分支来终止循环。代码的第 2 行是用于终止循环的分支：当输入数组为空时，编译器会匹配相应的模板参数 <size_t...Inputs>，此时 Accumulate 返回 0。第 4～6 行则组成了另一个分支：如果数组中包含一个或多于一个的元素，那么调用 Accumulate 将匹配这个模板特化，取出首个元素，将剩余元素求和后加到首个元素之上。

编译期的循环本质上是通过分支对递归代码进行控制。因此，前文所讨论的很多分支编写方式也可以衍生并编写相应的循环代码。典型的应用是，可以使用 if constexpr 来编写分支，这项工作留给读者进行练习。

使用递归来编写循环是一种通用的解决方案。除此之外，对于一些特殊的循环需求，C++ 也提供了更简单的解决方案：折叠表达式与包展开。

1. 基于折叠表达式实现循环

一种常见的循环场景是，输入一个序列（通常是数值序列），对序列中的元素逐个操作，并返回操作结果——通常来说，操作结果往往是一个数值。比如，前文中对数组求和的示例就是此类操作的典型。由于此类操作通常会以一串数据作为输入，由此构造出一个数值，因此在数学上其有一个很形象的称呼：折叠。常见的折叠应用包含求和、求最大最小值等。

C++17 引入了折叠表达式来简化此类循环的编写。以数组求和为例，前文中的示例在 C++17 中可以有更简单的代码编写方法：

```
1  template <size_t... values>
2  constexpr size_t fun()
3  {
4      return (0 + ... + values);
5  }
6
7  constexpr size_t res = fun<1,2,3,4,5>();
```

在这里，我们使用了折叠表达式来计算输入数组的和，并将计算结果保存在编译期常量中。事实上，折叠表达式不仅可以用于编译期计算，也可以用于运行期计算：

```
1  size_t helper(size_t in)
2  {
3      static size_t value = 0;
4      return in + (value++);
5  }
6
7  template <size_t... values>
8  size_t fun()
9  {
10     return (helper(0) + ... + helper(values));
11 }
12
13 std::cout << fun<1, 2, 3, 4, 5>() << std::endl;
```

执行后系统会输出 30。

在这个例子中，我们使用了 helper 函数辅助计算。显然，helper 函数是一个运行期函数（因为其中包含了静态成员，会在每次调用时改变相应的数值），但这并不妨碍我们在 fun 函数中使用折叠表达式——当然，由于 fun 函数调用了运行期逻辑，因此它也就不再是一个元函数了，因为不能在其声明中引入 constexpr 限定符。

通常来说，折叠表达式的输入是数值序列，返回是一个数值。但也不一定非要如此。一个经典的示例是，可以使用折叠表达式依次输出数值序列中的元素，即使元素的类别不同也没有关系：

```
1  template <typename... T>
2  void Fun(T... t)
3  {
4      (std::cout << ... << t);
5  }
6  Fun("abc", 1, 1.3);
```

这种输出方式会将输出的内容连在一起，不利于阅读。一种改进的方案是引入一个辅助函数：

```
1  template <typename T>
2  void Helper(T t)
3  {
```

```
4          std::cout << t << std::endl;
5      }
6
7      template <typename... T>
8      void Fun(T... t)
9      {
10         (Helper(t), ...);
11     }
12     Fun("abc", 1, 1.3);
```

这会使输入的每个元素在一行中输出。

这里对折叠表达式的语法细节不做过多讨论，读者可以参考 *C++ Primer* 等书籍了解。在这里要着重指出的是，折叠表达式虽然使用起来很简单，但它是有其自身的局限性的。

- 折叠表达式通常用于操作数值，它只能返回单个数值。如果我们希望在元函数中使用折叠表达式，并让其返回类型数组，实现起来会比较麻烦[①]。
- 折叠表达式通常来说要放到函数体中，这也在一定程度上限制了它的使用范围。

从某种角度来说，折叠表达式只是一种语法糖，用于简化特定情形下的循环书写而已。

2. 基于包展开实现循环

另一种经常要使用循环的场景是，给定输入序列，产生输出序列，输出序列中的每个元素是输入序列中相应元素的处理结果。每个元素的处理逻辑均是相同的。在这种场景下，可以使用 C++ 提供的包展开来简化循环。

一个典型的例子是，给定一个数值序列，将序列中的每个元素加 1，构造新的序列并输出：

```
1      template <size_t... I> struct Cont;
2
3      template <size_t... I>
4      using Fun = Cont<(I+1)...>;
5
6      using Res = Fun<1, 2, 3, 4, 5>;
```

上述代码使用包展开的方式构造了元函数 Fun，并使用该元函数以<1, 2, 3, 4, 5>作为输出，将输出结果保存在 Res 中。Res 其实就是 Cont<2, 3, 4, 5, 6>。

从这个示例中不难看出包展开与折叠表达式的一些区别：

- 包展开返回的是一个序列，而折叠表达式通常返回的是数值；
- 包展开返回的可以是类型（这里就是一个可变长度数组类型），而折叠表达式通常返回一个数值；
- 由于包展开可以返回类型，因此可以在函数体外使用包展开，但通常来说，我们只能在函数体内，或者为某个常量（变量）赋值时才能使用折叠表达式。

事实上，由于包展开所处理的是类型，因此它的输入并不一定是数值数组：

---

① 如果一定要这么做也不是不可以，但可能需要借助数值，并使用 decltype 获取相应的类型来实现，这是比较麻烦的。

```
1    template <size_t... I> struct Cont;
2
3    template <typename... T>
4    using Fun = Cont<sizeof(T)...>;
5
6    using Res = Fun<int, char, double>;
```

这段代码中定义的元函数接收一个类型序列，构造一个数值序列，输出序列中的每个值对应了输入序列中类型的尺寸。在笔者的测试环境中，Res 实际上是 Cont<4, 1, 8>。不同的编译环境可能会产生不同的结果。

我们甚至能使用包展开做更复杂的操作：

```
1    template <typename T, size_t V>
2    struct Pair
3    {
4        using type = T;
5        constexpr static size_t value = V;
6    };
7
8    template <bool... I> struct Cont;
9
10   template <typename... Pairs>
11   using Fun = Cont<(sizeof(typename Pairs::type) == Pairs::value)...>;
12
13   using Res = Fun<Pair<int, 2>, Pair<char, 1>, Pair<double, 8>>;
```

这段代码的核心是第 11 行。本质上，它从输入序列的每个元素中获取类型与数值信息，判断类型的尺寸是否等于相应的数值，并将结果保存在返回数组中。在笔者的测试环境中，函数的调用结果 Res 值为 Cont<false, true, true>。不同的编译环境可能会产生不同的结果。

通过上面的一些例子，我们也不难发现包展开的一些局限性。它只能满足某些特殊的循环需求：要求输入与输出均是数组，输入数组中的每个元素与输出数组中的元素存在一一映射的关系。映射可以是类型间的，也可以是类型与数值间的，由元函数来表示。

虽然折叠表达式与包展开都只能处理特定的循环问题，不具有通用性，但在一定情况下，它们还是能够简化代码编写的。同时，我们将会在第 2 章看到，适当地使用折叠表达式与包展开可以降低程序编译的复杂度。

3. 实现编译期 switch 逻辑

我们在前文提到过，C++ 提供了 conditional_t 以支持编译期的二分支选择，但使用它来进行编译期的多分支选择则比较困难。这里，我们将利用之前学到的循环、分支代码的编写方法来实现一个编译期多分支选择的元函数 CompileTimeSwitch。

让我们先来看一下这个元函数的调用方式：

```
1    using ChooseResult
2        = CompileTimeSwitch<
```

```
3     std::integer_sequence<bool, Cond1, ..., CondN>,
4     Cont<Res1, ..., ResN(, Def)>
5     >;
```

其中 CompileTimeSwitch 接收两个序列：integer_sequence<bool,Cond1, ..., CondN>是一个布尔序列，Cont<Res1, ..., ResN(,Def)>是一个选项序列。第一个序列中的 Cond1 ... CondN 是 N 个 bool 值。CompileTimeSwitch 会依次判断这些值。如果 Condi 为 true，同时其前面的 bool 值均为 false，那么返回 Resi。如果所有的 bool 值均为 false，那么返回 Def。

Def 是可选的，如果调用 CompileTimeSwitch 没有提供 Def[①]，那么必须要求第一个数组中的 bool 值至少有一个为 true，否则系统会出现编译错误。

最后需要说明的是，Cont 可以是任意能保存类型数组的模板。比如，它可以是 std::tuple，也可以是一个自定义的数组容器。

现在让我们看一下 CompileTimeSwitch 的实现：

```
1     template <typename TBooleanCont, typename TFunCont>
2     struct CompileTimeSwitch_;
3
4     template <bool curBool, bool... TBools,
5              template<typename...> class TFunCont,
6              typename curFunc, typename... TFuncs>
7     struct CompileTimeSwitch_<std::integer_sequence<bool, curBool, TBools...>,
8                               TFunCont<curFunc, TFuncs...>>
9     {
10    static_assert((sizeof...(TBools) == sizeof...(TFuncs)) ||
11                  (sizeof...(TBools) + 1 == sizeof...(TFuncs)));
12    using type
13      = typename conditional_t<
14                curBool,
15                Identity_<curFunc>,
16                CompileTimeSwitch_<std::integer_sequence<bool, TBools...>,
17                                   TFunCont<TFuncs...>>>::type;
18    };
19
20    template <template<typename...> class TFunCont, typename curFunc>
21    struct CompileTimeSwitch_<std::integer_sequence<bool>, TFunCont<curFunc>>
22    {
23      using type = curFunc;
24    };
25
26    template <typename TBooleanCont, typename TFunCont>
27    using CompileTimeSwitch
28        = typename CompileTimeSwitch_<TBooleanCont, TFunCont>::type;
```

这是我们看到的首个相对复杂的元函数。让我们分析一下它的工作原理。

第 1～2 行是 CompileTimeSwitch_的声明，它表明这个模板接收两个类型作为模板参数。这两个类型实际上对应了 bool 类型与结果数组。

---

① 即第 2 个数组中包含的元素个数与第 1 个数组中包含的 bool 值个数相同。

第 4～18 行与第 20～24 行是 CompileTimeSwitch_ 的两个特化，它们形成了一个循环。第 4～18 行包含了循环的主体逻辑：它通过一个 conditional_t 判断当前的 bool 值（curBool）是否为 true，并根据判断的结果来确定是调用第 15 行返回当前分支 curFunc，还是通过调用第 16～17 行进行下一步的循环。

第 20～24 行则包含了循环的结束逻辑：如果在之前的判断中，没有任何一个 bool 值为 true，同时存在默认分支，那么直接返回默认分支。

在构造了 CompileTimeSwitch_ 元函数的基础上，通过如下代码构造 CompileTimeSwitch：

```
1   template <typename TBooleanCont, typename TFunCont>
2   using CompileTimeSwitch
3       = typename CompileTimeSwitch_<TBooleanCont, TFunCont>::type;
```

CompileTimeSwitch 会作为一个辅助元函数用于深度学习框架的打造。

1.4.4　小心：实例化爆炸与编译崩溃

我们回顾一下之前的代码：

```
1   template <size_t Input>
2   constexpr size_t OnesCount = (Input % 2) + OnesCount<(Input / 2)>;
3
4   template <> constexpr size_t OnesCount<0> = 0;
5
6   constexpr size_t x1 = OnesCount<7>;
7   constexpr size_t x2 = OnesCount<15>;
```

可以思考一下，编译器在编译这一段代码时，会产生多少个实例。

在第 6 行以 7 为模板参数调用元函数时，编译器将使用 7、3、1、0 来实例化 OnesCount，构造出 4 个实例。接下来第 7 行以 15 为参数传入这个元函数，编译器需要用 15、7、3、1、0 来实例化代码。通常，编译器会将使用 7、3、1、0 实例化出的代码保存起来。这样一来，如果后面的编译过程需要使用同样的实例，那么就可以复用之前保存的实例了。对于一般的 C++ 程序来说，这样做能大大提升编译速度，但对于元编程来说，这可能会造成灾难。代码如下：

```
1   template <size_t A>
2   struct Wrap_ {
3       template <size_t ID, typename TDummy = void>
4       struct imp {
5           constexpr static size_t value = ID + imp<ID-1>::value;
6       };
7
8       template <typename TDummy>
9       struct imp<0, TDummy> {
10          constexpr static size_t value = 0;
11      };
12
13      template <size_t ID>
14      constexpr static size_t value = imp<A + ID>::value;
```

```
15    };
16
17    int main() {
18        std::cerr << Wrap_<3>::value<2> << std::endl;
19        std::cerr << Wrap_<10>::value<2> << std::endl;
20    }
```

上述代码组合了前文所讨论的分支与循环技术，构造出了 Wrap_ 类模板。它是一个元函数，接收参数 A 并返回另一个元函数。后者接收参数 ID，并计算 $\sum_{i=1}^{A+ID} i$。

在编译第 18 行代码时，编译器会因为这条语句产生 Wrap_<3>::imp 的一系列实例。遗憾的是，在编译第 19 行代码时，编译器无法复用这些实例，因为它所需要的是 Wrap_<10>::imp 的一系列实例，这与 Wrap_<3>::imp 系列并不同名。因此，我们无法使用编译器已经编译好的实例来提升编译速度。

而实际情况可能会更糟，编译器保存了 Wrap_<3>::imp 的一系列实例，因为它假定后续可能还会出现再次需要该实例的情形。上例 Wrap_ 中包含了一个循环，循环所产生的全部实例都会在编译器中保存。如果我们的元函数中包含了循环嵌套，那么由此产生的实例将随着嵌套层数的增加以指数的速度增长——这些内容都会被保存在编译器中！

遗憾的是，编译器的优化往往是为了满足一般的编译任务要求，对于元编程这种目前来说使用情形并不多的技术来说，优化相对较少。因此编译器的开发者可能不会考虑编译过程中保存在内存中的实例数过多的问题（对于非元编程的情形，这可能并不是一个大问题）。但如果编译过程中保存了大量的实例，那么可能会导致编译器的内存超限，从而造成编译失败甚至崩溃！

这并非危言耸听。事实上，在笔者打造深度学习框架时，就出现过对这个问题没有引起足够重视而导致编译内存占用过多，最终编译失败的情况。在小心修改了代码之后，编译所需的内存比之前减少了 50% 以上，编译也不再崩溃了。

那么怎么解决这个问题呢？其实很简单：将循环拆分出来。对于上述代码，我们可以修改如下：

```
1    template <size_t ID>
2    struct imp {
3        constexpr static size_t value = ID + imp<ID-1>::value;
4    };
5
6    template <>
7    struct imp<0> {
8        constexpr static size_t value = 0;
9    };
10
11   template <size_t A>
12   struct Wrap_ {
13       template <size_t ID>
14       constexpr static size_t value = imp<A + ID>::value;
15   };
```

其中在实例化 Wrap_<3>::value<2> 时，编译器会以 5、4、3、2、1、0 为参数构造 imp。在随后实例化 Wrap_<10>::value<2>时，之前构造的还可以被使用，新的实例化次数也会随之变少。

但这种修改还是有其不足之处的：在之前的代码中，imp 被置于 Wrap_中，这表明了二者紧密联系；从名字污染的角度来说，这样做不会让 imp 污染 Wrap_外围的名字空间。但后一种实现中，imp 将对名字空间造成污染：在相同的名字空间中，我们无法再引入另一个名为 imp 的构造，以供其他元函数调用。

如何解决这种问题呢？这实际上是一种权衡。如果元函数的逻辑比较简单，同时并不会产生很多不同的实例，那么保留前一种（对编译器来说比较糟糕的）形式，可能并不会对编译器产生太多负面的影响，同时保持了代码上的整洁。反之，如果元函数逻辑比较复杂（典型情况是多重循环嵌套），且可能会产生很多实例，那么选择后一种方式吧，可节省编译资源。

但即使选择后一种方式，我们也应当尽力避免名字污染。为了解决这个问题，在后续打造深度学习框架时，我们会引入专用的名字空间，来存放像 imp 这样的辅助代码。

1.4.5 分支选择与短路逻辑

减少编译期实例化的另一种重要的技术就是引入短路逻辑。来看如下代码：

```
template <size_t N>
constexpr bool is_odd = ((N % 2) == 1);

template <size_t N>
struct AllOdd_ {
    constexpr static bool is_cur_odd = is_odd<N>;
    constexpr static bool is_pre_odd = AllOdd_<N - 1>::value;
    constexpr static bool value = is_cur_odd && is_pre_odd;
};

template <>
struct AllOdd_<0> {
    constexpr static bool value = is_odd<0>;
};
```

这段代码的逻辑并不复杂。第 1~2 行引入了一个元函数 is_odd，用来判断一个数是否为奇数。在此基础上，AllOdd_用于给定数 N，判断 0~N 的数列中是否每个数均为奇数。

这段代码的逻辑虽然非常简单，但足以用于讨论本节中的问题。考虑在上述代码中，为了进行判断，编译器进行了多少次实例化。在代码的第 7 行，系统进行了递归的实例化。给定 N 作为 AllOdd_的输入时，系统会实例化出 $N+1$ 个对象。

事实上，判断的核心是第 8 行：一个逻辑"与"操作。对于"与"来说，只要有一个操作数不为 true，那么系统将返回 false。但这种逻辑短路的行为在上述元程序中并没有被很好地利用到——无论 is_cur_odd 的值是什么，AllOdd_都会对 is_pre_odd 进行求值，这会间接产生若干实例化的结果，虽然这些实例化结果可能对系统最终的求值没有实际意义。

以下是代码的改进版本（这里只列出了修改的部分）：

```
1    template <bool cur, typename TNext>
2    constexpr static bool AndValue = false;
3
4    template <typename TNext>
5    constexpr static bool AndValue<true, TNext> = TNext::value;
6
7    template <size_t N>
8    struct AllOdd_ {
9        constexpr static bool is_cur_odd = is_odd<N>;
10       constexpr static bool value = AndValue<is_cur_odd,
11                                               AllOdd_<N-1>>;
12   };
```

其中引入了一个辅助的元函数 AndValue：只有当该元函数的第一个操作数为 true 时，它才会实例化第二个操作数[①]，否则它将直接返回 false。在代码的第 10～11 行使用了 AndValue 以减少实例化的次数，同时也降低了代码的编译成本。

1.5　奇特的递归模板式

本章所讨论的大部分内容都并不是 C++ 中新引入的技术，而是基于已有技术所衍生出来的一些使用方法。编写运行期程序时，这些方法可能并不常见，但在元编程中，我们会经常使用这些方法，而这些方法也可以视为元编程中的惯用法。

如果对惯用法划分等级，那么只包含一条语句的元函数是最低级的，在此之上则是顺序、分支与循环程序的编写方法。在掌握了这些工具后，我们就可以学习一些更高级的元编程方式——奇特的递归模板式（CRTP）就是其中之一。

CRTP 是一种派生类的声明方式，其"奇特"之处就在于：派生类会将本身作为模板参数传递给其基类。来看如下代码：

```
1    template <typename D> class Base { /*...*/ };
2
3    class Derived : public Base<Derived> { /*...*/ };
```

其中第 3 行定义了类 Derived，它派生自 Base<Derived>——基类以派生类的名字作为模板参数。这看起来似乎有循环定义的嫌疑，但它确实是合法的，只不过看起来比较"奇特"而已。

[①] 在 C++中，只有访问了类模板内部的元素时，类模板才会被实例化。因此像本例中的第 1～2 行并不会导致第二个模板参数 TNext 的实例化。

CRTP 有很多应用场景，模拟虚函数是其典型应用之一。习惯了面向对象编程的读者可能对虚函数并不陌生：我们可以在基类中声明一个虚函数（这实际上声明了一个接口），并在每个派生类中采用不同的方式实现该虚函数，从而产生不同的功能——这是面向对象中以继承实现多态的一种经典方式。选择正确的虚函数执行需要运行期的相应机制来支持。在一些情况下，我们所使用的函数无法声明为虚函数，比如下面的例子：

```cpp
template <typename D>
struct Base
{
    template <typename TI>
    void Fun(const TI& input) {
        D* ptr = static_cast<D*>(this);
        ptr->Imp(input);
    }
};

struct Derived : public Base<Derived>
{
    template <typename TI>
    void Imp(const TI& input) {
        cout << input << endl;
    }
};

int main() {
    Derived d;
    d.Fun("Implementation from derived class");
}
```

其中，基类 Base<D>会假定派生类实现了一个接口 Imp，会在其函数 Fun 中调用这个接口。如果使用面向对象的编程方法，我们就需要引入虚函数 Imp，但由于 Imp 是一个函数模板，无法被声明为虚函数，因此这里借用了 CRTP 来实现类似虚函数的功能。

除了函数模板外，类的静态成员函数也无法被声明为虚函数。此时借用 CRTP，同样能达到类似虚函数的效果：

```cpp
template <typename D>
struct Base
{
    static void Fun() {
        D::Imp();
    }
};

struct Derived : public Base<Derived>
{
    static void Imp() {
        cout << "Implementation from derived class" << endl;
    }
};
```

```
16    int main() {
17        Derived::Fun();
18    }
```

元编程涉及的函数大部分与模板相关，或者往往是类中的静态成员函数。在这种情况下，如果要实现类似运行期的多态特性，就可以考虑使用 CRTP。

1.6　小结

本章讨论了元编程中可能会用到的一些基本方法，从元函数的定义方式到顺序、分支与循环代码的编写，再到奇特的递归模板式。这些方法有的专门用于编写元函数，有的则需要与运行期计算相结合以发挥更大的作用。一些方法初看起来与常见的运行期编程方法有很大的不同，初学者难免会感到不习惯，但如果能够反复地练习，在适应了这些方法之后，读者应该就可以得心应手地编写元程序，实现大部分编译期计算的功能了。

本书的后文将会使用这些方法打造深度学习框架。事实上，后文中大部分的讨论都可以被视为利用本章所讨论的方法来解决实际问题的演练。因此，读者完全可以将本书后文的内容看成本章所讨论方法的一个练习。这个练习的过程也正是带领读者熟悉本章知识点的过程。相信在读完本书之后，读者会对元编程有更加成熟的认识。

需要说明的是，我们可以使用本章的方法进行元编程，也可以选择一些其他的元编程方法。比如使用 MPL 这样的元程序库来实现数组、集合等数据结构及相关操作——某些元程序库所提供的接口与本章中讨论的数组处理技术看上去有很大不同，但实现的功能是类似的。使用本书描述的数组处理方式，就像在运行期使用 C++的基本数组，而使用 MPL 这样的元程序库，则更像在运行期使用 std::vector。本书不会讨论像 MPL 这样的元程序库的使用方法，因为笔者认为：如果基本数组没有用好，就很难用好 std::vector。本书所传达给读者的是元编程的基础方法，相信读者在打好了相应的基础后，再使用其他高级的元程序库就会更加得心应手。

1.7　练习

1. 在元函数这个框架下，数值与类型其实并没有明显的差异：元函数的输入可以是数值或类型，对应的变换可以在数值与类型之间进行。比如可以构造一个元函数，其输入是一个类型，输出是该类型变量所占空间的大小——这就是一个典型的从类型变换为数值的元函数。试构造该元函数，并测试之。

2. 作为进一步的扩展，元函数的输入甚至可以是类型与数值的混合。尝试构造一个元函数，其输入为一个类型以及一个整数。如果该类型所对应对象的大小等于该整数，那么返回 true，否则返回 false。

3. 本章介绍了若干元函数的表示形式，你是否还能想到其他的形式？

4. 本章讨论了以类模板作为元函数的输出方式。尝试构造一个元函数，它接收输入后会返回一个元函数，后者接收输入后会再返回一个元函数。这仅仅是一个练习，不必过于在意其应用场景。

5. 使用 SFINAE 构造一个元函数：输入一个类型 T，当 T 存在子类型 type 时该元函数返回 true，否则返回 false。

6. 使用在本章中学到的循环代码编写方式，编写一个元函数，其输入为一个类型数组，输出为一个无符号整型数组，输出数组中的每个元素表示输入数组中相应类型变量的大小。

7. 每种技术都有其适用的范围，比如，if constexpr 在一些情况下会简化代码的编写，但在另一些情况下，则可能会造成代码编写上的麻烦。尝试使用 if constexpr 重新实现 1.4.3 小节所讨论的 Accumulate 方法，分析本书所给出的实现与新实现的优劣。

8. 使用分支短路逻辑实现一个元函数，给定一个整数序列，判断其中是否存在值为 1 的元素。如果存在，就返回 true，否则返回 false。

第 2 章

元数据结构与算法

第 1 章讨论了元程序的基本编写方法。在此基础上，本章将讨论一些基本的元数据结构与相关算法[①]。

元程序与运行期代码要解决的问题是有共通性的。这种共通性决定了很多运行期需要的数据结构与算法在元编程中也同样需要。将这些通用的数据结构与算法总结出来并加以实现，可以集中优化，便于后期使用。

事实上，这也正是很多元程序库所做的事情。本书并不打算使用某个元程序库，但讨论一下如何实现这些元程序库中的通用算法是非常有意义的。本质上，本章所讨论的可以视为一个微型元程序库的实现。通过实现这一元程序库，一方面，我们可以进一步熟悉元函数的编写方法；另一方面，我们也会看到一些元程序在编写过程中设计上的权衡，以及随之而来所衍生出的相应技巧。

2.1 基本数据结构与算法

我们要实现的元程序库要包含哪些内容呢？这个元程序库并不需要包含非常复杂的数据结构与算法，但应该具有足够的通用性，能够为我们的深度学习框架实现提供有力的支持。STL 就是此类通用函数库中的一个典范：它包含的大部分数据结构与算法都比较简单，但被广泛地应用于各种 C++程序的开发过程中。当然，C++标准模板库主要被应用于运行期，而我们要实现的元程序库则会在编译期大显身手。应用场景虽有所区别，但这并不妨碍我们借鉴 STL 的优秀设计。

2.1.1 数据结构的表示方法

STL 中的主要数据结构可以划分为两类：顺序容器与关联容器。前者通过位置来访问数据，后者通过特定类型的键来访问数据。在运行期可以使用的工具相对较多，相应的数

---

① 本章中的很多算法都借鉴了 MP11 与 MPL 两个元程序库中的实现。

据表示形式也多种多样。以顺序容器为例，在 STL 中常用的顺序容器就包括 vector、list 等。这些数据结构各有优劣，用户可以根据具体场景进行选择。

相比之下，在编译期我们能使用的工具就不是那么多了：编译期所处理的是常量——无法修改数据的值将对我们的工具选择造成很大限制；编译期对指针等概念的支持相对较弱，我们也无法在编译期进行动态内存分配并以类似指针的形式保存分配的空间，用于后续访问。这些都限制了我们在构造数据结构时可以选择的工具。如第 1 章所讨论的那样，在编译期表示容器较方便的方法就是使用变长参数模板。我们会将其作为数据结构的载体，以表示在编译期使用的顺序容器与关联容器。

- 顺序表：一个变长参数模板实例中的元素是天然有序的。按照 C++的惯例，我们将变长参数模板中的元素按照从前到后的顺序赋予相应的索引值，索引值从 0 开始。比如对于 tuple<int, double, char>来说，int、double、char 所对应的索引值分别为 0、1、2。

- 集合：变长参数模板实例也可以表示集合。比如 tuple<int, double, char>同样可以视为一个包含了 3 个元素的集合。集合中的元素没有顺序性，也即 tuple<double, char, int> 所表示的集合与 tuple<int, double, char>所表示的等价。另外，通常来说集合中的元素具有互异性，即相同的元素在集合中不会出现多次。因此，对于像 tuple<int, char, int>这样的变长参数模板实例来说，是否可以将其视为集合呢？显然，这个实例中存在相同的元素。我们可以拒绝将其视为一个集合，也可以采用其他的方式来解释该实例，比如：无论容器中相同的元素出现多少次，都视为仅出现了一次。采用这种解释时，上述实例也可视为一个集合。要怎么解释容器中的元素是一个选择问题。我们将会在本章的后面讨论不同的选择，以及每种选择所带来的性能差异。

- 映射：STL 中的映射容器采用键-值对存储元素，可以通过键来获取相应的值，我们的元程序库中也将引入类似的构造。我们会使用 KVBinder 模板来存储键-值对。KVBinder 的定义如下[①]：

```
1   template <typename TK, typename TV>
2   struct KVBinder
3   {
4       using KeyType = TK;
5       using ValueType = TV;
6       static TV apply(TK*);
7   };
```

KVBinder 提供了元数据域来获取键与值的类型。在此基础上，我们可以使用变长参数模板容器来表示映射，比如 tuple<KVBinder<int, int*>, KVBinder<char, char*>>——这个映射将一些类型与其指针类型关联了起来。

[①] 我们将会在本章后面讨论 apply 函数声明的用途。

与集合类似，映射中的键有互异性，因此这里也存在是否将具有相同键的容器视为映射的问题。我们将会在讨论映射实现时分析不同选择所带来的性能差异。

- 多重映射（multimap）：STL 提供了 multimap 来表示多重映射，也即键可以重复的映射。在我们的深度学习框架中，某些地方需要在编译期使用多重映射，因此我们的元程序库中也引入了多重映射。我们使用如下的结构来表示多重映射中的键值关系：

```
1  KVBinder<Key, ValueSequence<Values...>>
```

ValueSequence 是一个变长参数模板，用于存储某个键所对应的值序列。变长参数模板同时还会作为多重映射的容器使用。一个典型的多重映射实例形如：

```
1  tuple<KVBinder<int, ValueSequence<char>>,
2        KVBinder<double, ValueSequence<int, bool>>>
```

它包含了 3 个键-值对：int-char、double-int 与 double-bool。

- 数值容器：细心的读者可能发现了，前面所列出的容器中存储的元素都是类型。这是因为在我们将要实现的深度学习框架中，类型处理占据元程序的主要部分。除此之外，我们也会在某些地方用到与数值相关的元数据结构与算法。但它们与类型容器的处理方式非常相似，因此本章也就不详细讨论了。

可以看出，变长参数模板在我们的元程序库中占据了重要的地位，所有的元数据结构都是以它为载体来实现的。这种设计的缺点在于：给定一个变长参数模板容器，我们很难判断出它所表示的具体含义（序列、集合，还是映射……）。但它也有优点：容器的实例可以自由转换其角色，选择适当的算法。比如，映射可以看成集合（只需要将键-值对看成一个键），因此可以将集合相关的算法应用到映射上；集合又可以看成序列，因此可以将序列相关的算法应用到集合上。我们可以灵活地选择算法达到目的。

还有一点要说明的是：我们使用变长参数模板作为元数据结构的载体，但并不限制变长参数模板的具体类型。在前文中，我们使用了 tuple 作为示例，但我们也可以采用其他的变长参数模板。比如完全可以自定义一个变长参数模板容器，并使用它来表示序列、集合或映射。

以上就是我们所使用的元数据结构。在此基础上就可以引入一些算法来实现相关的操作了。让我们首先从一些简单的算法开始讨论。

2.1.2　基本算法

很多算法都是非常基础且易于实现的。比如获取顺序表尺寸（其中包含的元素个数）的算法：

```
1  template <typename TArray>
2  struct Size_;
```

```
3
4    template <template <typename...> class Cont, typename...T>
5    struct Size_<Cont<T...>>
6    {
7        constexpr static size_t value = sizeof...(T);
8    };
9
10   template <typename TArray>
11   constexpr static size_t Size = Size_<RemConstRef<TArray>>::value;
```

这个算法的核心在第 7 行，它使用 C++11 中引入的关键字 sizeof... 来获取一个类型序列的长度。我们基于这个关键字构造出了元函数 Size_。注意，第 1～2 行是这个元函数模板的声明，而第 4～8 行是相应元函数的特化实现。正是这个特化实现限定了该元函数只能作用于变长参数模板容器。

在 Size_ 元函数的基础上，我们引入了 Size 元函数。像第 1 章讨论的那样，调用 Size 元函数时，我们不再需要 ::value 这样的依赖名称。同时，Size 元函数还调用了 RemConstRef 对输入参数进行变换，使得元函数可以接收常量或引用类型。

RemConstRef 的定义如下：

```
1    template <typename T>
2    using RemConstRef = std::remove_cv_t<std::remove_reference_t<T>>;
```

其中调用了 type_traits 中的元函数，去掉了输入参数中的引用与常量限定符（如果有）。

因此，我们可以这样调用 Size 元函数：

```
1    using Cont = std::tuple<char, double, int>;
2    constexpr size_t Res1 = Size<Cont>;
3    constexpr size_t Res2 = Size<Cont&>;
```

其中 Res1 与 Res2 的值均为 3。注意，Res2 之所以能被求值，是因为 RemConstRef 去掉了输入参数中的引用限定符。

基本算法的另外两个例子是元函数 Head 与 Tail，它们分别用于获取输入序列的首个元素与去除首个元素的子序列。与 Size 元函数类似，这两个元函数也分别调用了 Head_ 与 Tail_ 来实现各自的逻辑。Head_ 与 Tail_ 的定义如下：

```
1    template <typename TSeqCont>
2    struct Head_;
3
4    template <template <typename...> class Container, typename TH,
5              typename...TCases>
6    struct Head_<Container<TH, TCases...>>
7    {
8        using type = TH;
9    };
10
11   template <typename TSeqCont>
```

```
12   struct Tail_;
13
14   template <template <typename...> class Container, typename TH,
15            typename...TCases>
16   struct Tail_<Container<TH, TCases...>> 17 {
17   {
18       using type = Container<TCases...>;
19   };
```

类似算法的实现都非常直观。这里就不一一列举了。

2.1.3 算法的复杂度

理论上，使用第 1 章讨论的顺序、分支、循环代码的编写方法，我们可以实现大部分与容器相关的算法。但在实现其他算法之前，让我们首先以 Size 为例，分析其实现的复杂度。

读者可能会问：我们为什么要关心这些算法的复杂度？事实上，这些算法所对应的代码是在编译期被执行的，也就是说，它们的执行效率基本上不会对代码的运行期造成影响。既然如此，我们真的需要关心它们的实现复杂与否吗？

答案是肯定的。这里需要着重指出一点：**即使是在编译期执行的代码，也是需要执行的。这些代码的执行者，实际上是编译器！**

我们可以从另一个角度来审视代码的编译过程：我们的源程序就好似一段脚本，而编译器正如脚本的执行者，编译结果则类似脚本的执行结果。从这个角度上来说，编译一段 C++ 代码的过程，与执行一段 Python 代码没有什么区别，都是需要占用系统资源与运行时间的。如果元函数的复杂度比较高，反复调用就会导致编译用时较长、编译所需内存较多。

另外，将编译的过程与一般脚本的执行过程进行类比并不完全公平。二者虽然有相似之处，但应用场景不同，它们面临的问题也不同。一般的脚本可能会被反复执行，处理的数据量可能较大（可能要以大量的数据作为输入并产生大量的输出），这就对脚本的执行速度产生了相对较高的要求。源代码文件相对较短，同时编译操作的执行频率相对较低（除了开发场景外，一般编译成功之后就不需要再次编译源代码文件了）。因此我们可以对编译器的执行效率有更大的容忍。

但编译器也有编译器的问题，正如我们在第 1 章所讨论的那样，编译器可能并没有针对元编程引入足够的优化。元函数在执行过程中所产生的实例可能都会保存在编译器的内存中，在整个编译过程中都不会被释放。因此，如果元函数的复杂度较高，可能导致编译器内存超限而编译失败。

对于老式的计算机或 32 位编译程序来说，这可能是个大问题（32 位编译程序能够使用的最大内存容量为 4GB，编译复杂的元程序很可能导致内存不足）。当前，主流的计算机是 64 位的，同时计算机中的内存容量也得到了很大的提高，这能在一定程度上缓解内存不足的问题。但我们依旧需要关注元函数的复杂度，以防在元函数过于复杂、编译项目较大的情况下，编译用时较长或占用内存较多而导致编译失败。

那么，我们要如何衡量元函数的复杂度呢？作为一个普通的 C++ 开发者，我们可能对编译器内部的实现原理并不清楚，因此无法做出很精确的估计。但我们至少可以估计出在一个元函数的执行过程中，编译器可能会构造出的实例数，并以此作为元函数复杂度的一种度量：当然，我们希望元函数执行过程中所构造出的实例数越少越好，实例数越多，说明算法越复杂。

让我们回顾一下之前讨论的 Size，对于以下的语句：

```
1 | Size<tuple<double, int, char>>
```

编译器会在执行过程中接收并产生如下的实例：

```
1 | tuple<double, int, char>
2 | RemConsRef<tuple<double, int, char>>
3 | Size_<RemConsRef<tuple<double, int, char>>>
4 | Size_<RemConsRef<tuple<double, int, char>>>::value
5 | Size<tuple<double, int, char>>
```

这些实例可能会被一一构造出来并保存在编译器的内存中。不同的实例对应的构造与存储成本并不相同[1]。但我们在这里并不会考虑这种成本差异的细节，只是对算法的复杂度进行粗略的估计。

现在让我们来看一个相对复杂的算法：数组索引，即给定一个数组，获取其中的第 N 个元素。

读者可能会感到诧异：这是复杂的算法吗？事实上，可能出乎读者的意料，这可能是我们将要实现的最复杂的算法之一了。对运行期数组进行索引非常简单，这是因为从硬件到软件层面上都对其提供了很好的支持。但在编译期，语言规范对这种操作并没有提供足够的支持，这就可能导致相应算法（或者说相应操作）的复杂度非常高。

让我们首先实现一个基础版本，再来分析一下这个版本的复杂度高在何处。利用第 1 章讨论的顺序、分支、循环代码的编写方法，我们可以相对容易地实现数组索引，算法如下：

```
1  | template <typename TCont, size_t ID>
2  | struct At_;
3  |
4  | template <template<typename...> class TCont,
5  |           typename TCurType, typename... TTypes, size_t ID>
6  | struct At_<TCont<TCurType, TTypes...>, ID>
7  | {
8  |     using type = typename At_<TCont<TTypes...>, ID-1>::type;
9  | };
10 |
11 | template <template<typename...> class TCont,
```

---

[1] 比如，Size 模板是 Size_<>::value 的别名，别名的构造与存储成本可能会低于实例的构造与存储成本。

```
12              typename TCurType, typename... TTypes>
13    struct At_<TCont<TCurType, TTypes...>, 0>
14    {
15        using type = TCurType;
16    };
```

At_ 元函数的实现包含了一个声明与两个模板特化。第 1~2 行的声明表明该元函数接收两个参数，分别对应输入序列与索引值。后两个特化则形成了一个循环逻辑：第一个特化用于匹配索引值不为 0 的情况——此时系统会将索引值减 1，继续下一步循环；第二个特化匹配索引值为 0 的情况，此时返回当前类型。这个元函数的使用方式很简单，比如 typename At_<tuple<double, int, char>, 2>::type 的结果为 char。

现在让我们粗略地估计一下该元函数的复杂度。以 typename At_<tuple<double, int, char >, 2>::type 为例，看一下元函数在执行过程中可能产生的实例个数。不难看出，此时编译器会产生如下的一些实例：

```
1    At_<tuple<double, int, char>, 2>
2    At_<tuple<int, char>, 1>
3    At_<tuple<char>, 0>
```

读者可能意识到了：编译器所产生的实例个数与输入的索引值成正比。这并不是一个好现象。显然，当输入的索引值比较大时，编译器就会产生大量的实例，这同时意味着更长的编译时间，以及更多的内存占用。

事实上，这种实现还存在另一个问题。通常来说，如果将信息保存成一个数组，那么我们往往需要访问数组不同位置处的元素。考虑 tuple<double, int, char> 这个数组，在刚刚获取了索引值为 2 的元素之后，如果我们希望再次调用该元函数获取索引值为 1 的元素，那么编译器会产生如下的实例：

```
1    At_<tuple<double, int, char>, 1>
2    At_<tuple<int, char>, 0>
```

读者可能已经发现了，这些实例化的结果与之前实例化的结果完全不同！这就意味着虽然编译器可能在内存中保存了之前的实例化结果，但我们无法从之前的实例化结果中获益。进一步，编译器可能会将这些新的实例保存在内存中，进一步增加编译负担。

希望这个示例能让读者体会到一个实现相对较差的元函数可能对编译器产生的不良影响。一个好的元函数实现应该使得实例化的次数尽量少，同时能尽量地复用之前实例化的结果。如果我们仅仅采用第 1 章所学习的顺序、分支与循环代码的编写方法，显然无法达到这个目的。要想降低元函数的复杂度，就需要求助于一些特别的技巧。我们将在本章的后续部分讨论一些降低复杂度的技巧。同时，我们将在本章的结尾给出一个低复杂度的序列索引算法实现，但本着从易到难的原则，我们将首先讨论一些相对容易掌握的技巧。首先，让我们来看第一类技巧：基于包展开与折叠表达式的优化。

2.2 基于包展开与折叠表达式的优化

我们在第 1 章讨论循环逻辑的编写方法时，就介绍过包展开与折叠表达式。这两种技巧不仅能简化循环逻辑的编写，同时也能在一些场景中减少编译器所构造的实例个数，也即降低元函数的复杂度。

2.2.1 基于包展开的优化

包展开的一个经典应用就是实现编译期的 transform 逻辑。transform 接收一个序列与某个元函数，对序列中的每个元素调用该元函数进行变换，变换后的结果保存在一个新的序列中返回。

我们当然可以使用基本的循环代码来实现相应的逻辑。但如果采用这种方式，元函数的执行过程中将产生很多实例——实例的个数与序列中元素的个数成正比。比如，假定输入列表为 Cont<X1, X2, ..., Xn>，元函数为 F，那么使用基本的循环代码，我们可能构造出以下的实例：

```
1  Cont<F<X1>>
2  Cont<F<X1>, F<X2>>
3  ...
4  Cont<F<X1>, F<X2>,..., F<Xn>>
```

如果采用包展开，产生的实例个数就能大大减少。以下给出了基于包展开的 transform 元函数实现：

```
1  template <typename TInCont, template <typename> typename F,
2           template<typename...> typename TOutCont>
3  struct Transform_;
4
5  template <template <typename...> typename TInCont,
6           typename... TInputs,
7           template <typename> typename F,
8           template<typename...> typename TOutCont>
9  struct Transform_<TInCont<TInputs...>, F, TOutCont>
10 {
11     using type = TOutCont<typename F<TInputs>::type ...>;
12 };
13
14 template <typename TInCont,
15          template <typename> typename F,
16          template<typename...> typename TOutCont>
17 using Transform = typename Transform_<TInCont, F, TOutCont>::type;
```

整段代码的核心是第 11 行，不难发现，这一行通过包展开一次性对序列中的所有元素调用了元函数 F。这会减少很多不必要的中间结果。

2.2.2 基于折叠表达式的优化

在一些场景下，使用折叠表达式也会减少实例个数。比如，我们希望实现一个元函数，来判断两个集合是否相等。注意，集合中的元素顺序可以存在差异，所以下面的实现是错误的：

```
1  template <typename Set1, typename Set2>
2  constexpr bool IsEqual = std::is_same_v<Set1, Set2>;
```

如果 Set1 与 Set2 中元素的顺序不同，那么即使两个集合相等，系统也会返回 false。

那么该如何判断两个集合相等呢？我们可以判断每个集合中的任意元素是否属于另一个集合。如果该条件满足，那么两个集合是相等的。假定我们已经实现了一个高效的算法 HasKey，用于判断某个元素是否在集合中出现过。这个算法能达到的效果是：多次调用时，只要测试的集合相同，那么所引入的额外的实例化就会非常少[1]：

```
1  // 首次调用产生一些实例
2  HasKey<tuple<double, char, int>, int>;
3  // 再次调用，测试集相同，只会产生少量的实例
4  HasKey<tuple<double, char, int>, float>;
```

基于 HasKey 的实现，我们希望实现一个元函数，来判断两个集合是否相等：

```
1  template <typename TFirstSet, typename TSecondSet>
2  struct IsEqual_;
3
4  template <template <typename...> class Cont1,
5            template <typename...> class Cont2,
6            typename... Params1, typename... Params2>
7  struct IsEqual_<Cont1<Params1...>, Cont2<Params2...>>
8  {
9      constexpr static bool value1
10         = (HasKey<Cont1<Params1...>, Params2> && ...);
11     constexpr static bool value2
12         = (HasKey<Cont2<Params2...>, Params1> && ...);
13     constexpr static bool value = value1 && value2;
14 };
15
16 template <typename TFirstSet, typename TSecondSet>
17 constexpr bool IsEqual = IsEqual_<TFirstSet, TSecondSet>::value;
```

上述代码的核心是第 9～12 行：第 9～10 行使用了折叠表达式来判断第二个集合中的所有元素都在第一个集合中；第 11～12 行则判断了第一个集合中的所有元素都在第二个集合中。由于 HasKey 具有之前所讨论的特性，因此虽然折叠表达式会引入很多的 HasKey 调用，

---

[1] 我们会在后文中以映射为例讨论此类算法的实现原理。

但根据前文的讨论，由此引入的实例会相对较少。总体来说，这还是一个比较好的实现。

当然，这个实现还是有一些可以优化的空间的。我们在第 1 章讨论了 AndValue 元函数，用于实现编译期的短路逻辑，可以将其引入该元函数中：如果 value1 为 false，就不需要再计算 value2 的值了。这个修改就交给读者完成。

包展开与折叠表达式可以说是较直观易用的元函数优化方法了。在一些场景下，使用包展开与折叠表达式确实能够优化元函数。但正如我们在第 1 章讨论的那样，包展开与折叠表达式的使用场景非常受限，只能在特殊的场景中使用。同时，使用折叠表达式时还需要小心，如果使用不当，反而会造成元函数执行过程中的实例"爆炸"[①]。同样以"判断两个集合是否相等"为例，如果 HasKey 在每次调用都会产生较多的实例，那么我们的实现会出现很大问题。因此使用时要多加小心。

2.3　基于操作合并的优化

基于包展开与折叠表达式进行的优化，其本质就是使用 C++ 的新语法在一条语句中同时执行多条指令。以包展开为例，语句如下：

```
1 │ using type = TOutCont<typename F<TInputs>::type ...>;
```

在一条语句中遍历 TInputs 中的每个元素，以其作为输入调用 F 后将结果一次性放到 TOutCont 容器中。正是这种在一条语句中处理多条指令的方法帮助我们减少了元函数执行过程中的实例个数。

包展开与折叠表达式的使用场景毕竟有限，但这并不妨碍我们将"一条语句中同时执行多条指令"这一思想应用到无法使用包展开与折叠表达式的场景之中。笔者将采用这种思想进行的优化称为"基于操作合并的优化"。

让我们看一个应用该思想的元函数示例：折叠。说到折叠，相信阅读至此的读者可能会想到折叠表达式。折叠表达式是一种折叠，但就像第 1 章讨论的那样，折叠表达式只能处理数值，无法处理类型。我们在这里要实现的折叠函数则是针对类型的，它的输入是一个类型序列，输出则是一个类型。

我们的折叠函数将接收如下的参数。

- TInputCont<TInput1, TInput2, ..., TInputN>：包含了输入序列的容器。
- TInitState：初始状态。
- F：元函数，接收两个类型输入，返回一个类型结果。

折叠函数会首先调用 F<TInitState, TInput1>::type 来产生一个中间结果 TRes1，之后调用 F<TRes1, TInput2>::type 来产生中间结果 TRes2，以此类推，最终元函数返回 TResN。

[①] 在编译过程中产生非常多的实例。

基于一般的循环语句编写方法，可以按照如下的方式实现折叠函数：

```cpp
1   template <typename TState,
2            template <typename, typename> typename F,
3            typename... TRemain>
4   struct imp_
5   {
6       using type = TState;
7   };
8
9   template <typename TState,
10           template <typename, typename> typename F,
11           typename T0, typename... TRemain>
12  struct imp_<TState, F, T0, TRemain...>
13  {
14      using type = typename imp_<F<TState, T0>, F, TRemain...>::type;
15  };
16
17  template <typename TInitState, typename TInputCont,
18           template <typename, typename> typename F>
19  struct Fold_;
20
21  template <typename TInitState, template<typename...> typename TCont,
22           typename... TParams,
23           template <typename, typename> typename F>
24  struct Fold_<TInitState, TCont<TParams...>, F>
25  {
26      template <typename S, typename I>
27      using FF = typename F<S, I>::type;
28
29      using type = typename imp_<TInitState, FF, TParams...>::type;
30  };
31
32  template <typename TInitState, typename TInputCont,
33           template <typename, typename> typename F>
34  using Fold = typename Fold_<TInitState, TInputCont, F>::type;
```

这段代码相对较长，但逻辑并不复杂。让我们按照从外到内的顺序来看。

第 32～34 行定义了 Fold 元函数，它本质上是将运算逻辑代理给 Fold_元函数执行。第 17～30 行定义了 Fold_元函数。其中第 17～19 行是该元函数的声明，而第 21～30 行通过特化表明元函数的第二个参数是一个序列。在此基础上，第 26～27 行将 F 进行了转换，这样在后面的调用中，我们就不需要再写::type 这样的后缀了。同时第 29 行调用了 imp_来实现计算逻辑。与 Fold_相比，imp_不再包含容器模板 TCont，这使得代码的编写更加容易。

核心的计算位于 imp_之中。imp_包含了一个基本模板与一个特化版本，二者放在一起构成了循环逻辑。特化版本会调用 F，输入当前状态与待处理的元素，获取相应的返回值，并以该返回值作为输入，再次调用 imp_实现循环（第 14 行）。imp_的基本模板则会匹配终止循环的情形：如果输入已经全部处理完毕，那么直接返回当前状态 TState（第 6 行）。

不难看出，当调用 Fold 元函数时，如果输入序列较长，那么 imp_ 的特化版本（第 9～15 行）会被反复调用，相应地产生多个实例。为了减少实例的产生，我们可以引入操作合并，比如，增加一个新的特化版本：

```
1   template <typename TState,
2             template <typename, typename> typename F,
3             typename T0, typename T1>
4   struct imp_<TState, F, T0, T1>
5   {
6       using type = F<F<TState, T0>, T1>;
7   };
```

其中当 imp_ 中待处理的元素个数为 2 时，系统会选择这个分支——可以看出，这个元函数相当于将两步操作进行了合并，可以减少一些实例的产生。

我们可以进一步使用这种技巧，引入更多的特化版本：

```
1   template <typename TState,
2             template <typename, typename> typename F,
3             typename T0, typename T1, typename T2>
4   struct imp_<TState, F, T0, T1, T2> {...};
```

这样，当待处理的元素个数为 3 时，系统会选择这个特化版本，一次性完成处理。

我们还可以引入更多类似的特化版本，笔者引入了可以同时处理 6 个元素的特化版本。这样，如果序列中的元素个数小于或等于 6，那么就可以一次性完成处理了。

对于序列中的元素个数大于 6 的情形，我们引入了如下的特化版本：

```
1   template <typename TState,
2             template <typename, typename> typename F,
3             typename T0, typename T1, typename T2,
4             typename T3, typename T4, typename T5,
5             typename T6, typename... TRemain>
6   struct imp_<TState, F, T0, T1, T2, T3, T4, T5, T6, TRemain...>
7   {
8       using type = typename imp_<F<F<F<F<F<F<TState, T0>,
9                                              T1>, T2>, T3>,
10                                             T4>, T5>, T6>,
11                                  F, TRemain...>::type;
12  };
```

也即当序列中的元素个数大于或等于 7 时，系统会匹配这个特化版本，一次处理 7 个元素。这相当于将每 7 步处理合并到一步进行。

与运行期序列相比，元函数所接收的编译期序列都相对较短。如果序列的长度小于或等于 7，那么对 imp_ 的一次实例化就可以满足需求。即使序列长度大于 7，我们也很有可能仅需要几次对 imp_ 的实例化就可以完成整个序列的处理。

2.4　基于函数重载的索引算法

无论是序列还是集合、映射，它们都包含获取其中的元素的操作（索引操作）。不同之处在于：序列使用整数值作为索引，而映射使用键作为索引。事实上，集合的查找也可以被视为一种索引，输入是键，输出是一个 bool 值，表示是否找到。无论建立哪种容器，我们都需要通过索引算法获取其中的元素。

我们在 2.1.3 小节通过一个示例说明了：索引算法性能较差时会产生大量的编译期实例。因此，一个好的索引算法对元程序序库的性能优化至关重要。本节将讨论一种基于函数重载的索引算法，它可以用于为序列、集合与映射建立低复杂度的索引函数。

2.4.1　分摊复杂度

对于一个容器，如果我们只进行一次索引操作，那么通常来说没有什么好的优化方法。对于一个一般的容器来说，我们能做的往往只有依次处理数组中的每个元素，此时算法的复杂度与数组中元素的个数成正比。

幸运的是，通常来说，当建立了一个容器后，我们往往需要多次获取其中的元素。虽然每次访问的索引可能不同，但由于访问的容器是相同的，因此我们可以在首次索引时就构造一些数据结构，以降低后续索引该容器的其他元素时的复杂度。

因此，在为容器设计索引算法时，我们往往考虑的不是某次访问的复杂度，而是要将多次访问同一容器的总体消耗除以访问的次数，估计一个复杂度的平均值。这个平均值也被称为分摊复杂度，而我们的目标是使分摊复杂度尽量小。

在 2.1.3 小节中，我们给出了一个朴素的索引算法。该算法的分摊复杂度非常高，因为我们在首次访问容器时，并没有针对容器的特性建立任何可以帮助后续访问的数据结构。相应地，每次访问都需要很高的成本。那么，该如何在索引操作中有效地利用容器本身的信息呢？

2.4.2　容器的重载结构映射

给定一个容器，我们需要将其转换成一种全新的数据结构，建立索引与相应元素的关系，便于根据索引快速获取相应的元素。我们假定元函数要处理的索引与元素都是类型，而要建立类型之间的关系，一种方法就是使用函数：将函数的参数与返回值分别设置为索引类型与元素类型，这样从索引到元素的查找过程就可以映射为一个函数重载的过程。

让我们以映射为例进行讨论。考虑容器 tuple<KVBinder<int, unsigned int>, *KVBinder<*

char, unsigned char>>，如果我们能构造出如下的函数声明[①]：

```
1 | unsigned int apply(int*);
2 | unsigned char apply(char*);
```

那么以下的调用：

```
1 | decltype(apply((int*)nullptr))
```

将返回 unsigned int 类型。

decltype 关键字用于返回表达式的类型。这里的表达式是 apply((int*)nullptr)，它是一个函数调用。编译器在解析到这个语句时，就会触发重载解析机制，寻找与该调用相匹配的函数声明——unsigned int apply(int*)，从而确定出该函数会返回一个 unsigned int 类型的结果。

我们将容器的键-值对转换成了函数的参数-返回值对，并利用重载解析获取了索引所对应的值。这种处理方法本质上是将一个编译器不擅长的问题（获取容器中的元素）转换成一个编译器擅长的问题（重载解析）。重载解析在 C++ 的首个标准出现之时就存在了，是 C++ 经常会被用到的功能之一，因此几乎每个 C++ 编译器都能对其提供高效的支持。

如果我们在容器的首次索引操作时构造出上述重载函数的声明，那么在下一次索引操作时，就可以直接使用该声明获取对应的元素：这几乎不需要引入任何额外的成本。比如，后续想获取 char 类型对应的元素，那么只需要调用 decltype(apply((char*)nullptr)))。

2.4.3 构造重载结构

这里以映射为例讨论如何基于容器构造重载结构。

一个映射可以表示为 KVBinder 元素序列的形式，而一个 KVBinder 中又包含了两个类型，分别表示键与值。在本小节中，我们假定容器中每个 KVBinder 的键都是唯一的，即不会出现类似 tuple<KVBinder<int, int*>, KVBinder<int, char*>>的情况。

让我们回顾一下 KVBinder 的定义：

```
1 | template <typename TK, typename TV>
2 | struct KVBinder
3 | {
4 |     using KeyType = TK;
5 |     using ValueType = TV;
6 |     static TV apply(TK*);
7 | };
```

可以看到，其中已经包含了一个函数声明 apply，而这个函数声明正是构造重载结构的关键。在此基础上，可以通过如下的元函数将一个映射容器转换为相应的重载结构：

```
1 | template <typename TCon, typename TDefault>
2 | struct map_;
3 |
```

[①] 注意，这里函数的名称并不重要，只需要所有声明的函数名称相同即可。

```
4   template <template <typename... > typename TCon, typename...TItem,
5           typename TDefault>
6   struct map_<TCon<TItem...>, TDefault> : TItem...
7   {
8       using TItem::apply ...;
9       static TDefault apply(...);
10  };
```

这里使用了 C++17 所提供的语法：第 6 行表明 map_ 结构体模板派生自容器中的每个元素（每个 KVBinder），而第 8 行则表示将每个 KVBinder 中的 apply 声明添加到 map_ 的接口中。这样，map_ 中就相当于包含了一组名为 apply 的函数，每个函数的参数都对应 KVBinder 中的键，而每个函数的返回值都对应 KVBinder 中的值类型。由于我们假设 KVBinder 中的键没有重复，因此这组函数声明是合法的。

代码第 9 行则声明了一个额外的 apply 函数，用于匹配搜索键为空的情况：此时对应的值类型为 TDefault。

以容器 tuple<KVBinder<int, unsigned int>, KVBinder<char, unsigned char>>为例：在以该容器为 map_ 结构体模板的输入参数时，系统将构造出如下的实例：

```
1   struct map_ : KVBinder<int, unsigned int>,
2               KVBinder<char, unsigned char>
3   {
4       static unsigned int apply(int*);
5       static unsigned char apply(char*);
6       static TDefault     apply(...);
7   };
```

2.4.4 索引元函数

在引入了 map_ 模板的基础上，我们就可以构造元函数实现索引的功能了：

```
1   template <typename TCon, typename TKey, typename TDefault>
2   struct Find_
3   {
4       using type = decltype(map_<TCon, TDefault>::apply((TKey*)nullptr));
5   };
6
7   template <typename TCon, typename TKey, typename TDefault = void>
8   using Find = typename Find_<TCon, TKey, TDefault>::type;
```

其中的第 4 行在首次被调用时会构造 map_<TCon, TDefault>，并通过其 apply 成员获取相应的值类型。再次调用时，由于 map_<TCon, TDefault>已经被构造过了，因此不会再次构造：相应的查询只需要一次重载解析即可。可以说，只要完成了对某个映射的首次查询，再次查询的成本是非常低的。对同一映射多次查询，其分摊复杂度就会很低了。

2.4.5 允许重复键

前文讨论的方法有一个假设前提：KVBinder 中的键没有重复。如果这个前提不成立，那么系统的运行会出问题。如果对容器 tuple<KVBinder<char, unsigned int>, KVBinder <char, unsigned char>>采用前文讨论的方法，那么构造出的 map_ 会出现具有相同签名的函数：

```
1   struct map_ : KVBinder<int, unsigned int>,
2                 KVBinder<char, unsigned char>
3   {
4       static unsigned int apply(char*);
5       static unsigned char apply(char*);
6       static void         apply(...);
7   };
```

显然，此时的重载解析会出现错误。

要求容器中的键没有重复这一条件实际上是比较苛刻的。可以想象，为了满足这一条件，我们需要在映射的插入操作中引入额外的检测逻辑。那么，能否放宽相应的限制呢？答案是肯定的。从概念的角度上来说，映射的键应当是没有重复的。但在数据结构的表示上，我们可以允许容器中的键存在重复，如果出现重复的键，那么第一个出现的键是有效的。比如 tuple<KVBinder<char, unsigned int>, KVBinder<char, unsigned char>> 实际上等价于 tuple<KVBinder<char, unsigned int>>，也即当容器中存在两个 KVBinder 相同的键时，只有第一个键会起作用。

采用这种设计时，如果我们希望向映射中插入新的键-值对，只需要在映射的开头添加一个 KVBinder 的实例，不需要关注相同的键是否出现过，因此插入操作的效率会提升不少。

但有利必有弊，由于容器中可能存在重复的键，因此我们需要引入更复杂的索引函数在键出现重复时能够进行选择：

```
1    template <typename TCont, typename TDefault>
2    struct map_;
3
4    template <template<typename...> class TCont, typename TDefault,
5              typename TCurItem, typename... TRemainItems>
6    struct map_<TCont<TCurItem, TRemainItems...>, TDefault>
7        : TCurItem, map_<TCont<TRemainItems...>, TDefault>
8    {
9        using TCurItem::apply;
10
11       template <typename T>
12       static auto apply(T ptr)
13       {
14           return map_<TCont<TRemainItems...>>::apply(ptr);
15       }
16   };
17
18   template <template<typename...> class TCont, typename TDefault>
19   struct map_<TCont<>, TDefault>
20   {
21       static TDefault apply(...);
22   };
```

可以看出，这个 map_ 实现相较之前的版本复杂了不少。

这个 map_ 的实现本质上引入了一个继承体系（第 6～7 行）。举例如下。

- map_<tuple<KVBinder<K, V1>, KVBinder<K, V2>>, TDefault>继承自 KVBinder<K, V1>与 map_<tuple<KVBinder<K, V2>>, TDefault>。

- map_<tuple<KVBinder<K, V2>>, TDefault> 继承自 KVBinder<K, V2> 与 map_<tuple<>, TDefault>。

在几乎每个 map_ 的实现内部都包含了两个 apply 函数。其中一个函数的声明与 KVBinder 实例相关；另一个函数则是函数模板。根据匹配规则，如果同时存在模板与非模板的匹配函数，那么编译器会首先选择非模板的匹配函数版本，我们正是靠这一规则实现了相同键时值的选择。

我们还是通过一些示例来理解上述代码。考虑如下的调用：

```
1   using CheckMap = map_<tuple<KVBinder<int, unsigned int>,
2                         KVBinder<int, char>>, void>;
3   using Res = decltype(CheckMap::apply((int*)nullptr));
```

系统首先会在 map_<tuple<KVBinder<int, unsigned int>, KVBinder<int, char>>, void>所提供的两个 apply 函数，也即 unsigned int apply(int*)与 apply 模板之间进行选择。由于模板的优先级较低，因此编译器会选择普通函数的版本。相应地，Res 所对应的值为 unsigned int。

现在换一个调用：

```
1   using CheckMap = map_<tuple<KVBinder<int, unsigned int>,
2                         KVBinder<int, char>>, void>;
3   using Res = decltype(CheckMap::apply((double*)nullptr));
```

系统首先在 map_<tuple<KVBinder<int, unsigned int>, KVBinder<int, char>>, void>所提供的两个 apply 函数，也即 unsigned int apply(int*)与 apply 模板之间进行选择。由于非函数模板的参数类型不匹配，因此系统会选择函数模板。而函数模板的返回类型为 auto，因此系统会根据其内部语句来确定其返回值。

这个内部语句会调用 map_<tuple<KVBinder<int, char>>, void>的 apply 函数，这又引入了两个选择：char apply(int*)与 apply 模板二选一。由于非函数模板的类型参数不匹配，因此系统会选择函数模板。而函数模板的返回类型为 auto，因此系统会根据其内部语句来确定其返回值。

此时，内部语句相当于选择了 map_<tuple<>, void> 的 apply 函数。这个函数返回 void，因此整个求值过程将返回 void。

可以看出，整个选择过程是相对复杂的。同时，在执行 map_ 的过程中所构造的实例数也要多于上一个 map_ 版本所构造的实例数（至少 map_<TCont<TRemainItems...>, TDefault>在上一个版本中是不会被产生的）。因此，从本质上来说，我们相当于牺牲了查询操作的复杂度，但降低了插入操作的复杂度。

事实上，如果采用这种方式，删除操作的复杂度也可以被降低。根据我们的实现，如果一个键不存在，那么应当返回默认值 TDefault。因此，我们可以将删除键 "Key" 的操作简单实现为一个插入 KVBinder<Key, TDefault> 的操作即可。

以上，我们讨论了两种映射的实现方式。这两种映射一种应用于查询较多，而插入、删除较少的情形；一种应用于插入、删除较多，而查询相对较少的情形。具体选择哪种方式，要根据实际应用而定。在我们的深度学习框架中采用了前一种实现方式。

2.4.6 集合与顺序表的索引操作

集合与顺序表也存在索引操作。对集合索引时，相当于给定键，返回 bool 值来判断该键是否存在；对顺序表索引时，相当于给定一个整数，返回该整数对应的元素。这两种操作均涉及数值。

C++ 提供了模板 integral_constant，可以将数值转换成相应的类型。因此，我们还是可以构造类似的重载函数组来实现索引。

比如，对于集合 std::tuple<int, char, double>，我们可以构造如下的重载函数组：

```
1    integral_constant<bool, true> apply(int*)
2    integral_constant<bool, true> apply(char*);
3    integral_constant<bool, true> apply(double*);
4    integral_constant<bool, false> apply(...);
```

其中 integral_constant 包含两个模板参数：第一个模板参数表示第二个模板参数的类型。

在我们的应用中，不需要关注第一个模板参数的类型，因此我们可以自定义一个新的模板 Int_ 来简化 integral_constant 的定义：

```
1    template <auto N>
2    struct Int_
3    {
4        constexpr static auto value = N;
5    };
```

其中 Int_ 是整数类型的缩写。

在 C++17 中可以用 auto 来声明一个非类型的模板参数。通过这个模板，我们可以简化集合所对应的重载函数组的声明：

```
1    Int_<true> apply(int*)
2    Int_<true> apply(char*);
3    Int_<true> apply(double*);
4    Int_<false> apply(...);
```

对于顺序表来说，我们也可以构造类似的结构。比如对于顺序表 std::tuple<int, char, int>，其相应的重载结构为：

```
1    int apply(Int_<0>*)
2    char apply(Int_<1>*)
3    int apply(Int_<2>*)
4    void apply(...)
```

关于顺序表，有一点需要说明：不同的集合、映射的键是不一样的。但即使顺序表不同，其索引的取值范围也是相同的，都是大于或等于 0 的整数。这种一致性实际上为我们提供了更多的元函数优化空间。相应的优化方法将在 2.5 节讨论。

2.5   顺序表的索引算法

在 2.4 节我们看到，对容器进行多次索引时，由于参与索引的容器本身是相同的，因此我们可以通过首先对容器本身进行变换，从而降低索引操作的分摊复杂度。与之类似，由于顺序表索引的取值范围具有一致性（都是大于或等于 0 的整数），因此我们可以通过构造与索引相关的数据结构来降低顺序表索引操作的复杂度。

2.5.1   构造索引序列

我们要构造的数据结构实际上就是索引序列。对于索引值为 N 的情形，我们要首先构造 $0\sim N-1$ 的整数序列。

C++14 提供了 make_index_sequence<N>元函数来构造一个 $0\sim N-1$ 的整数序列。我们可以使用这个元函数来构造索引序列，但其实构造索引序列本身就是一个很有意思的问题，值得自己实现。本小节将讨论该问题的一个优化实现方法。

我们采用如下的声明来存储构造的索引序列：

```
1 |   template <int... I> struct IndexSequence;
```

在此基础上，可以通过基本的循环代码编写方法来构造索引序列：

```
1    template <int N, int... Values>
2    struct helper_
3    {
4        using type = typename helper_<N - 1, N, Values...>::type;
5    };
6
7    template <int... Values>
8    struct helper_<0, Values...>
9    {
10       using type = IndexSequence<0, Values...>;
11   };
12
13   template <int N>
14   struct MakeIndexSequence_
15   {
16       using type = typename helper_<N - 1>::type;
17   };
```

上述代码的循环是在辅助函数 helper_ 中实现的。这个辅助函数接收一个参数 N 与一个可变长度的数值序列 Values...。参数 N 表示要插入序列 Values...中的数值。第 1~5 行对应了循环逻辑：插入一个数值到序列中同时调用下一步的循环。第 7~11 行对应了循环的终止逻辑：如果当前要插入的数值为 0 时，说明已经进行到了最后一步。此时只需将整个序列放置到 IndexSequence 容器中。

MakeIndexSequence_调用了 helper 元函数以构造一个长度为 N 的序列。序列中包含的最大索引为 $N-1$，因此在第 16 行调用时要将 $N-1$ 传入 helper。

这段代码的复杂度是多少呢？显然，它与容器中包含的元素个数是成正比的。有没有更好的实现方法呢？事实上，我们可以考虑分治的实现方法：要构造一个长度为 N 的序列，我们可以首先构造一个长度为 $N/2$ 的序列，之后将构造的序列中的每个元素都加上一个值后附加到原始序列上即可：

```cpp
template <typename L, typename R> struct concat;

template <int... L, int... R>
struct concat<IndexSequence<L...>, IndexSequence<R...>>
{
    using type = IndexSequence<L..., (R + sizeof...(L))...>;
};

template <int N>
struct MakeIndexSequence_
{
    using type = typename concat <
        typename MakeIndexSequence_<N / 2>::type,
        typename MakeIndexSequence_<N - N / 2>::type
    >::type;
};
```

这段代码的逻辑的核心在第 6 行 concat 元函数的实现中。concat 是一个辅助元函数，它接收两个索引序列，但并不只是简单地将两个序列拼接起来，而是将第二个序列中的每个元素加上第一个序列的长度[1]。

考虑调用 MakeIndexSequence_<8>时系统的行为：此时，第 13 与 14 行相当于请求了两次 MakeIndexSequence_<4>，并调用 concat 进行拼接。在第 13 行调用时，MakeIndexSequence_<4> 的构造已经完成了；在随后调用第 14 行时，系统就可以直接使用编译第 13 行时构造的实例，从而降低编译复杂度。

这里的 MakeIndexSequence_只是循环的主体逻辑，在此基础上，我们还需要引入特化来终止循环：

```cpp
template <>
struct MakeIndexSequence_<1>
{
    using type = IndexSequence<0>;
};

```

---

[1] 注意，这里使用了包展开来优化相应的逻辑。

```
7    template <>
8    struct MakeIndexSequence_<0>
9    {
10       using type = IndexSequence<>;
11   };
```

其中特化处理了当索引值减小到 1 或减小到 0 时的情况。

在构造了 MakeIndexSequence_ 的基础上，我们引入 MakeIndexSequence 来简化调用：

```
1    template <int N>
2    using MakeIndexSequence = typename MakeIndexSequence_<N>::type;
```

分析一下就可以看出，通过这种方式构造索引序列时，其复杂度与序列长度的对数成正比。

2.5.2 索引顺序表的元函数

给定索引值，我们可以先构造相应的索引序列，之后使用该序列来获取指定的元素：

```
1    template <typename ignore>
2    struct impl;
3
4    template <int... ignore>
5    struct impl<IndexSequence<ignore...>>
6    {
7      template <typename nth>
8      static nth apply(decltype(ignore, (void*)nullptr)..., nth*, ...);
9    };
10
11   template <typename TCon, int N>
12   struct At_;
13
14   template <template <typename...> typename TCon, typename... TParams,
15            int N>
16   struct At_<TCon<TParams...>, N>
17   {
18       using Seq = MakeIndexSequence<N>;
19       using type = decltype(impl<Seq>::apply((TParams*)nullptr...));
20   };
```

上述代码在第 18 行构造了索引序列后，第 19 行用于获取相应的元素——还是通过获取函数返回类型的方法。这里构造的函数的输入参数个数与顺序表中的元素个数相同，每个函数参数类型依次对应顺序表中元素所对应的指针类型。

在代码的第 4～9 行，我们声明了 impl::apply 函数。假定我们调用的是 At_<tuple< double, int, char>, 1>::type，由于我们要查询的索引值为 1，因此 At_ 元函数内部会构造一个 impl<IndexSequence<0>>实例。代码的第 19 行则会访问该实例的 apply 函数，传入 double*、int*、char*类型的空指针为参数。

编译器会试图找到签名为 impl<IndexSequence<0>>::apply(double*, int*, char*) 的函数，但 impl<IndexSequence<0>>中仅包含了一个 apply 函数模板，因此编译器会尝试对模

板实例化。该模板包含 3 个部分：开头处由 decltype 所组成的包展开部分，nth* 以及由省略号所组成的结尾部分。

让我们首先看一下开头部分。模板的声明中 decltype(ignore, (void*)nullptr)...实际上是一个包展开语法。decltype 中是一个逗号表达式，其值为逗号后面的内容，也即(void*)nullptr。相应地，decltype 将返回 void*。这里之所以要采用逗号表达式的形式，目的在于通过逗号的前半部分控制 decltype 的个数。对于本例而言，impl<IndexSequence<0>>中只包含了一个索引值，相应地，其 apply 成员在实例化时前半部分会被实例化成一个 void*的形式参数。

如果将 apply 中的 decltype 替换掉，那么可以写成：template <typename nth> static nth apply(void*, nth*, ...)。

现在再对比一下我们的调用：apply((double*)nullptr, (int*)nullptr, (char*)nullptr)，不难发现，在随后的实例化过程中，nth 会匹配 int，而声明中的省略号会匹配 char*。由于 apply 函数的返回类型也是 nth，因此编译器会推导出这个返回类型实际上是 int——而这也就是代码第 19 行获取到的类型，也即元函数的返回类型。

这个元函数用到了包展开、模板实例化、逗号表达式、函数的省略号参数等多种技巧，因此看上去比较复杂。但带来的好处也是很可观的：对比 2.5 节讨论一般容器的索引优化时，我们发现，为了降低分摊复杂度，我们需要在首次索引操作时构造一个重载函数的集合，集合中包含的函数声明个数与容器中元素的个数相当，但在这里，我们在每次索引顺序表时最多只需构造一个实例。

2.6 小结

本章讨论了一些基本的元数据结构与算法的实现。

深度学习框架是一个相对复杂的系统，其中的一些逻辑实现起来比较困难，在实现这些逻辑时，有本章所实现的算法作为辅助将起到事半功倍的效果。在笔者实现的深度学习框架中包含了顺序表、集合、映射、多重映射以及相应的算法。笔者并没有实现一个大而全的算法库：实现的算法都是为深度学习框架服务的，并没有引入深度学习框架中未用到的算法。

引入这些算法的好处是巨大的。在笔者实现的深度学习框架的早期版本中，并没有引入此类算法，而是采用了第 1 章所讨论的基本元程序编写方法来实现类似的逻辑。这样做的结果就是要重复实现很多相似的逻辑，同时算法的复杂度相对较高。在引入了这些算法后，深度学习框架中的某些实现得到了简化，代码看上去也清晰了许多。

事实上，本章所讨论的算法在很多元程序库中都有类似的实现。但正如第 1 章所讨论的那样，我们并不打算直接调用元程序库——这会使我们丧失许多元编程的学习机会。我们的目标并非学会某个元程序库的使用方法，而是真正明晰并掌握元编程技术本身。

本章并没有讨论深度学习框架中用到的所有算法，而是选择了一些典型的示例来讨论算法的优化方法。读者可以参考源代码，查看目前已经实现的算法及相关的实现细节。

2.7　练习

1. 思考一下，如果不使用包展开，使用基本的循环逻辑编写方法该如何实现 Transform 元函数，试实现之。
2. 修改集合判等的元函数，通过 AndValue 减少元函数执行的过程中产生的实例个数。
3. 假定我们提供了如下的元函数来判断集合中是否包含某个元素：

```cpp
template <typename TSet, typename TKey>
struct HasKey_;

template <template<typename...> class TSet,
          typename... TItems, typename TKey>
struct HasKey_<TSet<TItems...>, TKey>
{
    constexpr static bool value
        = (std::is_same_v<TItems, TKey> || ...);
};
template <typename TSet, typename TKey>
constexpr bool HasKey = HasKey_<TSet, TKey>::value;
```

   思考一下，以之作为辅助函数，来实现集合判等的元函数时是否会造成实例爆炸的现象。如果是这样，那么该如何优化集合判等的元函数来避免实例爆炸。

4. 通常来说，映射与集合中的键应具有互异性。本章以映射为例讨论了另一种处理方式：只认为映射中首次出现的键是有效的。我们同时提到了，采用这种设计时，映射的插入与删除操作将会得到简化。尝试用类似的设计方法构造集合，即集合中首次出现的键是有效的。考虑一下，这种设计方法是否同样可以改进集合的插入与删除操作。请重点关注集合的删除操作，采用这种设计方法时，要如何优化集合的删除操作呢？

5. 在 2.5.1 小节中，我们讨论了构造索引序列的优化方法。该方法要引入两个特化来终止循环，如果我们在这里只引入了两个特化之一，是否可以？考虑一下为什么并验证你的结论。

6. 阅读源代码中实现的元数据结构与算法，确保能够理解每个算法的实现细节。

7. 在 2.5 节中，我们首先构造了一个 $0 \sim N\text{-}1$ 的索引序列，随后使用该序列构造了顺序表的索引算法。事实上，根据 2.5 节中的讨论，我们可以看出：索引算法的核心并没有直接利用所构造的索引序列，而是利用了索引序列中元素的个数。因此，我们实际上可以进一步优化这个算法。总的来说，我们可以：

   （1）构造一个元函数，输入整数 N，输出一个包含 N 个 void* 类型的容器；

   （2）使用输出的 void* 序列替换 impl::apply 中 decltype(ignore, (void*)nullptr)部分的声明。

   尝试进行上述改进，同时思考一下：这种改进会对编译性能产生什么影响。

第 3 章

异类词典与 **policy** 模板

自 C++这门语言问世以来，对它的批评就一直没有停止过。批评的原因有很多种：C 语言与汇编语言的拥护者认为 C++包含了太多"华而不实"的东西[1]，而习惯了 Java、Python 的开发者又会因 C++缺少了某些"理所当然"的特性而感到失望[2]。空穴来风，非是无因。作为 C++开发者，在享受这门语言所带来的便利的同时，我们也应当承认它确实存在不尽如人意的地方。世上没有完美的东西，编程语言也如此。作为一名开发者，我们能做的就是用技术来改善不如意的方面，让自己的编程生活变得惬意一些。

本章也正是从这一点出发，设计并实现了两个组件，为在 C++ 中使用具名参数提供更好的支持。

3.1 具名参数简介

很多编程语言都支持在函数中使用类似具名参数的概念。具名参数最大的优势就在于能为函数调用提供更多信息。考虑如下的 C++ 函数（它实现了一个插值计算）：

```
1 │ float fun(float a, float b, float weight)
2 │ {
3 │     return a * weight + b * (1 - weight);
4 │ }
```

在调用这个函数时，如果将 3 个参数的顺序搞错，那么将得到完全错误的结果。但由于函数的 3 个参数的类型相同，因此编译器并不能发现这样的错误。

使用具名参数进行函数调用，可以在一定程度上避免上述错误的发生。考虑如下的代码：

```
1 │ fun(1.3f, 2.4f, 0.1f);
2 │ fun(weight = 0.1f, a = 1.3f, b = 2.4f);
```

---

[1] 典型的论述包括："你们这些 C++开发者总是一上来就用语言的那些'漂亮的'库特性比如 STL、Boost 和其他彻头彻尾的垃圾……"

[2] 典型的论述包括："C 语言或者 C++就像是在用一把卸掉所有安全防护装置的链锯。"

其中的第 2 行就是一种具名参数调用。显然它比第 1 行更具可读性，同时更不容易出错。

但遗憾的是，到目前为止，C++本身并不直接支持函数的具名调用，因此上述代码也是无法编译的。一种在 C++ 中使用具名参数的方式是通过类似 std::map 这样的映射结构[①]：

```
1    float fun(const std::map<std::string, float>& params) {
2        auto a_it = params.find("a");
3        auto b_it = params.find("b");
4        auto weight_it = params.find("weight");
5
6        return (a_it->second) * (weight_it->second) +
7                (b_it->second) * (1 - (weight_it->second));
8    }
9
10   int main() {
11       std::map<std::string, float> params;
12       params["a"] = 1.3f;    params["b"] = 2.4f;
13       params["weight"] = 0.1f;
14
15       std::cerr << fun(params);    // 调用
16   }
```

这段代码并不复杂：在调用函数之前，我们使用 params 构建了一个参数映射，这个结构的构建过程等价于为参数指定名称的过程。在函数体内部，我们则通过访问 params 中的键（字符串类型）来获取相应的参数值。由于每个参数的访问都需要显式指定参数名称，因此与本章一开始所给出的版本相比，这样的代码相对来说出错的可能性会小很多。

使用诸如 std::map 这样的容器，可以减小函数参数传递过程中出现错误的可能性。但这种方式也有相应的缺陷：参数的存储与获取涉及键的查询，而这个查询的过程是在运行期完成的，这需要付出相应的运行期的成本。以上述代码为例：在代码的第 2~4 行获取参数，以及第 6~7 行对迭代器解引用都需要运行期计算的支持。虽然相应的计算时间可能并不算长，但与整个函数的主体逻辑（浮点运算）相比，参数获取还是占了很大的比例的。如果 fun 函数被多次调用，那么键与值的关联所付出的成本就会成为无法忽视的一部分。

仔细分析具名参数的使用过程，可以发现：这个过程中的一部分可以在编译期完成。具名参数的本质是建立一个键到数值的映射。对于确定的函数，所需要的键（参数）也就确定了。因此，键的相关操作完全可以放到编译期来处理，而参数值的相关操作则可以留待运行期完成。

std::map 的另一个问题是：值的类型必须一致。对于之前的例子，传入的参数都是浮点数，此时可以用 std::map 进行键值映射。但如果函数所接收的参数类型不同，使用 std::map 就会困难许多——通常需要通过派生的手段为不同的值类型引入基类，之后在 std::map 中保存基类的指针。这样会进一步增加运行期的成本，同时不便于维护。

参数解析是高级语言中一项很基本的功能。本章将描述两种结构，以改进上面这种纯

---

① 出于简洁考虑，本段代码省略了迭代器合法性的检查。

运行期的解决方案——在引入具名参数的同时尽量降低由此而引入的运行期成本，同时能更好地配合元编程使用。这两种结构均将用于后续的深度学习框架中，作为辅助模块使用。

3.2　异类词典

我们要引入的第一个模块是异类词典 VarTypeDict。它是一个容器，按照键-值对来保存与索引数据。这里的"异类"是指：容器中存储的值的类型可以是不同的。比如，可以在容器中保存一个 double 类型的对象与一个 std::string 类型的字符串。同时，容器中用于索引对象的键是在编译期指定的，基于键的索引工作也主要在编译期完成。

3.2.1　模块的使用方式

在着手构造任何一个模块前，需要对这个模块的使用方式有所预期：用户该如何调用这个模块来实现相应的功能？这是在编写代码前需要首先考虑的。因此，在讨论具体实现之前，我们首先给出模块的调用接口。

模块的调用示例如下：

```
1   // 声明一个异类词典 FParams
2   struct FParams : public VarTypeDict<A, B, Weight> {};
3
4   template <typename TIn>
5   float fun(const TIn& in) {
6       auto a = in.template Get<A>();
7       auto b = in.template Get<B>();
8       auto weight = in.template Get<Weight>();
9
10      return a * weight + b * (1 - weight);
11  }
12
13  int main() {
14      std::cerr << fun(FParams::Create()
15                              .Set<A>(1.3f)
16                              .Set<B>(2.4f)
17                              .Set<Weight>(0.1f));
18  }
```

这并非完整的示例代码，但也相差无几。代码的第 2 行定义了结构体 FParams，它继承自 VarTypeDict，用来表示 fun 函数所需要的参数集。VarTypeDict 是本节将要实现的模块。这一行的定义表示：FParams 中包含 3 个参数，分别名为 A、B 与 Weight（A、B 与 Weight 是编译期常量，后文会给出其具体的定义）。

fun 函数接收的参数是异类词典容器的实例，类似于前文中的 std::map，可以从中获取相应的参数值。在此基础上，第 10 行调用函数的核心逻辑是计算并返回。需要说明的是：函数所接收的参数类型 TIn 并非 FParams，而是一个与 FParams 相关的类型。用户不需要关心 fun 函数的输入类型是什么，只需要知道可以通过这个输入类型调用 Get 获取相应的参数值。

在第 14~17 行的 main 函数中，我们调用了 fun 函数并输出相应的函数返回值。这里使用了一种称为"闭包"的语法[①]，其看上去与一般的程序写法有些不同，但并不难懂。第 14~17 行的含义依次为：构造一个容器来保存数据（Create），放入 A 所对应的值 1.3f，放入 B 所对应的值 2.4f，放入 Weight 所对应的值 0.1f。

具名参数的一个好处就是可以交换参数的顺序而不影响程序的执行结果。考虑如下的代码：

```
1   std::cerr << fun(FParams::Create()
2                           .Set<B>(2.4f)
3                           .Set<A>(1.3f)
4                           .Set<Weight>(0.1f));
```

将得到与前文调用完全相同的结果。

在代码的第 2 行，我们使用派生的方法定义了 FParams。事实上，这一行的代码还可以改得更简单：

```
1   using FParams = VarTypeDict<A, B, Weight>;
```

此时，FParams 只是 VarTypeDict<A, B, Weight>的别名而已。无论是采用派生的方法，还是这种通过 using 引入类型别名的方法，所引入的 FParams 都能完成前文所述的异类词典的功能。

从原理上来看，上述代码与使用 std::map 差不多，都是将参数打包传递给函数，由函数解包使用，但二者是有本质上的差别的。首先，VarTypeDict 使用了元编程，相应地，代码的第 6~8 行获取参数值的操作主要是在编译期完成的——它几乎不会引入运行期成本。

其次，如果我们忘记为一个键赋予相应的值：

```
1   std::cerr << fun(FParams::Create()
2                           .Set<B>(2.4f)
3                           .Set<A>(1.3f));
```

那么将出现编译错误。

考虑一下，使用 std::map 作为具名参数的载体时，少提供一个参数会出现什么后果：此时，不会出现编译期错误，但会出现运行期错误。与运行期错误相比，编译期错误总是要好一些的：错误产生得越早，解决起来相对就越容易。

最后，我们可以在容器中放置不同类型的数据，比如可以对代码进行简单的改写以实现另一个功能：

```
1   struct FParams : public VarTypeDict<A, B, C> {};
2
3   template <typename TIn>
```

---

① *Domain-Specific Languages* 包含了针对闭包语法的很好的讨论。

```
4    float fun(const TIn& in) {
5        auto a = in.template Get<A>();
6        auto b = in.template Get<B>();
7        auto c = in.template Get<C>();
8
9        return a ? b : c;
10   }
11
12   fun(FParams::Create() .Set<A>(true) .Set<B>(2.4f) .Set<C>(0.1f));
```

在这段代码中，fun 根据传入参数 A 的 bool 值来决定返回 B 或 C 中的一个。fun 所接收的参数类型不再相同。如果使用 std::map 这样的构造，那么必须引入一个基类作为容器所存储的值的基本类型。使用 VarTypeDict，我们就无须考虑这个问题——VarTypeDict 天生就是支持异类类型的。

上述代码的核心就是 VarTypeDict，我们希望实现这样一个类，来提供上述的全部功能。VarTypeDict 的本质是一个映射（键-值对），这一点与运行期的 std::map 很类似，只不过它的键是编译期的常量。因此，在讨论 VarTypeDict 的具体实现前，有必要思考一下：该用什么来表示键的信息。

3.2.2 键的表示

VarTypeDict 中的键是一个编译期常量。对于定义：

```
1    struct FParams : public VarTypeDict<A, B, Weight> {};
```

我们需要引入编译期常量来表示 A、B 与 Weight。那么，该用什么来作为其载体呢？我们有很多选择，典型的是整型常量（比如 int）。比如，可以定义：

```
1    constexpr int A = 0;
```

其中 B 与 Weight 的定义类似。

但这里有一个数值冲突的问题：比如我们在某处定义了 A = 0，在另外一处定义了 B = 0，现在想在某个函数中同时使用 A 与 B。那么在调用 Set（或 Get）时，如果传入 A（数值 0），编译器无法知道是对二者中的哪一个进行设置（或读取）。为了防止这种情况的产生，我们需要一种机制来避免定义取值相同的键。这种机制本身就增加了代码的维护成本。比如，在多人同时开发时，可能需要分配每个人能够使用的键值区域，避免出现冲突；在代码的维护过程中，也需要记录哪些键值已经被使用过了，哪些还可以使用；在开发了一段时间后，可能需要对已经使用的键值进行调整，比如让含义相近的键所对应的键值相邻，这可能会导致很多键的调整。随着代码量的增加，模块逐渐复杂化，维护这种映射所需要的成本也将越来越高。

整数的问题在于它的描述性欠佳：无法从其字面值中了解到对应键的含义。要解决这个问题，我们很自然地就会想到使用字符串。字符串具有很好的描述性——其含义从字面值中一目了然。确保字符串不出现冲突也比确保整数不出现冲突要容易些：对于不同的参数，我们总可以通过引入限定词，来将其含义尽量准确地描述出来，并将其与其他参数的差异表述出来。这种限定词可以很方便地加到字符串中，以避免冲突。那么，使用字符串作为键怎么样？

遗憾的是，C++在编译期对字符串支持得并不好。首先，字符串字面值不能直接作为模板实参，也就是说，下面的代码是错误的：

```
1 │ MyClass<"Hello"> x;
```

我们可以引入一个编译期的常量来保存字符串字面值，并将其作为模板实参。比如，以下的代码是合法的：

```
1 │ template <auto& name> struct MyClass {};
2 │
3 │ constexpr char const * val1 = "Hello";
4 │ int main()
5 │ {
6 │     std::cout << typeid(MyClass<val1>).name() << std::endl;
7 │ }
```

对于上述代码有额外的两点需要说明。首先，在 C++17 中可以使用关键字 auto 来定义非类型模板参数，此时编译器会根据传入的模板实参自动推导出相应的类型。代码的第 1 行正是利用了这一特性。其次，我们在这里使用 C++ 提供的函数 typeid(...).name()来输出 MyClass<val1> 所对应的类型名称。输出的名称可能是经过编码（mangling）的，可以通过专用的名称解码（demangling）工具来还原成更利于阅读的字符串。比如，在 Linux 中可以使用 c++filt 工具进行名称解码。在笔者的编译环境中，代码的输出结果（名称解码之后）为 MyClass<val1>。

如果仔细阅读上述内容，你就会发现：编译器实例化的结果是 MyClass<val1>而非 MyClass <"Hello">。这就会产生一个问题，如果声明不同的字符串常量，即使它们所指向的字符串是相等的，采用上述方法构造出的实例也是不同的：

```
1 │ template <auto& name> struct MyClass {};
2 │
3 │ constexpr char const * val1 = "Hello";
4 │ constexpr char const * val2 = "Hello";
5 │
6 │ std::is_same_v<MyClass<val1>, MyClass<val2>>;    // 返回 false
```

虽然 val1 与 val2 均指向内容为"Hello"的字符串，但 MyClass<val1>与 MyClass<val2>是不同的实例。

更有甚者，对于以下的代码，我们将得到与预期完全不同的结果：

```
1 │ template <auto& name> struct MyClass {};
2 │
3 │ constexpr char const * val1 = "Hello";
4 │ constexpr char const * val2 = val1;
5 │
6 │ std::is_same_v<MyClass<val1>, MyClass<val2>>;  // 返回 false
```

虽然我们尝试将 val1 赋予 val2，但编译器还是会将 MyClass<val1>与 MyClass<val2>作为不同的实例处理。

总的来说，字符串作为模板实参并非不可能，但使用起来有诸多限制，同时会产生一些与直觉相反的结果。因此它并不适合用作 VarTypeDict 中的键。事实上，通常来说，我们都会尽量避免在编译期使用字符串以及进行字符串的相关操作。

那么要用什么作为键呢？事实上，为了能基于其索引到的相应的值，这里的键只需要支持"等于"判断。有一个"天然"的东西可以支持等于判断，那就是类名（或者结构体的名字）。这里正是使用了结构体的名字作为键。在上例中，对 A、B 与 Weight 的声明如下：

```
1   struct A; struct B; struct Weight;
2
3   struct FParams : public VarTypeDict<A, B, Weight> {};
```

其中，A、B 与 Weight 只是作为键来使用，代码并不需要其定义，因此也就没有必要引入定义——只是给出声明即可。

A、B 与 Weight 在上述代码的第 1 行与第 3 行均有出现，我们可以进一步简化，将二者合并起来：

```
1   // struct A; struct B; struct Weight;    去掉这一行
2   struct FParams : public VarTypeDict<struct A,
3                                       struct B,
4                                       struct Weight> {};
```

这样整段代码看上去更加清晰。

3.2.3 异类词典的实现

VarTypeDict 包含了异类词典的核心逻辑，本小节将分析它的实现。

1. 外围框架

VarTypeDict 的外围框架代码如下所示：

```
1   template <typename...TParameters>
2   struct VarTypeDict
3   {
4       template <typename...TTypes>
5       struct Values {
6       public:
7           // 元数据域、元方法、构造函数……
8       public:
9           template <typename TTag, typename... TParams>
10          void Update(TParams&&... p_params);
11
12          template <typename TTag, typename TVal>
```

```
13          auto Set(TVal&& val) &&;
14
15          template <typename TTag>
16          const auto& Get() const;
17
18          template <typename TTag>
19          auto& Get();
20      };
21
22  public:
23      static auto Create() {
24          using type = ...;
25          return type{};
26      }
27  };
```

VarTypeDict 是一个类模板，包含了静态函数 Create，该函数会根据 VarTypeDict 传入的类型序列 TParameters...构造类型，之后返回这个类型所对应的对象。

Create 返回的对象实际上是 Values<TTypes...>的实例。Values 是位于 VarTypeDict 内部的一个模板，它提供了 Update、Set 与 Get 方法。因此，对于之前的代码：

```
1  fun(FParams::Create()
2                .Set<B>(2.4f)
3                .Set<A>(1.3f)
4                .Set<Weight>(0.1f));
```

其中第 1 行中的 Create 相当于构造了 Values<TTypes...> 类型的变量，后面几个 Set 则相当于向 Values<TTypes...>中传入数据。

Values 定义于 VarTypeDict 内部，有自己的模板参数 TTypes。TTypes 与 TParameters 一样，都是变长模板。事实上，它们内部均保存了类型信息。TParameters 中保存的是键类型，而 TTypes 中保存的是相应的数值类型。比如，对于以下的代码：

```
1  VarTypeDict<A, B, C>::Create()
2                  .Set<A>(true) .Set<B>(2.4f) .Set<C>(0.1f);
```

执行后所构造的对象为 VarTypeDict<A, B, C>::Values<bool, float, float>。

让我们先看一下 Create 函数的具体实现。

2. Create 函数的具体实现

Create 函数是整个模块中首个对外的接口，但这个接口在实现时有一个问题。考虑如下的代码：

```
1  VarTypeDict<A, B>::Create()
2                  .Set<A>(true).Set<B>(2.4f);
```

Create 函数返回的是 Values<TTypes...>的实例。这个实例最终需要包含容器中每个值所对应的具体数据类型。对于这段代码，理想的情况是：Create 函数执行完成时，返回的是 Values<bool, float>类型的实例。后续 Set 会依据这个信息来设置数据。但代码是从前向后执行的。在执行 Create 函数时，系统无法知道要设置的数值类型（bool、float 类型），它该怎么设置 TTypes 呢？

有几种方式可以解决这个问题。比如，我们可以改变接口设计，将这一部分信息提前：在调用 Create 函数之前就提供这个信息。但如果采用这样的设计，模块的调用者就需要提前提供这一部分信息，比如，按照如下的方式来调用这个接口：

```
1  VarTypeDict<A, B, bool, float>::Create()
2                        .Set<A>(true) .Set<B>(2.4f);
```

这增加了调用者的负担，同时也增大了代码出错的可能性（考虑如果在 VarTypeDict 中写错了类型，会出现什么问题）：它并不是一个好的解决方式。

一个较好的处理方式是引入一个"占位类型"：

```
1  struct NullParameter;
```

在 Create 函数调用之初，用这个占位类型填充 TTypes，在之后的 Set 中，再来修改这个占位类型为实际的类型。还是以之前的代码为例（其中每一步调用后都给出了相应的返回类型）：

```
1  VarTypeDict<A, B>
2      ::Create()    // Values<NullParameter, NullParameter>
3      .Set<A>(true) // Values<bool, NullParameter>
4      .Set<B>(2.4f);// Values<bool, float>
```

基于这样的思想，实现 Create 函数如下：

```
1   template <typename...TParameters>
2   struct VarTypeDict {
3       // ...
4
5       static auto Create()
6       {
7           using type = Sequential::Create<Values, NullParameter,
8                                   sizeof...(TParameters)>;
9           return type{};
10      }
11  };
```

我们在第 2 章讨论过序列、集合与映射的元函数。Sequential::Create 是一个序列元函数，它输入一个容器 Cont、一个类型 T，以及一个数值 N，将 T 重复 N 次后放到 Cont 中返回。以之前的代码为例：

```
1  VarTypeDict<A, B, C>::Create();
```

这将构造出 Values<NullParameter, NullParameter, NullParameter>，这个新构造出的类型将提供 Set、Get 与 Update 等方法。

这里有一点需要说明：Values 与 Create 均定义于 VarTypeDict 内部，因此在 Create 函数中使用 Values 时，无须指定其外围类 VarTypeDict。

3. Values 的主体框架

Values 的主体逻辑如下[①]：

```
1   template <typename...TParameters>
2   struct VarTypeDict {
3     template <typename...TTypes>
4     struct Values {
5     public:
6       // 元数据域、元方法
7     public:
8       Values() = default;
9
10      Values(Values&& val)
11      {
12          for (size_t i = 0; i < sizeof...(TTypes); ++i)
13          {
14              m_tuple[i] = std::move(val.m_tuple[i]);
15          }
16      }
17
18      public:
19        template <typename TTag, typename TVal>
20        auto Set(TVal&& val) &&
21        {
22          constexpr static auto TagPos
23            = Sequential::Order<VarTypeDict, TTag>;
24
25          using rawVal = RemConstRef<TVal>;
26          rawVal* tmp = new rawVal(std::forward<TVal>(val));
27          m_tuple[TagPos] = std::shared_ptr<void>(tmp,
28                            [](void* ptr){
29                                rawVal* nptr = static_cast<rawVal*>(ptr);
30                                delete nptr;
31                            });
32
33          if constexpr (std::is_same_v<rawVal,
34                                        Sequential::At<Values, TagPos>>)
35          {
36            return *this;
37          }
38          else
39          {
40            using new_type = Sequential::Set<Values, TagPos, rawVal>;
41            return new_type(std::move(m_tuple));
42          }
43        }
44
45      template <typename TTag> const auto& Get() const;
46      template <typename TTag> auto& Get();
47
```

[①] 其中的 Set 函数在定义时声明的结尾处加了 &&，这表明该函数只能用于右值。在代码中使用了 std::move 与 std::forward，用于右值转换与完美转发。这些都是 C++11 中的特性。读者可以参考 C++11 的相关书籍，或者在网络上搜索 "右值限定符" "右值引用" "完美转发" 来了解。这里不赘述。

```
48        template <typename TTag, typename... TParams>
49        void Update(TParams&&... p_params);
50
51      private:
52        std::shared_ptr<void> m_tuple[sizeof...(TTypes)];
53      };
54    };
```

这里同时列出了 Set 的逻辑，并将对其进行分析。除 Set 之外，Values 还提供了 Get 与 Update 方法。

Values 是定义在 VarTypeDict 内部的类。因此，VarTypeDict 的模板参数对 Values 也是可见的。换句话说，在 Values 内部，一共可以使用两套参数：TParameters 与 TTypes。这两套参数是两个等长的数组，前者表示键，后者表示其内部存储的数据类型。

Values 内部核心的数据存储区域是一个指针数组 m_tuple（第 52 行）。其中的每个元素都是一个 void 类型的"智能"指针。由于 void 类型的指针可以与任意类型的指针相互转换，因此在这里使用其存储参数地址。

Values 的默认构造函数没有显式执行的代码，这相当于会调用 shared_ptr 的默认构造函数为指针数组中的每个元素赋予初始值 nullptr。另一个构造函数接收一个指针数组作为输入，将其复制给 m_tuple：这主要供 Set 调用。

Values::Set 是一个函数模板，它接收两个模板参数，分别表示键（TTag）与值的类型（TVal）。根据 C++ 中函数模板的自动推导规则，将 TVal 作为第二个模板参数，这样在调用该函数时，只需提供 TTag 的模板实参（编译器可以推导出第二个实参的类型信息）。也即，假定 x 是一个 Values 类型的对象，那么执行：

```
1    x.Set<A>(true);
```

调用时，TTag 将为 A，TVal 将自动推导为类型 bool。

Values::Set 同样调用了几个基本的元算法来实现内部逻辑。对于传入的参数，它的处理流程如下。

（1）调用 Sequential::Order 获取 TTag 在 TParameters 中的位置，保存于 TagPos 中（第 22～23 行）。

（2）调用 RemConstRef 对 TVal 进行处理，用于去除 TVal 中包含的 const、引用等限定符。之后使用这个新的类型在堆中构造一个输入参数的复本，并将该复本的地址放置到 m_tuple 相应的位置上（第 25～31 行）。

（3）如果在 Set 操作过程中，并没有修改 TTag 所对应的数据类型，那么返回当前对象本身（第 33～37 行）。反之，则需要相应地修改 Values 中的 TType 类型，调用 Sequential::Set 获取新类型，构造这个新类型的对象并返回（第 38～42 行）[①]。

---

① 这里使用了两个元算法。Sequential::At 在第 2 章有介绍，用于给定一个序列与索引值，获取索引所对应的类型；Sequential::Set 则依次传入一个序列、一个位置信息 N 与一个类型信息 T，返回一个序列，新序列的第 N 位为 T，其他位置的值与旧序列相同。

由于 Set 可能会修改 TTag 所对应的数据类型，因此它需要返回一个完整的 Value 对象来表示修改后的结果——该操作的成本相对较高。如果我们能确定要更新 Values 中的某个 TTag 所对应的数据，但不改变 TTag 对应的数据类型，那么可以调用 Update。这一操作不会重新构造整个指针数组，而是会替换数组中相应位置的指针，与 Set 相比其使用成本会低一些。

Set 与 Update 用于设置容器中的数据；Get 则用于给定索引，获取相应的数据。Values 提供了两个版本的 Get 方法，针对 Value 对象是否为常量进行了重载。两个 Get 方法的逻辑是相同的。Update 与 Get 的实现逻辑就交由读者自行分析。

4．Values 中的元数据域与元方法

Values 类模板所提供的 Set、Get 等接口能够满足绝大多数的功能需求。但在一些情况下，我们还需要一些额外的接口来辅助访问。比如我们可能需要知道 Values 中包含了哪些键，以便于后续对键进行枚举，获取每个键所对应的元素。此外，我们可能还需要知道某个键所对应的元素类型，以及某个键所对应的元素是否为空等信息。

这些信息有一个共同的特性：可以在编译期获得。我们在第 1 章讨论过元数据域与元方法，在这里，我们将这些接口以元数据域、元方法的形式提供，实现代码如下：

```
1   template <typename...TParameters>
2   struct VarTypeDict
3   {
4       template <typename...TTypes>
5       struct Values
6       {
7       public:
8           using Keys = VarTypeDict;
9
10          template <typename TKey>
11          using ValueType
12              = Sequential::At<Values,
13                          Sequential::Order<VarTypeDict, TKey>>;
14
15          template <typename TKey>
16          constexpr static bool IsValueEmpty
17              = std::is_same_v<ValueType<TKey>, NullParameter>;
18          ...
19      };
20  };
```

Keys 是一个元数据域，它返回了一个容器，其中包含了当前异类词典实例所包含的键的集合。事实上，这个信息并没有直接包含在 Values 的模板参数中，而是包含在其外围类模板 VarTypeDict 的模板参数中。通过这个元数据域，我们可以很容易地在 Values 内部获取其外围类的模板参数，而无须引入复杂的元函数逻辑。

ValueType 则是一个元方法，它传入一个键作为（模板）参数，返回该键所对应的数值类型。这个方法内部调用了 Order 来获取输入键在 VarTypeDict 键序列中的位置；之后又通过元算法 At 获取该位置所对应的类型信息：整个过程是一个经典的元算法的应用。

在 ValueType 的基础上，我们又构造了 IsValueEmpty 元方法：它返回一个 bool 值，表示输入键所对应的类型是否为 NullParameter。如果输入的键所对应的类型为 NullParameter，那么表示该键没有被赋过值——也可以理解为：该键所对应的元素为空；反之，该键所对应的元素非空。

这些元数据域与元方法能在一些场景中大大简化调用逻辑。例如，在我们的深度学习框架的很多反向传播代码中都有类似下面的的判断：

```
1  template <typename TGrad>
2  auto FeedBackward(TGrad&& p_grad)
3  {
4    using TOriGrad = RemConstRef<TGrad>;
5    if constexpr (TOriGrad::template IsValueEmpty<LayerOutput>)
6    {...}
7  }
```

其中的 TGrad 就是一个异类词典的实例，也即一个 VarTypeDict::Values 模板实例，第 5 行的调用可以判断其中包含的 LayerOutput 键所对应的元素是否为空。可以预见，如果没有 IsValueEmpty 元方法的支持，判断一个键是否为空就相对麻烦一些。正是这些元数据域与元方法的引入，使得我们可以在一定程度上简化代码的编写。

3.2.4 VarTypeDict 的性能简析

通过前文的分析不难看出：从本质上来说，VarTypeDict 维护了一个映射，其将编译期的键映射为运行期的数值。仅从这一点上来看，它与本章最初提到的 std::map 在功能上并没有太大的区别。但 std::map 以及类似的运行期构造在使用过程中会不可避免地产生过高的运行期成本。比如在向其中插入一个元素时，std::map 需要通过键的比较来搜索插入位置，这个比较过程需要占用运行期的计算量。VarTypeDict 所实现的 Set 函数也需要这种类似的查找工作，相应的代码为：

```
1  constexpr static auto TagPos
2          = Sequential::Order<VarTypeDict, TTag>;
```

这是在编译期完成的，并不占用运行期的时间。而如果编译器足够智能，那么中间量 TagPos 也会被优化掉——不会占用任何内存。这些都是运行期的等价物[①]无法比拟的。

类似地，Get 函数也能从编译期计算中获益。

---

① 等价物指采用类似的手段达到相同目的的方法。

3.2.5　将 std::tuple 作为缓存

当手里有一把锤子时，我们往往会把一切事物看成钉子。很多人都是如此，开发者也不能避免。对于元编程的初学者来说，当我们体会到元编程的好处后，可能会希望将代码的每个部分都用元编程来实现，美其名曰"利用编译期计算来降低运行期成本"。

占用运行期成本的一种典型构造就是指针：它需要一个额外的字空间来保存地址，在使用时需要解引用来获取实际的数据。在 VarTypeDict 中，我们使用了 void 类型的指针数组来保存传入的数据。一个很直接的想法就是把它去掉，使用编译期计算进一步降低成本。

实际上，VarTypeDict 中的指针数组在编译期也是有其替换物的，典型的就是 std::tuple。对于原始程序中的声明：

```
1 | std::shared_ptr<void> m_tuple[sizeof...(TTypes)];
```

可以修改为：

```
1 | std::tuple<TTypes...> m_tuple;
```

这样似乎能减少指针实现中的内存分配与回收操作，提升程序的速度。但事实上，这并不是什么好主意。

避免使用 std::tuple 的主要原因是 Set 中的更新逻辑：按照之前的分析，TTypes... 维护了当前的值类型，每一次调用 Set，相应的 TTypes... 也会发生改变。如果使用 std::tuple<TTypes...> 作为 m_tuple 的类型，那么每次更新时，m_tuple 的类型也会发生改变。

仅仅是类型上的改变并不会造成多大的影响，但问题是：我们需要将原有的数值数组赋予更新后的数值数组。由于两个数组的类型不同，因此赋值操作就需要对数组中的每个元素逐一复制或移动。如果 VarTypeDict 中包含了 N 个元素，那么每次调用 Set，就需要对 N 个元素复制或移动一次。为了设置全部的参数值，整个系统就需要调用 N^2 次复制或移动。这些工作是在运行期完成的，所引入的成本可能会大于使用指针所产生的运行期成本。同时，为了进行这样的移动，我们还需要引入一些编译期的逻辑。因此，无论从哪个角度上来说，使用 std::tuple 作为值的存储空间都是不合算的。

3.3　policy 模板

异类词典可以被视为一种容器，其使用键来索引相关的值。其中的键是编译期常量，而值则是运行期对象。异类词典的这种特性使得其可以在很多场景下得到应用。典型地，可以构造异类词典的对象作为函数参数。

另外，正是因为异类词典的值是运行期对象，这也使得它无法应用于某些特定的场景中。相比函数来说，模板也会接收参数，但模板所接收的参数都是编译期的常量。同时，除了数值对象之外，模板参数还可以是类型或者模板——这些是异类词典本身无法处理的。在这一节中，我们将考虑另一种数据结构——policy 模板，来简化模板参数的输入。

3.3.1 policy 介绍

考虑如下情形，我们希望实现一个类，对"累积"（accumulate）这个概念进行封装：典型的累积策略包括连加与连乘。二者除了具体的计算方法有所区别外，调用方式相差无几。为了最大限度地代码复用，我们考虑引入一个类模板，来封装不同的行为：

```
1  template <typename TAccuType> struct Accumulator { /* ... */ };
```

其中，TAccuType 表示采用的累积策略。在 Accumulator 内部，可以根据这个参数的值选择适当的处理逻辑。

事实上，就累积类而言，还可能有其他的选项。比如，我们可能希望这个类除了能进行累积外，还能对累积的结果求平均值。进一步，我们希望能够控制该类是否进行平均操作。还有，我们希望控制计算过程中使用的数值的类型等。基于上述考虑，可以将之前定义的 Accumulator 模板扩展如下：

```
1  template <typename TAccuType, bool DoAve, typename ValueType>
2  struct Accumulator { /* ... */ };
```

该模板包含 3 个参数。这种作用于模板，控制其行为的参数称为 policy，即策略[1]。每个 policy 都表现为键-值对，其中的键与值都是编译期常量。每个 policy 都有其取值集合。比如，对于上例来说，TAccuType 的取值集合为"连加""连乘"等；DoAve 的取值集合为 true 与 false；ValueType 可以取 float、double 等。

大部分情况下，为了便于模板的使用，我们会为其中的每个 policy 赋予默认值，表示最常见的用法，比如：

```
1  template <typename TAccuType = Add, bool DoAve = false,
2            typename ValueType = float>
3  struct Accumulator { /* ... */ };
```

这表示 Accumulator 在默认情况下使用加法进行累积，不计算平均值，使用 float 作为其返回类型。类的使用者可以按照如下的方式使用 Accumulator 的默认行为：

```
1  Accumulator<> ...
```

这种调用方式能满足一般意义上的需求，但在某些情况下，我们需要改变默认行为。比如，如果要将参与计算的数据类型改为 double，那么需要按照如下的方式声明：

```
1  Accumulator<Add, false, double> ...
```

---

[1] 事实上，这里存在一个与之类似的概念：trait 。通常 trait 用于描述特性，而 policy 用于描述行为。但 trait 与 policy 并不总是能被分得很清楚，有兴趣的读者可以阅读 *C++ Template*。本书将统一采用 policy 这个名称。

这表示将值类型由默认的 float 变为 double，其他 policy 不变。

这种设置方式有两个问题。首先，位于 double 前的 Add 与 false 是不能少的，即使它们等于默认值，也是如此——否则编译器会将 TAccuType 与 double 匹配，产生无法预料的结果（通常来说是编译错误）。其次，只看上述声明，对 Accumulator 不熟悉的人可能很难明白这些参数的含义。

如果能在设置模板参数时显式为每个参数值命名，那么情况会好很多。比如，假设我们能这么写：

```
1 | Accumulator<ResType = double> ...
```

那么设置的含义就会一目了然。但遗憾的是，C++ 不直接支持具名的模板参数。上述语句不符合 C++标准，会导致编译错误。

虽然不能像上面那样书写成"键 = 值"的形式，但我们可以换一种 C++ 标准接受的形式。本书将这种形式称为"policy 对象"。

1. policy 对象

每个 policy 对象都属于某个 policy，它们之间的关系就像 C++ 中的对象与类那样。policy 对象是编译期常量，其中包含了键与值的全部信息，同时便于阅读。典型的 policy 对象形式为：

```
1 | PMulAccu        // 采用乘法的方式进行累积
2 | PAve            // 求平均
```

本书定义的 policy 对象以大写字母 P 开头。使用者可以根据其名称，一目了然地明确该对象所描述的 policy 的含义。对于支持 policy 对象的模板，可以非常容易地改变其默认行为。比如，假定前文中讨论的 Accumulator 类模板支持 policy 对象，那么我们可以按照如下的方式来编写代码：

```
1 | Accumulator<PDoubleValueType>
2 | Accumulator<PDoubleValueType, PAve>
3 | Accumulator<PAve, PDoubleValueType>
```

其中的第 1 行表示：修改默认行为，采用 double 作为值的类型。第 2 与第 3 行表示：采用 double 作为值的类型，同时进行求平均的操作。从声明中不难看出，将 policy 对象赋予模板时，其顺序是任意的。使用 policy 对象，我们就可以获得具名参数的全部好处。

2. policy 对象模板

policy 对象的构造与使用是分离的。我们需要首先构造出某个 policy 对象（如 PAve），并在随后声明 Accumulator 的实例时使用该对象（如 Accumulator<PAve>）。

这会引入一个问题：为了能够让 policy 的用户有效地使用 policy 对象，policy 的设计者需要提前声明出所有可能的 policy 取值。比如，可以构造 PAve 与 PNoAve 来分别表示求平均与不求平均——这相当于对是否求平均的选项进行了枚举。对于一些情况来说，这种枚举是相对简单的——比如对于是否求平均的问题，只需要枚举两种取值；但另一些情况下，枚举所有可能的取值以构造 policy 对象的集合则是不现实的。比如，我们在前文定义了 PDoubleValueType 来表示累积的返回值为 double 类型，如果要支持其他的返回值类型，就需要引入更多的 policy 对象，比如 PFloatValueType、PIntValueType 等：枚举出所有的取值往往是不现实的。为了解决这个问题，我们引入 policy 对象模板，它是一个元函数，传入模板参数以构造 policy 对象。比如，我们可以构造 policy 对象模板来表示保存计算结果的类型：

```
1 | PValueTypeIs<typename T>
```

用户可以按照如下的方式来使用该对象模板：

```
1 | // 等价于 Accumulator<PDoubleValueType>
2 | Accumulator<PValueTypeIs<double>>
3 |
4 | // 等价于 Accumulator<PDoubleValueType, PAve>
5 | Accumulator<PValueTypeIs<double>, PAve>
```

使用 policy 对象模板，我们就将构造 policy 对象的时机后移到了 policy 的使用之处。这样就无须为使用 policy 而提前准备大量的 policy 对象了。

有了 policy 对象之后，使用该对象的函数模板与类模板被称为 policy 模板[①]。*C++Template* 的第 16 章给出了一种 policy 对象与 policy 模板的构造方式，有兴趣的读者可以阅读。但 *C++ Template* 中的 policy 模板对其模板参数的个数有严格的限制——如果希望改变其能接收的最大 policy 对象的个数，那么整个构造就要从底层进行相应的调整。本书在其基础上提出了一种更加灵活的结构，我们将在后文分析其实现原理。但在深入其细节之前，还是让我们先看一下如何定义 PValueTypeIs，PAve 这样的 policy 对象（模板）吧！

3.3.2 定义 policy 与 policy 对象（模板）

1. policy 分组

一个实际的系统可能包含很多像 Accumulator 这样的模板，每个模板都要使用 policy 对象，一些模板还会共享 policy 对象。因此，只是简单地声明并使用 policy 对象，对于复杂系统来说还稍显不足。比较好的思路是将这些 policy 对象按照功能划分成不同的组。每个模板可以使用一个或几个组中的 policy 对象。

[①] 注意 policy 模板与 policy 对象模板的区别：前者表示使用 policy 对象的模板，而后者表示构造 policy 对象的模板。

属于同一个 policy，但取值不同的 policy 对象之间存在互斥性。比如，可以定义 PAddAccu 与 PMulAccu 分别表示采用加法与乘法的方式进行累积。实例化累积对象时，我们只能从二者当中选择其一，而不能同时引入这两个 policy 对象——换句话说，如下的代码是无意义的：

```
1 │ Accumulator<PAddAccu, PMulAccu>
```

为了描述 policy 对象所属的组以及互斥性，我们为其引入了两个属性：主要类别（major class）表示其所属的组，次要类别（minor class）描述互斥信息。如果两个 policy 对象的主要类别与次要类别均相同，那么二者是互斥的，不能被同时使用。

在 C++ 中，组的刻画方式有很多种，比如，可以将每个组放到单独的名字空间中，也可以将不同组的 policy 对象放置到不同的数组中——但这两种方式均不是很好的选择。因为 policy 对象将会参与元函数的计算过程中，而 C++ 中操作名字空间的元编程方法并不成熟；使用数组也不好，与异类词典中讨论的类似，使用数组，就可能要花较大的力气来维护数组索引与键之间的关系。

我们的方式是采用类（或者说结构体）作为组的载体：组的内部定义了其中包含的 policy 信息。每个 policy 都是一个键值对，键与值都是编译期常量。与异类词典类似，我们同样采用类型声明来表示键，但对值则没有过多的要求：它可以是类型、数值甚至模板。唯一要注意的是：如前文讨论的那样，每个 policy 都有一个默认值。以下是一个简单的 policy 组的示例：

```
1    struct AccPolicy
2    {
3        struct AccuTypeCate
4        {
5            struct Add;
6            struct Mul;
7        };
8        using Accu = AccuTypeCate::Add;
9
10       struct IsAveValueCate;
11       static constexpr bool IsAve = false;
12
13       struct ValueTypeCate;
14       using Value = float;
15   };
```

这个 policy 组被命名为 AccPolicy，顾名思义，其中包含了 Accumulator 所需要的 policy。组里面包含了 3 个 policy，它们刚好对应 3 种常见的 policy 类别。

- 累积方式 policy：它的特点是可枚举，其可能的取值空间组成了一个可枚举的集合。代码的第 3～7 行定义了这种 policy 所有可能的枚举值（Add 与 Mul 分别表示加法与乘法）。第 3 行同时定义了该 policy 所属对象的次要类别为 AccuTypeCate。第 8 行定义了 policy 的键为 Accu，默认值为 AccuTypeCate::Add。

- 是否求平均 policy：我们也可以将其设置为一种可枚举的 policy，但为了展示 policy 的多样性，这里采用了另一种方式——数值 policy。在第 11 行，我们定义了一个 policy，其键为 IsAve，默认值为 false，即不求平均。这个 policy 的所属对象也有其次要类别，就是第 10 行定义的 IsAveValueCate。
- 参与计算的数据类型 policy：第 14 行定义了这个 policy，其键为 Value，默认值为 float，所属对象的次要类别为 ValueTypeCate。

在上述代码中，我们虽然引入了一些定义，但并没有从代码逻辑上将 policy 的键与其对象的次要类别关联起来。同时，读者可能会发现：policy 的键与对象的次要类别之间在名称上存在相关性。实际上，这种相关性是有意为之的。在本书中，我们约定：

- 对于类型 policy，其次要类别为键名加上 TypeCate 后缀；
- 对于数值 policy，其次要类别为键名加上 ValueCate 后缀。

2. 宏与 policy 对象（模板）的声明

在定义了 policy 的基础上，我们可以进一步引入 policy 对象（模板）。本书提供了若干宏定义，使用它们可以很容易地定义 policy 对象（模板）[1]：

```
1   EnumTypePolicyObj  (PAddAccu,        AccPolicy, Accu,  Add);
2   EnumTypePolicyObj  (PMulAccu,        AccPolicy, Accu,  Mul);
3   ValuePolicyObj     (PAve,            AccPolicy, IsAve, true);
4   ValuePolicyObj     (PNoAve,          AccPolicy, IsAve, false);
5   TypePolicyTemplate (PValueTypeIs,    AccPolicy, Value);
6   TypePolicyObj      (PDoubleValueType, AccPolicy, Value, double);
7   ValuePolicyTemplate(PAvePolicyIs,    AccPolicy, IsAve);
```

这里引入了 5 个宏：

- EnumTypePolicyObj 用于定义可枚举的类型 policy 对象；
- TypePolicyObj 用于定义类型 policy 对象；
- ValuePolicyObj 用于定义数值 policy 对象；
- TypePolicyTemplate 用于定义类型 policy 对象模板；
- ValuePolicyTemplate 用于定义数值 policy 对象模板。

在上面的代码中，我们通过这 5 个宏定义了 4 个 policy 对象与 2 个 policy 对象模板：以第 2 行为例，它定义了一个编译期常量 PMulAccu（其中的 P 表示 policy，本书采用这种命名方式定义 policy 对象），对应的主要类别与次要类别分别为 AccPolicy 与 AccuTypeCate，取值为 AccuTypeCate::Mul[2]。我们在第 5 行定义了一个类型 policy 对象模板 PValueTypeIs，其主要类别与次要类别分别为 AccPolicy 与 ValueTypeCate。读者可以按照相同的方式理解其余的定义。

---

[1] 事实上，这也是本书中少数几处用到宏的地方之一。笔者对宏的使用是非常小心的，关于这一点的相关论述，可以参考本书的第 1 章。

[2] 宏在其内部对 Accu 与 Mul 自动扩展，变换成 AccuTypeCate 与 AccuTypeCate::Mul。

　　这里有几点需要说明。

　　首先，采用宏的方式来定义 policy 对象（模板）并不是必须的，这只是一种简写而已。我们会在后文中给出宏的实现细节。完全可以不使用宏，但宏可以大大简化对象的定义。

　　其次，上述语句中有几个对象实际上再次描述了 policy 的默认值。引入这几个对象只是为了使用方便：用户在使用带 policy 的模板时，可以不引入 policy 对象而采用默认值，也可以引入某个对象显式地指定 policy 的取值——即使显式指定的值与默认值相同，这样做也是合法的。

　　最后，policy 对象与 policy 对象模板并不冲突——我们完全可以为同一个 policy 既定义 policy 对象又定义 policy 对象模板。比如在上面的代码中，我们就同时定义了 PAve 与 PAvePolicyIs，它们是兼容的。

3.3.3　使用 policy

　　在定义了 policy 之后，就可以使用它了。考虑下面的例子[①]：

```
 1    template <typename...TPolicies>
 2    struct Accumulator
 3    {
 4        using TPoliCont = PolicyContainer<TPolicies...>;
 5        using TPolicyRes = PolicySelect<AccPolicy, TPoliCont>;
 6
 7        using ValueType = typename TPolicyRes::Value;
 8        static constexpr bool is_ave = TPolicyRes::IsAve;
 9        using AccuType = typename TPolicyRes::Accu;
10
11    public:
12        template <typename TIn>
13        static auto Eval(const TIn& in)
14        {
15            if constexpr(std::is_same_v<AccuType,
16                                        AccPolicy::AccuTypeCate::Add>)
17            {
18                ValueType count = 0;
19                ValueType res = 0;
20                for (const auto& x : in)
21                {
22                    res += x;
23                    count += 1;
24                }
25
26                if constexpr (is_ave)
27                    return res / count;
28                else
```

---

① 这里使用了 if constexpr 来实现编译期选择的逻辑。代码中的 DependencyFalse<AccuType> 是一个元函数，其值为 false，表示不应被触发的逻辑。根据 C++的规定，我们不能直接使用 static_assert(false)，但可以使用这种方式来标记不应被触发的逻辑。

```
29              return res;
30          }
31          else if constexpr (std::is_same<AccuType,
32                                  AccPolicy::AccuTypeCate::Mul>)
33          {
34              ValueType res = 1;
35              ValueType count = 0;
36              for (const auto& x : in)
37              {
38                  res *= x;
39                  count += 1;
40              }
41              if constexpr (is_ave)
42                  return static_cast<ValueType>(pow(res, 1.0 / count));
43              else
44                  return res;
45          }
46          else
47          {
48              static_assert(DependencyFalse<AccuType>);
49          }
50      }
51  };
52
53  int main() {
54      int a[] = {1, 2, 3, 4, 5};
55      cerr << Accumulator<>::Eval(a) << endl;
56      cerr << Accumulator<PMulAccu>::Eval(a) << endl;
57      cerr << Accumulator<PMulAccu, PAve>::Eval(a) << endl;
58      cerr << Accumulator<PAve, PMulAccu>::Eval(a) << endl;
59  //  cerr << Accumulator<PMulAccu, PAddAccu>::Eval(a) << endl;
60      cerr << Accumulator<PAve, PMulAccu,
61                          PValueTypeIs<double>>::Eval(a) << endl;
62      cerr << Accumulator<PAve, PMulAccu, PDoubleValue>::Eval(a) << endl;
63  }
```

　　Accumulator 是一个接收 policy 的类模板，它提供了静态函数 Eval 来计算累积的结果。在代码的第 55～62 行分别给出了若干调用示例。其中，第 55 行采用了默认的 policy：累加、不求平均、返回 float 类型——由于在 Accumulator 的声明中没有指定具体的 policy 对象，因此 Accumulator 会在获取 policy 相关参数时使用 policy 的默认值。第 56 与 57 行则引入了非默认的 policy 对象进行计算——采用连乘的方式，分别进行不求平均与求平均的累积。第 58 行的输出与第 57 行完全一致：这表明 policy 的设置顺序是可调换的。如果将第 59 行的注释去掉，那么编译将失败，系统将提示次要类别设置冲突——表示不能同时设置两个属于相同次要类别的 policy 对象。

　　在上述代码的第 60～61 行，我们使用了之前定义的 PValueTypeIs 模板，传入 double 类型作为参数——这表示使用 double 类型作为计算与返回的类型。它的行为与第 62 行是一致的。

　　需要注意的是，虽然第 57 与 58 行的输出完全一样，但这两行使用的类模板实例是不同的。也即 Accumulator<PMulAccu, PAve> 与 Accumulator<PAve, PMulAccu> 类型不同。这与 3.2 节讨论的异类词典不同。对于 3.2 节讨论的异类词典，我们可以改变 Set 的顺序，但最终得到的异类词典容器的类型不会发生改变。但如果改变了 policy 对象的顺序，则模板实例化出的类型也会有所差别。

policy 对象是如何改变模板的默认行为的呢？这就要深入实现的细节当中才能了解。在此之前，让我们首先讨论一些背景知识——只有先理解它们，才能进行实现细节的讨论。

3.3.4　背景知识——支配与虚继承

在讨论 policy 模板的具体实现前，让我们首先了解一些背景知识，从而明晰其工作原理。考虑如下的代码：

```
1   struct A { void fun(); };
2   struct B : A { void fun(); };
3
4   struct C : B {
5       void wrapper() {
6           fun();
7       }
8   };
```

其中 C 类的 wrapper 函数会调用 A 与 B 类中的哪个 fun 函数呢？

这并不是一个很难回答的问题。根据 C++ 中继承的规则，如果 C 类中没有找到 fun 函数的定义，那么编译器会沿着 C 类的派生关系寻找其基类、基类的基类等。直到找到名为 fun 的函数为止。在这个例子中，B::fun 将被调用。

如图 3.1 所示，可以将上述 3 个类用简单的单继承关系表示。这里使用实线箭头表示继承，箭头指向的方向为基类方向。在图 3.1 中，B 类继承自 A 类，二者定义了同名函数。此时，我们称 B::fun 支配（dominate）了 A::fun。在搜索时，编译器会选择具有支配地位的函数。

图 3.1　简单的单继承关系

另一种典型的支配关系发生在多继承的情况中，如图 3.2 所示。这里使用虚线箭头表示虚继承的关系，即：

```
1   struct B : virtual A;
2   struct C : virtual A;
```

假定 D::wrapper 会调用 fun 函数。在图 3.2 中，C 类继承了 A 类中的 fun 函数，而 B 类则重新定义了 fun 函数。相应地，B 类中新定义的函数具有支配地位。因此 D 类在调用时会选择 B::fun。

　　注意，对于多重继承的情况，只有采用虚继承时，上述讨论才是有效的，否则，编译器会报告函数解析有歧义。另外，即使引入了虚继承，如果对于图 3.2 来说，当 C 类中也定义了函数 fun 时，编译器还是会报告函数解析有歧义——因为有两个处于支配地位的函数，它们之间并不存在支配关系，这也会使得编译器无从选择。

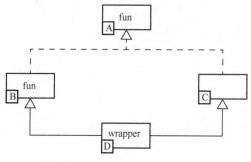

图 3.2　多继承中的支配关系

　　前文讨论了函数间的支配关系。实际上，支配关系不仅存在于函数之间。在类型与常量定义等方面，同样存在着类似的支配关系。

3.3.5　policy 对象与 policy 支配结构

　　在了解了支配与虚继承的知识后，我们可以考虑一下 policy 对象的构造。policy 对象之所以能"改变"默认的 policy 值，实际上是因为它继承了 policy 定义类，并在其自身定义中改变了原始的 policy 的值，即形成了支配关系。

　　比如，在给定 AccPolicy 的基础上，可以这样定义 PMulAccu：

```
 1    struct AccPolicy {
 2        struct AccuTypeCate { struct Add; struct Mul; };
 3        using Accu = AccuTypeCate::Add;
 4        // ...
 5    };
 6
 7    struct PMulAccu : virtual public AccPolicy {
 8        using MajorClass = AccPolicy;
 9        using MinorClass = AccPolicy::AccuTypeCate;
10        using Accu = AccuTypeCate::Mul;
11    }
```

　　这里给出了 PMulAccu 的完整定义。其中，代码的第 8～9 行定义了 PMulAccu 的主要类别与次要类别，后文会讨论对这二者进行操作的元函数，目前可以不用太关心。我们只需要关注代码的第 10 行即可，这一行重新引入了 Accu 的值。根据支配关系，如果存在某个类 X 继承自 PMulAccu，那么当在类 X 中搜索 Accu 的信息时，编译器将返回

AccuEnum::Mul 而非定义于 AccPolicy 中的默认值 AccuEnum::Add。

　　基于 policy 模板所接收到的全部 policy 对象，使用 C++17 的新语法可以很容易地实现一个 policy 支配结构，如图 3.3 所示。

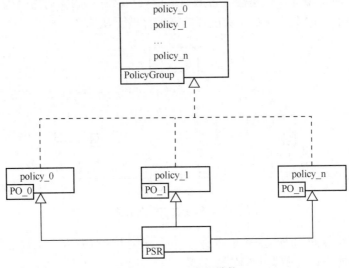

图 3.3　policy 支配结构

　　图中的 PO_0～PO_n 表示可以作为模板参数的、属于同一组的 policy 对象。它们均虚继承自相同的 policy 类：PolicyGroup 类。在此基础上，我们引入了外围类 PSR[1]。我们将在后文看到，利用 C++17 中的新语法，我们可以让 PSR 类派生自所有的 policy 对象。如果 PO_0～PO_n 是相容的，即任意两个 policy 对象的次要类别均不相同，那么从 PSR 类出发，进行搜索时，对于属于该组的任意 policy，一定能找到一个在支配性上没有歧义的定义。这个定义要么来自 PolicyGroup 类——这将对应 policy 的默认值；要么来自某个 policy 对象——这将对应某个非默认值。

　　在明确了这个结构之后，接下来的主要工作就是引入元函数，基于模板参数构造出该结构。

3.3.6　policy 选择元函数

1. 主体框架

　　整个 policy 模板的主要对外接口就是 policy 选择元函数：PolicySelect。回顾一下这个元函数的使用方式：

```
1   template <typename...TPolicies>
2   struct Accumulator {
```

---

[1] PSR 是 policy 选择结果（policy selection result）的缩写。

```
3        using TPoliCont = PolicyContainer<TPolicies...>;
4        using TPolicyRes = PolicySelect<AccPolicy, TPoliCont>;
5
6        using ValueType = typename TPolicyRes::Value;
7        static constexpr bool is_ave = TPolicyRes::IsAve;
8        using AccuType = typename TPolicyRes::Accu;
9
10       // ...
11   }
```

上述代码的第 4 行调用了 PolicySelect，即 policy 选择元函数：传入我们所关注的 policy 组信息 AccPolicy，以及 policy 数组 TPoliCont。该元函数返回的 TPolicyRes 就是图 3.3 所示的 policy 支配结构。在此基础上，第 6～8 行使用了这个结构，获取了相应的 policy 参数值。

PolicyContainer 是 policy 的数组容器，其声明与我们之前所见的编译期数组声明并没有什么不同：

```
1    template <typename...TPolicies>
2    struct PolicyContainer;
```

即完全可以使用 std::tuple 或者其他的容器作为它的代替品。但使用这个容器声明，可以从名称上很容易地分辨出该数组的功能。

PolicySelect 仅仅是元函数 NSPolicySelect::Selector_的封装：

```
1    template <typename TMajorClass, typename TPolicyContainer>
2    using PolicySelect
3        = typename NSPolicySelect::Selector_<TMajorClass,
4                                             TPolicyContainer>::type;
```

它将参数传递给 NSPolicySelect::Selector_，由其实现核心的计算逻辑。NSPolicySelect::Selector_的定义如下：

```
1    template <typename TMajorClass, typename TPolicyContainer>
2    struct Selector_
3    {
4        using TMF = Sequential::Fold<PolicyContainer<>,
5                        TPolicyContainer,
6                        MajorFilter_<TMajorClass>::template apply>;
7        static_assert(MinorCheck_<TMF>::value,
8                        "Minor class set conflict!");
9        using type = std::conditional_t<Sequential::Size<TMF> == 0,
10                                        TMajorClass,
11                                        PolicySelRes<TMF>>;
12   };
```

在其内部，它做了 3 件事情。

- 调用 Sequential::Fold 元算法对数组进行过滤，生成新的 PolicyContainer 数组——确保该数组中的所有元素的主要类别均为 TMajorClass（第 4～6 行）。
- 调用 MinorCheck_元函数检测上一步生成的数组，确保其中的元素不会冲突——不存在次要类别相同的 policy 对象（第 7～8 行）。
- 构造最终的返回类型（第 9～11 行）。

现在，让我们逐一分析每步的逻辑细节。

2. 基于主要类别的过滤

Selector_ 的第 1 步是对输入的 policy 对象序列进行过滤，只保留主要类别与目标 policy 相同的对象。这一步是通过 Sequential::Fold 元算法完成的。我们在第 2 章讨论过 Fold 元算法及其实现细节。它接收一个初始状态（作为第 1 步的输入状态）、一个输入序列以及一个元函数，对初始状态与输入序列中的每个元素调用元函数，构造新的状态。当输入序列中所有的元素都被处理完成后，返回最终构造的状态——整个过程也即一个"折叠"的过程。

将折叠算法应用到当前场景中，初始状态就是一个空的序列容器（PolicyContainer<>），用于在后续保存过滤出的 policy 对象；输入容器是 Selector_ 的原始输入（TPolicyContainer）；元函数则是 MajorFilter_<TMajorClass>::template apply。整个算法的核心在于 apply 元函数。让我们看一下它的定义：

```
1   template <typename TMajorClass>
2   struct MajorFilter_
3   {
4       template <typename TState, typename TInput>
5       using apply
6           = conditional_t<is_same_v<typename TInput::MajorClass,
7                                     TMajorClass>,
8                           Sequential::PushBack_<TState, TInput>,
9                           Identity_<TState>
10                          >;
11  };
```

根据 Fold 元算法的要求，传入其中的元函数只能接收两个形参：分别用于表示当前的状态与输入。对 apply 来说，传入的状态为上一步构造出的过滤序列，而传入的输入则是当前的 policy 对象。但这里还缺了一个信息：要判断是否可以将当前对象放入过滤序列中，我们需要知道所关心的 policy 主要类别。

我们不能将其作为 apply 的第 3 个参数：因为 Fold 元算法接收的元函数只能包含两个参数。为了解决这个问题，我们在 apply 外套了一层：MajorFilter_——它是一个模板类，其模板参数就对应了我们所关心的主要类别。由于 apply 位于其内部，因此它可以直接使用 MajorFilter_ 的模板实参[①]。

apply 内部的处理逻辑很简单，它借用 conditional_t 引入了一个分支逻辑，如果输入的 policy 对象的主要类别与 MajorFilter_ 的模板实参相同，那么将该 policy 对象放入过滤对列

---

① 实际上，这种技法也被称为闭包，但其与第 1 章所描述的闭包属于完全不同的概念。这里讨论的闭包在 lambda 表达式中经常出现，用于隐藏变量。我们只不过在编译期借用了类似的处理手法而已。

中并返回，否则不对过滤对列进行任何修改，直接返回。将其与 Fold 元算法相结合，最终将获取一个过滤后的 policy 对象序列，其中的每个 policy 对象的主要类别与我们所关心的 policy 的主要类别相同。

3．MinorCheck_元函数

在实现了主要类别过滤之后，下一步就要确保过滤后的容器中，不同对象的次要类别不同。前文已经强调过：作为同一模板参数的 policy 对象的次要类别不能相同，否则，是不合逻辑的，编译器也会因此遇到解析出现歧义的情形，从而给出编译错误提示。但既然编译器已经能给出错误提示了，为什么还要在这里进行检测呢？事实上，编译器给出的错误提示是"解析出现歧义"，并没有明确地表示出这种歧义产生的原因——policy 对象出现了冲突。因此，在这里有必要进行一次额外的检测，给出更明确的信息。

Selector_实现的第 7～8 行完成了这个检测。它调用了 MinorCheck_元函数，传入 policy 对象序列，获得该元函数的返回值（bool 类型编译期常量），并使用了 C++11 中引入的 static_assert 进行检测。static_assert 是一个静态断言，接收两个参数，当第一个参数为 false 时，其将产生一个编译错误，输出第二个参数提供的错误信息。

MinorCheck_元函数的功能就是检测输入的 policy 对象序列（这个序列中的每个元素都属于相同的 policy 组），判断其中的任意两个元素是否具有相同的次要类别。如果不存在，则返回 true，否则返回 false。

考虑一下，如果在运行期该如何解决这个问题。相应的算法并不复杂，用一个二重循环就行了：

```
1   for (i = 0; i < VecSize; ++i) {
2       for (j = i + 1; j < VecSize; ++j) {
3           if (Vec[i] and Vec[j] have same Minor class)
4           {
5               return false;
6           }
7       }
8   }
9   return true;
```

上述伪码已经能够说明问题了：在外层循环中，我们依次处理序列中的每个元素，通过内层循环将其与位于它后面的元素进行比较，只要发现存在相同次要类别的情况，就返回 false。如果整个比较完成后，还是没有发现这样的情况，那么返回 true。

元函数的实现逻辑也没有什么本质上的不同：引入一个类似的二重循环就行了。只不过编译期与运行期的循环代码编写时有一些差异，导致它看上去有些复杂罢了。

```
1   template <typename TPolicyCont>
2   struct MinorCheck_ {
3       static constexpr bool value = true;
```

```
4          };
5
6          template <typename TCurPolicy, typename... TP>
7          struct MinorCheck_<PolicyContainer<TCurPolicy, TP...>> {
8              static constexpr bool cur_check
9                  = ((!std::is_same_v<typename TCurPolicy::MinorClass,
10                                      typename TP::MinorClass>) && ...);
11
12             static constexpr bool value
13                 = AndValue<cur_check,
14                         MinorCheck_<PolicyContainer<TP...>>>;
15         };
```

MinorCheck_ 元函数接收一个名为 TPolicyCont 的 policy 对象序列，通过特化构成外层循环。

首先看一下特化版本。该版本的输入参数为 PolicyContainer<TCurPolicy, TP...>：这表明所接收的是一个以 PolicyContainer 为容器的序列，序列中包含了一个或一个以上的元素，其首元素为 TCurPolicy，其余的元素表示为 TP...。

在此基础上，代码首先获取了该 policy 对象所对应的次要类别（第 9 行），之后调用 is_same_v 传入这个获取到的类型以及后续的全部元素以进行比较[①]，将比较的值保存到 cur_check 这个编译期常量中。

如果这个返回值为 true，则表示后续的每个元素的次要类别都不是 TCurPolicy，此时就可以进行下一步的检测了。下一步的检测是通过递归调用 MinorCheck_ 元函数来完成的，其逻辑在第 14 行。在这里，我们使用了 AndValue 这个自定义的元函数，实现了判断的短路逻辑——如果这一步的检测结果 cur_check 为 false，那么将直接返回 false，不再进行后续的检测。只有本次检测结果为 true，后续的检测结果（第 14 行对应的结果）也为 true 时，元函数才返回 true。

外层循环的终止逻辑是位于 MinorCheck_ 的基本模板定义中的。当输入的 policy 对象序列中的全部元素处理完成，再次递归调用时，传入该元函数中的参数将是 PolicyContainer< >。此时就无法匹配该模板的特化版本了（特化版本要求数组中至少存在一个元素），编译器将匹配该模板的基本定义版本（代码的第 1～4 行）。这个定义只需要简单地返回 true 就可以实现循环的终止。

4．构造最终的返回类型

在经过了"基于组名的 policy 对象过滤""同组 policy 对象的次要类别检测"之后，policy 选择元函数的最后一步就是构造最终的返回类型，即 policy 支配结构。

这里还有一个小分支需要处理：在某些情况下，这一步的输入是空数组 PolicyContainer< >。产生空数组的原因有两个：一是用户在使用时没有引入 policy 对象对模板的默认行为进行调整；二是虽然用户进行了调整，但调整的 policy 对象属于其他的组，这样在 policy 选择

---

① 也即内层循环，这里通过包展开实现了内层循环，避免了引入新的模板来表示内层循环，简化了实现逻辑。

的第一步就会因过滤而产生空的 policy 数组。

图 3.3 所示的 policy 支配结构要求输入序列中至少存在一个 policy 对象。因此，如果序列中不存在对象，就需要单独处理。处理的方式也很简单——如果序列中不包含对象，那么直接将默认的 policy 定义返回即可：

```
1  template <typename TMajorClass, typename TPolicyContainer>
2  struct Selector_ {
3      ...
4      using type = std::conditional_t<Sequential::Size<TMF> == 0,
5                                      TMajorClass,
6                                      PolicySelRes<TMF>>;
7  };
```

TMF 是第 1 步生成的 policy 对象序列，Sequential::Size 用于返回序列中包含的元素个数，系统以之判断其是否为空。如果序列为空，那么直接返回 TMajorClass。TMajorClass 中定义了属于该组中的每个 policy 的默认值。

如果 TMF 不为空，那么可以使用其构造 policy 支配结构了。这里用 PolicySelRes<TMF> 来表示这个支配结构：

```
1  template <typename TPolicyCont>
2  struct PolicySelRes;
3
4  template <typename TCurPolicy, typename... TOtherPolicies>
5  struct PolicySelRes<PolicyContainer<TCurPolicy, TOtherPolicies...>>
6      : TCurPolicy
7      , TOtherPolicies...
8  {};
```

在了解了图 3.3 的基础上，这一段代码并不难理解。PolicySelRes 的特化版本表明它所接收的是一个 PolicyContainer 容器序列，序列中包含一个或一个以上的 policy 对象，而 PolicySelRes 则使用了 C++17 中新提供的语法来派生自所有的这些对象。这样，PolicySelRes 中就包含了修改后的 policy 值或类型。

3.3.7 使用宏简化 policy 对象的声明

至此，我们已经基本完成了 policy 模板的主体逻辑。为了使用 policy 模板，我们需要：

（1）声明一个类表示 policy 组以及组中 policy 的默认值；

（2）声明 policy 对象或 policy 对象模板，将其与 policy 组关联起来；

（3）在 policy 模板中使用 PolicySelect 获得特定组中的 policy 信息。

其中，第 2 步需要为每个 policy 对象或 policy 对象模板引入一个类。这里引入了 5 个宏来简化这项操作：

```
1  #define EnumTypePolicyObj(PolicyName, Ma, Mi, Val) \
2  struct PolicyName : virtual public Ma\
```

```
3     { \
4         using MajorClass = Ma; \
5         using MinorClass = Ma::Mi##TypeCate; \
6         using Mi = Ma::Mi##TypeCate::Val; \
7     }
8
9     #define TypePolicyObj(PolicyName, Ma, Mi, Val) ...
10    #define ValuePolicyObj(PolicyName, Ma, Mi, Val) ...
11    #define TypePolicyTemplate(PolicyName, Ma, Mi) ...
12    #define ValuePolicyTemplate(PolicyName, Ma, Mi) ...
```

限于篇幅，这里仅列出了 EnumTypePolicyObj 的定义。从中不难看出，它的本质就是构造一个类，虚继承自 policy 组，同时设置主要类别、次要类别与 policy 的值。

这里有一个小技巧来优化代码结构。为了声明 policy 对象所属的组，我们需要为每个 policy 对象引入 "using MajorClass = Ma;" 这样的语句，所有派生自 Ma 的 policy 对象（模板）都需要加上这么一句。我们可以对其进行简化：在 policy 组的定义中引入这个声明。比如，对于之前定义的 AccPolicy 来说，可以这么写：

```
1     struct AccPolicy
2     {
3         using MajorClass = AccPolicy;
4         // ...
5     }
```

这样就可以简化上述宏的定义，去掉其中 MajorClass 的声明了：

```
1     #define EnumTypePolicyObj(PolicyName, Ma, Mi, Val) \
2     struct PolicyName : virtual public Ma\
3     { \
4         using MinorClass = Ma::Mi##TypeCate; \
5         using Mi = Ma::Mi##TypeCate::Val; \
6     }
```

读者可以自行分析另 4 个宏的实现。

需要说明的是，宏的引入只是为了简化 policy 对象的声明，也可以不用宏来声明这种对象。宏的处理能力是有限的。对于某些无法使用这些宏声明的 policy 对象，可以考虑使用一般的（模板）类进行声明。

3.3.8　特殊的 policy 类型

3.3.7 小节所提供的宏可以帮助我们声明数值与类型 policy 对象——它们也是常见的 policy 对象。除此之外，我们的 policy 对象还能支持更多的种类，本小节将讨论其中的两种。这两种并不常见，同时引入宏来实现相对困难一些，因此放在本小节单独讨论。

1. 模板 policy 对象

数值、类型与模板是元函数操作的三大类元数据。我们的 policy 体系除了数值与类型之外，当然可以支持模板 policy。我们可以用 typename 关键字来表示所有的类型，但很难用统一的形式来表示所有模板（模板的表示形式多种多样，可以接收数值，也可以接收类型，模板实参数目可以变化，这些都为我们用统一的形式来描述模板造成了阻碍），因此这里并没有提供宏来简化模板 policy 的构造。但我们完全可以使用结构体来引入模板 policy。

在将要实现的深度学习框架中就用到了模板 policy 来确定某些情况下子层的类型（我们会在后文中讨论层与子层的概念）。让我们看一下该 policy 的定义：

```
1    struct LayerStructurePolicy
2    {
3        using MajorClass = LayerStructurePolicy;
4        // ActFunc
5        struct ActFuncTemplateCate;
6
7        template <typename TInputMap, typename TPolicies>
8        struct DummyActFun;
9
10       template <typename TInputMap, typename TPolicies>
11       using ActFunc = DummyActFun<TInputMap, TPolicies>;
12
13       ...
14   };
15
16   template <template <typename, typename> class T>
17   struct PActFuncIs : virtual public LayerStructurePolicy
18   {
19       using MinorClass = LayerStructurePolicy::ActFuncTemplateCate;
20
21       template <typename TInputMap, typename TPolicies>
22       using ActFunc = T<TInputMap, TPolicies>;
23   };
```

这里的 ActFunc 就是一个模板 policy，它也有自己的主要类别（LayerStructurePolicy）和次要类别（ActFuncTemplateCate）与默认值（DummyActFun）。ActFunc 本身可以视为一个接收两个参数的模板，可以用如下的方式来使用：

```
1    template <typename UInput, typename UPolicies>
2    using Kernel
3        = typename PolicySelect<LayerStructurePolicy, PolicyCont>
4                        ::template ActFunc<UInput, UPolicies>;
```

除了在调用形式上略有差异外，它与数值、类型 policy 没有什么本质区别。

2. 无默认值的 policy

大部分 policy 都是有默认值的，如果我们没有引入相应的 policy 对象来改变其默认值，那么通过 PolicySelect 就会获得其默认值。这对于大部分情况来说都是合理的，但在少数情况下，这种设计也有其缺陷。

比如，以前文所讨论的 ActFunc policy 为例，它的默认值就是 DummyActFun——是一个假的子层声明。事实上，在我们的深度学习框架中，如果需要获取子层，通常来说就要使用该子层进行实际的计算。一个假的子层显然不能满足计算需求，但我们又很难为该 policy 指定一个合理的默认子层。权衡之下，这里还是引入了 DummyActFun 这个假的子层——这完全是为了满足现有 policy 框架的需要。

但事实上，还存在另一种解决方案，就是声明一些不存在默认值的 policy。比如，在我们的深度学习框架中，存在一个 DimArray policy——它就没有默认值。以下是该 policy 的相关定义：

```
1    struct DimPolicy
2    {
3        using MajorClass = DimPolicy;
4        struct DimArrayValueCate;
5        ...
6    };
7
8    template <size_t... uDims>
9    struct PDimArrayIs : virtual public DimPolicy
10   {
11       using MinorClass = DimPolicy::DimArrayValueCate;
12
13       static constexpr
14       std::array<size_t, sizeof...(uDims)> DimArray{uDims...};
15   };
```

DimArray 是一个数值 policy，但与一般的数值 policy 不同，它表示的不是一个值，而是一个 std::array 数组。我们引入了 PDimArrayIs 模板来构造相应的 policy 对象。通过上述定义，可以看出这个 policy 有自己的主要与次要类别（DimPolicy 与 DimArrayValueCate），但在 DimPolicy 内部并不包含该 policy 所对应的默认值定义。

事实上，这是合法的！我们的 policy 是通过多重继承而实现的。这种没有默认值的 policy 并不会破坏通过多重继承而引入的 policy 机制。因此，这种没有默认值的 policy 也就可以与其他 policy 共存。

当然，这种 policy 也有其缺点。对于有默认值的 policy，无论是否存在修改其值的 policy 对象，使用 PolicySelect 都可以获取该 policy 所对应的值。但如果 policy 不存在默认值，那么一旦没有 policy 对象来设置该 policy 的值，PolicySelect 的调用就会出现错误：

```
1    // 编译错误
2    constexpr static auto val
3        = PolicySelect<DimPolicy, PolicyContainer<>>::DimArray;
```

编译器在编译上述代码时会产生编译错误，因为所构造的 PolicySelect 中没有 DimArray 的定义。

为了更安全地使用无默认值的 policy，我们需要引入元函数来检测 policy 对象序列中是否包含相应的 policy，并根据检测结果选择不同的处理逻辑。此外，我们的 policy 框架还提供了其他的辅助元函数，这些都将在 3.3.9 小节讨论。

3.3.9 其他与 policy 相关的元函数

policy 模板所提供的主要接口是 PolicySelect，它用于获取某个 policy 的值。除此之外，我们还引入了一些其他的辅助元函数，举例如下。

- HasNonTrivialPolicy：可以接收一个 policy 对象、主要类别与次要类别，返回一个 bool 值表示该序列中是否存在相应的 policy 对象。
- PickPolicyOjbect：可以接收一个 policy 对象序列、主要类别与次要类别，如果该序列中存在相应的 policy 对象，则返回该对象本身，否则返回 policy 的主要类别。
- ChangePolicy：给定一个 policy 对象序列与某个 policy 对象 P，删除序列中与 P 相冲突的对象并将 P 附加到序列中。
- SubPolicyPicker 与 PlainPolicy：前者用于获取 policy 对象序列中的某个子序列，后者用于获取去除了所有子序列的剩余部分——它们将会在本书后续讨论的复合层中用到。

这些辅助元函数会在我们的深度学习框架开发过程中用到。我们在后续介绍深度学习框架的相关部分时再来讨论这些辅助元函数的具体用途。

3.4 小结

在本章中，我们讨论了异类词典与 policy 模板的实现。

这两个模块本质上都可以被视为容器，通过键来索引容器中的值。只不过对于异类词典来说，它的键是编译期常量，而值则是运行期的数据；对于 policy 模板来说，它的键与值都是编译期常量。由于编译期与运行期性质的不同，其实现的细节也存在较大的差异。

虽然本章的讨论是从具名参数出发的，但像异类词典这样的构造，也可以应用在参数传递以外的场景中，比如像 std::map 那样作为单纯的容器使用。此时，异类词典索引速度较快，可存储不同数据类型的优势也能够得到体现。

每种数据结构都有其优势与劣势，虽然异类词典与 std::map 相比具有上述优势，但它也有其自身的不足：为了支持存储不同的数据类型，以及可以在编译期处理键的索引，异类词典所包含的元素个数是固定的，它不能像 std::map 那样在运行期增加与删除元素。

但反过来，虽然无法在运行期为异类词典添加新的元素，但我们可以在编译期通过元函数为异类词典添加或删除元素。关于这一部分的内容，就留给读者自行练习。

与异类词典相比，policy 模板的值也是编译期常量，相应地，可以在其中保存数值以外的信息，比如类型与模板等。本章所讨论的只是 policy 模板的一个初步实现。在后文讨论深度学习框架的复合层时，我们将会对本章所讨论的 policy 模板进行进一步的扩展，为其引入层次关系，使得它能够处理更加复杂的情形。

本章其实并没有引入什么新的元编程知识（关于支配的讨论并不是元编程的知识，而是与 C++继承相关的基本知识，属于面向对象的范畴）。我们只是在设定了最终的接口形式后，用元编程来实现而已，所用的基本技巧也都在前两章有所讨论。但与前两章相比，不难看出，本章所编写的元程序更加复杂，也更加灵活。要想真正掌握这种程序设计技术，还需要读者不断地体会、练习。

本章所构造出的模块将被用于深度学习框架之中，作为其基本的组件来使用。从第 4 章开始，我们将讨论深度学习框架的实现。

3.5 练习

1. 阅读并分析 VarTypeDict::Values::Get 与 VarTypeDict::Values::Update 的执行逻辑。

2. VarTypeDict::Values::Set 在定义时函数声明的结尾处加了 &&，这表明该函数只能用于右值。定义一个能用于左值的 Set，思考与旧的函数相比，这个新的函数有什么优势，什么劣势。

3. 接收数组的 Values 构造函数是供 Values::Set 函数调用的，而 Set 也是定义于 Values 中的函数。那么，能否将该构造函数的访问权限从 public 修改为 private 或 protected？给出你的理由，之后尝试修改相应的访问权限并编译，看看是否符合你的预期。

4. 使用 std::tuple 替换 VarTypeDict::Values 中的指针数组，实现不需要显式内存分配与释放的 VarTypeDict 版本。分析新版本的复杂度。

5. 在 3.3.3 小节，我们给出了一个用于进行累积计算的类，并使用它展示了 policy 与 policy 对象的概念。事实上，除了类模板之外，我们也可以在函数模板中使用它们。将该小节提供的例子进行改写，使用函数模板实现与示例所提供的累积算法相同的功能。

6. 尝试编写两个元函数，在编译期为异类词典添加或删除元素。比如编写 AddItem 与 DelItem 这两个元函数，使得对于如下的代码：

```
using MyDict = VarTypeDict<struct A, struct B>;

using DictWithMoreItems = AddItem<MyDict, struct C>;
using DictWithLessItems = DelItem<MyDict, A>;
```

DictWithMoreItems 的类型为 VarTypeDict<A, B, C>，而 DictWithLessItems 的类型为 VarTypeDict<B>。

注意，AddItem 与 DelItem 应当能处理一些相对特殊的输入，比如调用 AddItem<MyDict, A> 或调用 DelItem<MyDict, C>时系统应当报错：因为前者添加了重复的键，而后者要删除一个并不存在的键。

第 2 部分

深度学习框架

扫码或扫描AR
触发图看视频

第 **4** 章

深度学习概述

深度学习是人工智能的一个分支，在语音、图像、自然语言处理等众多方向上得到了广泛的应用，并取得了很好的效果，因此近年来得到了学术界的广泛关注。本书并不会对其数学原理进行深入的讨论——相较于深度学习的数学原理，本书更关注如何使用元编程实现这样的框架。尽管如此，了解深度学习的背景依然是后续讨论的前提。

本章将对深度学习以及将要实现的框架进行概述，从而使读者有一个整体性的认识。

4.1　深度学习简介

身处计算机行业的读者想必已经不止一次听说"深度学习"这项技术了，并且或多或少地了解到这项技术在图像处理、语音识别等领域所取得的突破性成就。比如，谷歌公司旗下的 DeepMind 所开发的基于深度学习的围棋程序 AlphaGo 击败了人类棋手李世石与柯洁，一举震惊世界。然而，深度学习的应用领域不止于此。事实上，深度学习（或者更基础的概念：机器学习）已经渗透到我们生活的各个方面。

比如，当我们驾车或行走在繁华城市的公共区域时，部署在城市各个角落的高清摄像头所拍摄的影像会被传输到相关的系统中进行车牌识别、人脸识别、碰撞检测等处理，以保障整个城市的公共安全；当我们在便利店刷卡支付时，银行的数据中心则会使用此项技术来自动判断这是否是一次盗刷；当我们使用搜索引擎查询信息时，运行在服务器集群上的搜索算法会使用深度学习将用户的输入与海量的数据进行匹配，返回让用户满意的结果；当我们使用社交或者资讯类软件时，部署在服务器上，由深度学习所支撑的算法会分析用户与软件的交互行为，从而提供对用户来说相对个性化的服务。

尽管媒体经常用"模拟了人脑"此类生物学意味的说法来向公众介绍深度学习，从而让公众或多或少地感到这是一项强大而神秘的技术，但这往往会在一定程度上误导公众。本书将会避免使用此类生物学上的说法，而从开发者的角度向读者介绍深度学习的基础知识。

读者可能经常会看到深度学习和机器学习被一起提及，实际上深度学习是机器学习的一个重要子领域。

4.1.1 从机器学习到深度学习

作为开发者，相信大家对如何编写计算机程序来解决实际的问题并不陌生。当我们需要实现一个程序，等待用户的输入，之后根据其输入来显示不同的内容时，我们会很自然地将整个功能拆解成使用顺序、循环、分支代码可以表达的形式。稍微复杂一些，当我们需要根据某项信息对数组中的元素排序时，我们会很自然地想到使用某些排序算法。再进一步，在设计大型项目时，我们会参考经典的设计模式，保障模块间的复用性与灵活性。

但是，考虑如下的问题：我们需要实现一个程序，根据用户输入的图片判断其中是猫还是人。完全不了解机器学习的开发者，在把图片的像素值读到数组中之后，可能就不知道接下来该怎么做了。可能有的开发者会尝试把程序写成：如果某部分区域的像素值介于某个范围之内，那么图中的就是一只猫。这样的程序在今天看来无疑是可笑的，如果用准确率这个指标来衡量，那么这个程序可能只会比随机猜一个类别得到的准确率高一点儿：即便同样是猫，根据其拍摄的角度与时间不同，相应的图片上的像素值也会受到影响。

如果我们把这个问题的难度降低一些，假定有一个"神奇的机器"，在输入图片后，能够告诉我们图片上的生物有几只脚，那么我们可以使用这个信息进行判断：如果机器返回图片中的生物有 4 只脚，那么我们将其判断为猫；如果有 2 只脚，那么将其判断为人。

我们并不能保证这种判断百分之百准确。比如，由于拍摄角度的限制，猫的两只脚被挡住了，那么按照之前的逻辑，图片中的猫可能会被判断成人。另一种情况是，图片中的老人手持拐杖，系统将其误判为第 3 只脚，那么我们的程序将无法处理这样的情况。

另外，假定"神奇的机器"还能告诉我们更多的信息，比如生物的脸上有没有胡须、毛发浓密程度等。同样，这些信息都可能存在误差。但即使如此，如果综合考虑这些信息，我们的程序还是能对图片中的生物是人还是猫有一个比随机猜测精确得多的预测输出。

如果我们的目标是构造这样一个程序，那么有两个问题要解决：首先，假定"神奇的机器"已经存在了，那么要如何最大限度地利用它所提供的各种信息，提升分类的准确率；其次，如何构造之前所提到的"神奇的机器"，为我们提供这样的信息。

第一个问题相对来说直观一些。比如，我们可以考虑构造一个模型，其输入为脚的数目、脸上有没有胡须、毛发浓密程度等信息，将每一个信息表示为相应的数值，并为其赋予一定的权重，之后将这些数值与权重综合起来考虑——将每个输入信息所对应的数值乘相应的权重并求和。如果求和的结果大于某个值，则认为是人，否则认为是猫。如何确定每个信息所对应的权重呢？我们可以通过不停的试验，选择一组试验结果中最好的。但更可取的方式是找一大批包含了猫或人的图片，让系统自动地"学出"这些权重。

这是一个典型的机器学习问题。如果问题无法通过显式编程求解，那么我们可以利用机器学习算法，从训练数据当中泛化出特定的模型来解决。为了从训练数据中学习，我们需要构造一个模型：它描述了该如何利用训练数据所提供的信息，模型所包含的具体参数可以被调整。随后，我们需要从训练数据中提取信息（比如图片中的生物有几条腿、是否有胡须等）——在机器学习中，这些信息称为特征。训练数据集中包含了大量的样本，每个样本中除了特征外，还可能包含我们希望得到的输出结果。通过这些样本以及特定的训练算法，我们可以调整模型所包含的参数，并最终得到训练好的模型——这是模型的训练过程。然后，基于训练好的模型，输入新的特征，使用模型中的参数以得到相应的预测结果——这个过程则是模型的预测过程。

当然，这并非机器学习的全部内容，我们只是在这里简单地介绍了机器学习中的一个分支——有监督学习。机器学习还包含很多其他的分支，比如无监督学习、强化学习等，从训练数据中学习、使用特征进行学习是机器学习的通用理念。

说了这么多，这与深度学习有什么关系呢？事实上，这就涉及前文所述的第二个问题：如何构造那个"神奇的机器"，也即如何从原始的输入信息中提取特征。

在深度学习诞生之前，这个问题在很大程度上依赖于特定领域的专家与算法。比如，为了提取图片中的生物包含了几条腿，我们可能需要一些专门的图像领域的算法。这种算法的局限性很大，在图像领域行之有效的提取特征的算法可能很难应用到语音领域上。事实上，这样的特征提取非常困难，以至于发展出了专门的领域：特征工程。

特征工程很困难，同时人为提取特征的效果往往并不理想。那么，能不能让计算机自己来提取特征呢？基于这个想法，人们进行了长期的研究。在 20 世纪 90 年代，杨立昆（Yann LeCun）等学者提出了 LeNet，其使用多层人工神经网络从原始的输入像素中自动学习特征提取，并使用提取后的特征预测图像中所书写的是 0～9 中的哪一个数字，取得了非常好的效果。但由于 LeNet 比传统的人工神经网络复杂很多，训练起来也比较困难，因此相关领域一度没有较大的进展。直至 2006 年，学者杰弗里·欣顿（Geoffrey Hinton）发表了相关的论文，在一定程度上解决了复杂网络的训练问题，由此掀起了多层神经网络研究的新高潮。多层神经网络通过自身的学习，可以有效地从原始数据中提取特征，这是传统的机器学习不具备的优势。相应地，通过将复杂的神经网络堆叠在一起，形成很"深"的结构，自动提取特征并完成模型学习的方法就称为深度学习。

4.1.2 各式各样的人工神经网络

1. 人工神经网络与矩阵运算

深度学习系统脱胎于人工神经网络，图 4.1 展示了一个简单的人工神经网络。

图中的 $p_1,...,p_R$ 为输入数据，$a_1,...,a_S$ 为输出结果。对于任意一个 a_i 有 $a_i = f(\sum_{j=1}^{R} p_j w_{i,j} + b_i)$。其中 f 为一

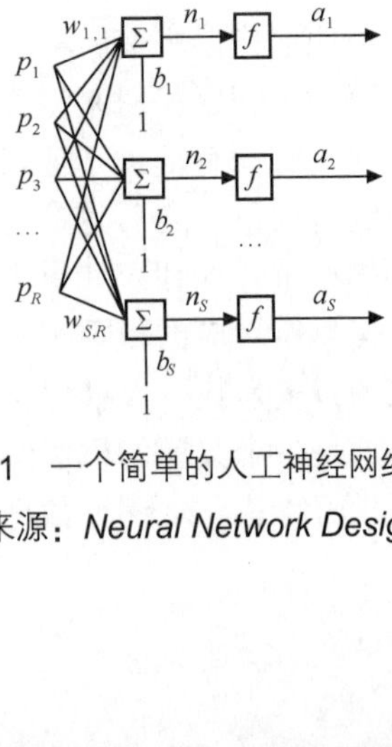

图 4.1 一个简单的人工神经网络（图片来源：*Neural Network Design*）

个非线性变换，典型的非线性变换包括 $\tanh(x) = \dfrac{e^x - e^{-x}}{e^x + e^{-x}}$ 或者 $\text{Sigmoid}(x) = \dfrac{1}{1 + e^{-x}}$ 等。可以将 a_i 的计算公式写成如下向量的形式：

$$a = F(Wp+b)$$

其中 a、p、b 为向量，W 为矩阵，F 表示对向量中的每个元素进行非线性变换。

使用矩阵运算的形式表示人工神经网络，不仅简化了网络的表示，同时也使得我们可以引入更加灵活的扩展。比如，如果将非线性变换 F 视为对向量，而非对向量中每个元素进行运算，那么可以构造更加复杂的非线性变换，比如非线性运算：

$$\text{Softmax}(a_1,...,a_n) = \left(\frac{e^{a_1}}{\sum_i e^{a_i}},...,\frac{e^{a_n}}{\sum_i e^{a_i}} \right)$$

就是一种相对复杂的向量变换，用于将一个向量中的每个元素映射成(0,1)之间的值，同时满足这些值的和为 1。可以使用这个变换的输出来模拟概率分布。研究人员还发明了 dropout、maxout、Layer-Normalization 等复杂的变换，它们都可以被视为某种特殊形式的运算。

2. 深度神经网络

将人工神经网络简单地堆叠起来，就可形成深度神经网络（Deep Neural Network，DNN）：

$$a_1 = F(W_0 a_0 + b_0)$$
$$a_2 = F(W_1 a_1 + b_1)$$
$$\cdots\cdots$$
$$a_n = F(W_{n-1} a_{n-1} + b_{n-1})$$

其中，网络的输入为 a_0，输出为 a_n。a_0 是原始的输入信息，而 a_n 是经过若干层非线性变换后提取到的特征。假定我们希望识别图像中包含的十进制数值，那么 a_0 可以是图像中的像素，而 a_n 可以是一个包含了 10 个元素的向量，分别表示该图像所对应的数字（0~9）的可能性。

3. 循环神经网络

深度神经网络的输入向量长度是固定的，而循环神经网络（Recurrent Neural Network，RNN）擅长处理变长的序列。一个典型的 RNN 具有如下的形式：

$$h_1^t, h_2^t,...,h_n^t = F(h_1^{t-1}, h_2^{t-1},...,h_n^{t-1}, x_1^t,...,x_m^t)$$

设输入序列为 $x_1^{1\sim\tau},...,x_m^{1\sim\tau}$，同时 $h_1^0, h_2^0,...,h_n^0$ 为一组预先设定好的参数，那么 $h_1^t,...,h_n^t$ 中将包含 $x_1^{1\sim t},...,x_m^{1\sim t}$ 中的信息。由于 RNN 可以很自然地处理输入为序列的情形，因此它也在自然语言处理、语音识别等领域得到了广泛的应用。

4．卷积神经网络

另一种比较常见的神经网络是卷积神经网络（Convolutional Neural Network，CNN），它的思想是将要处理的数据分割成小块，每一块与一个卷积矩阵作用以进行特征提取。图 4.2 展示了一个典型的图像处理中的卷积计算过程。

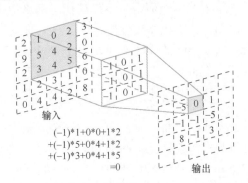

图 4.2 卷积计算（图片来源：http://vis.pku.edu.cn）

5．神经网络组件

以上只是对 DNN、RNN 与 CNN 进行了非常简单的介绍。这些网络结构还可以进行变种、组合，以适应具体的任务需求。实际的深度学习系统的内部网络结构可以非常复杂，以实现像机器翻译、自动驾驶这样具有挑战性的任务。

为了使深度学习系统更容易维护，我们往往会将一个复杂的系统划分成若干较小的组件，利用这些组件，像搭积木一样构造出整个系统。比如，对于基本的 DNN 来说，我们可以维护用于矩阵乘向量的组件、向量相加的组件，以及非线性变换的组件，使用它们就可以构造出表示 $a = F(Wp + b)$ 的全连通网络结构，再进一步将这个结构视为一个组件，将其堆叠起来，就形成了 DNN。

引入组件是一种典型的分治思想。与直接维护复杂的深度学习系统相比，维护组件的成本相对来说要低很多，一个通用的组件可以在深度学习框架中被反复用到（当然，每个组件对象中包含的参数可能会有所区别，但其内部的运算逻辑是相同的）。神经网络还有一个很好的特点，即可以将整个网络的参数优化过程从数学上分解为对每个组件进行参数优化的过程。正是由于这一点，我们才可以构造很复杂的深度学习系统，从而保证整个训练过程的正确性。

4.1.3 深度学习系统的组织与训练

深度学习系统中的神经网络结构可能会非常复杂，其中包含了大量的参数，而所谓深度学习系统的训练，就是调整网络中所包含的参数，使得它能够满足相关任务的需求。比如，我们希望使用卷积神经网络来进行图像识别，那么需要调整网络中卷积矩阵的参数，使得最终的识别准确率尽量高。

1. 网络结构与损失函数

使用深度学习系统解决实际问题之前，我们首先要选择深度学习系统所包含的神经网络结构与优化目标。正如前文所述，不同的网络结构适用的领域也有所区别。如果是处理与序列相关的问题，可以考虑引入 RNN 这样的网络结构；对于图像处理来说，CNN 可能是不错的选择；对于比较复杂的问题，则需要采用专门的网络结构，或者将多种网络结构组合到一起，构造复杂的网络结构。

另一个比较实际的问题是如何定量地描述网络的优化目标。通常来说，我们需要将网络的优化目标转换成数学表示形式，并在随后的训练过程中利用一些优化算法对深度学习系统中的网络参数进行调整，使得网络的行为越来越倾向于我们的优化目标。通常，优化目标会以损失函数（loss function）的形式表示，而学习过程就是不断调整网络参数，使得在训练集上损失函数的值逐渐变小的过程。以前文所述的判断图片中绘制的是猫还是人的任务为例，假定我们构造了一个深度学习系统，其输入为图片中的像素，输出为两个概率值 p_c、p_p，分别表示图片为猫的概率与图片为人的概率。给定 N 个样本，样本 i 的真实类别为 y_i，那么我们可以定义如下的损失函数：

$$\text{loss} = \frac{-1}{N} \sum_{i=1}^{N} \left\{ \delta_{yi=yc} \log p_c^i + \delta_{yi=yp} \log p_p^i \right\}$$

其中的 p_c^i 与 p_p^i 分别表示对于样本 i 来说，当前系统输出的该样本为猫与人的概率。当 y_i 为猫时，$\delta_{yi=yc}$ 的值为 1，否则为 0。类似地，当 y_i 为人时，$\delta_{yi=yp}$ 的值为 1，否则为 0。从式子中不难看出，随着系统分类准确率的提升，该式的值将逐渐减小，而网络的训练过程，也正是通过调整网络参数，使得损失函数的值逐步减小的过程。

对于深度学习框架的开发者来说，无须过多地关注该如何选择网络结构与损失函数。我们需要做的是提供一系列的模块，使得用户在确定了网络结构与损失函数后，可以很方便地搭建出相应的网络结构。

2. 模型训练

在定义了网络结构与损失函数后，就可以使用这些信息来搭建神经网络模型了。搭建好的模型中会包含大量的参数，而模型的训练过程，就是根据训练样本调节模型参数，使得损失值尽量小的过程。不同的网络结构与损失函数对应的训练流程也不尽相同，但总的来说，整个模型的训练包含了如下几个步骤（深度学习框架在每一步中都扮演了重要的角色）。

- 参数初始化：在模型训练之初，我们需要初始化其中包含的参数。通常来说，可以用随机初始化的方式为这些参数赋予初值，但为了保证模型最终能取得较好的效果，我们可能需要对初始化参数的分布进行限定——比如按照某种分布初始化，或者确保初始化的参数具有某些特定的性质等。深度学习框架需要提供各种初始化方式，供使用者选择。

- 正向、反向传播：为模型中的参数赋予初始值后，就需要根据训练样本来调整参数了。调整的过程主要由正向传播与反向传播两部分组成。所谓正向传播，是指依次输入每个样本，计算在模型的当前参数下，样本会产生什么样的输出，以及相应输出所对应的损失函数值；所谓反向传播，则是利用损失函数的值计算梯度信息，并将这个信息沿着与正向传播相反的路径反馈给神经网络的每个组件，由这些组件分别计算其所包含的参数的梯度的过程。数据在正向传播时所经历的组件与梯度在反向传播时所经历的组件完全相同，但顺序完全相反。深度学习框架需要维护正向传播与反向传播的过程，确保每一步都能得到正确的结果，同时计算足够高效。
- 参数更新：在对一到多个样本进行了正向、反向传播之后，组件中累积了参数所对应的梯度信息。之后，就可以利用这些梯度信息来更新参数值了。最基本的更新方式是将梯度值乘一个系数后加到原始的参数上。当然，也存在其他的参数更新方式，这些方式各有优劣，深度学习框架需要提供多种参数更新的方式供使用者选择。

不难看出，深度学习框架在模型训练的每一步中都起到了重要的作用，而一个成熟的深度学习框架还可能包含若干扩展的功能，比如由于正向、反向传播的计算速度相对较慢，深度学习框架可能需要支持多机并发训练，以提升训练速度。再如，一个好的深度学习框架应当可以输出某些中间结果，供用户调试使用。

3. 模型预测

模型训练好之后，就可以使用其进行预测了。所谓模型的预测，是指将预测样本输入模型，进行正向传播并计算输出结果的过程。一方面，从神经网络的角度来看，模型的预测过程只涉及正向传播，并不涉及反向传播与参数更新的问题，因此较模型训练来说要简单一些。另一方面，正是由于模型预测只涉及正向传播，因此它不需要记录反向传播时可能需要的一些中间变量，进而存在进一步优化的空间。

一个优秀的深度学习框架不仅要能较好地支持模型的训练，同时也应当针对模型的预测效果进行进一步的优化，以提升预测速度，减少资源的占用。

4.2 本书所实现的框架——MetaNN

4.2.1 从矩阵运算工具到深度学习框架

深度学习的基础是人工神经网络，而人工神经网络的核心则是矩阵运算。因此，一个深度学习系统的核心也就是矩阵运算。

有很多通用的工具都提供矩阵运算的功能，比如 MATLAB、Octave 等。那么，直接使用这些工具进行深度学习是否可行呢？从理论上来说，这样做是可以的，这些工具提供的功能已经能满足深度学习的需求。但深度学习系统本身有其特殊性，这就导致了这些工具虽然能构造深度学习系统，但其效果还不太令人满意。

首先，深度学习系统是计算密集型系统，在其内部往往涉及大量高复杂度的矩阵运算，系统的流畅运行对处理速度往往要求很高。事实上，对于比较复杂的系统来说，CPU 甚至都无法满足矩阵运算的需求，需要借助于其他计算设备，如图像处理器（Graphics Processing Unit，GPU）、现场可编程逻辑门阵列（Field-Programmable Gate Array，FPGA）等，来实现快速的矩阵运算。而诸如 MATLAB、Octave 这样的工具所要解决的是通用型任务，计算速度（特别是矩阵运算的速度）并不是其所关注的最重要的目标之一，这就导致使用这种通用型工具构造出来的系统，在训练一个中高规模的深度学习模型时，往往慢得让人无法接受。

其次，深度学习系统往往比较复杂，同时存在独特的体系结构。以模型训练为例，训练过程包含了正向传播与反向传播两个部分。前者基于样本的输入产生相应的输出，而后者则会使用损失函数的结果推导网络参数的梯度信息。正向传播与反向传播均包含了相应的计算方法——有的计算方法比较复杂，而通用的矩阵运算工具往往没有较好地将这些算法组织起来使用户可以方便地使用它们来完成深度学习的任务。如果希望使用通用的矩阵运算工具实现深度学习，那么用户可能要在这些工具的基础上进行二次开发，付出较高的开发与维护成本。

深度学习是一门发展非常迅速的学科，毫不夸张地说，几乎每个月都会有论文提出新的技术或改进原有的算法。引入专门的深度学习框架，就可以将框架的开发与使用二者划分开来：由框架的开发者负责实现并维护已有的算法，引入新的算法，确保算法的高效性与可扩展性；而框架的使用者则关注于使用已有的框架，将深度学习应用到实际的领域之中，解决实际问题或者进行深度学习的理论研究。随着这种分工的产生，深度学习的研究者对框架的依赖越来越强。时至今日，可以说深度学习框架的好坏甚至在一定程度上决定了深度学习任务的成败！

正是在这样的背景下，很多深度学习框架应运而生。目前，可以在网络上找到很多开源的深度学习框架，而深度学习的研究机构与使用者甚至不惜花费时间与金钱来开发自己的深度学习框架——其目的就是让这个框架更符合自身的需求。这些框架中比较有名的包括 TensorFlow、PyTorch、Theano、PaddlePaddle、Caffe 等，它们各有所长，能应用于不同的深度学习系统之中，可谓百花齐放、百家争鸣。

4.2.2 MetaNN 概述

本书将要实现一个深度学习框架——MetaNN。其中 Meta 表示使用元编程技术来实现，而 NN 则是神经网络（neural network）的缩写。一个问题是，既然已经有了如此众多的深度学习框架，那么为什么还要再实现一个呢？

首先，通过自己动手编写深度学习框架，我们能够更加深入地理解深度学习系统的细节。"纸上得来终觉浅，绝知此事要躬行"。我们可能无法完成一个像 TensorFlow、PyTorch 这样的框架，但即使是实现一个小的深度学习框架，也能让我们在实现的过程中对这样的框架有一个相对深入的认识。

其次，我们希望以该框架为载体，来讨论 C++模板元编程的技术。讲解 C++的书籍有很多，但讨论 C++ 模板元编程的书籍并不多。即便它们对元编程有所讨论，讨论的重点也往往是元编程所涉及的诸多技术本身———些相对较小的知识点，独立但缺乏连贯性。而对使用元编程开发大型的框架的讨论就更可谓少之又少，以至于很多读者在阅读完一些讨论元编程的书籍后，将此类技术归结为华而不实的"小技巧"：因为我们并没有理解该如何将这些技术组合起来，形成可以开发大型框架的完整体系。在阅读完本书，完成深度学习框架相关的开发后，读者应该可以获得非常丰富的元编程开发经验，并将这些经验应用到其他系统的开发过程中。

最后，也是笔者认为最重要的一点，就是我们将体会到将元编程深入应用到系统开发过程中会对系统本身所产生的影响。传统的系统开发所关注的是运行期的效率，在深入应用元编程后，我们关注的不再仅仅是运行期，而是编译期与运行期：这为我们提供了更多的技术与手段来解决系统开发中的问题，进而让我们从一个更高的角度来重新审视系统开发，这种改变会对系统本身产生深远的影响。

深度学习系统是复杂的，一个好的深度学习框架必须有能力在一定程度上掩盖这种复杂性，为用户提供便于配置、使用的接口。另外，深度学习系统的一个关键之处在于提供强大的计算能力，满足实际的训练需求。二者在一定程度上难以兼顾，而每个框架都需要维护二者之间的平衡。在这一点上，不同的框架采用了不同的策略。

通常来说，我们可以将深度学习系统的处理过程描述为一个有向无环图（Directed Acyclic Graph，DAG），图的结点表示数据与具体的操作；图的边则表示数据的流向。以预测任务为例，数据会沿着图中的边从输入结点流至输出结点。整个计算过程可以视为数据在图上的流动过程。不同的系统在构造图与计算时采用的策略也不同。基于策略的差异，我们可以将现有的深度学习系统粗略地划分成两类：静态图系统与动态图系统。

TensorFlow 是基于静态图系统的深度学习框架的典型代表[①]，其基本思路就是首先将整个计算流程通过图的方式描述出来，在此基础上给定输入计算输出。图的构造与实际的计算被显式地划分成两步进行。这种处理方式的好处是，系统可以对图的整体结构有一个完全的了解，也可以对图进行等价变换，引入更高效的处理方式，从而提升系统的处理速度。但静态图系统将图的构造与实际计算相隔离，这会在一定程度上牺牲易用性。静态图系统为了追求更高的执行效率会对输入的图进行等价变换，而这种变换可能导致原有的一些中间结果不复存在。通常来说，在给定输入时，系统可以确保用户能获取最终的输出结果，但如果希望获取某个中间结果，或者在中间结果的基础上引入额外的处理逻辑则会困难很多。

---

① 在 TensorFlow 的新版本中提供了动态图系统的支持，它还是提供静态图系统的解决方案。

与此相反，动态图系统则并没有将图的构造与计算过程分离。动态图系统的典型代表是 PyTorch。在这个系统中，我们并不需要先描述出整个图结构，随后提供计算数据，而是从一开始就使用计算数据来进行相关的操作。操作会被立即执行，没有图的优化过程。这种设计的好处是显而易见的：模型的构造与调试更加方便。比如，我们可以随时获取当前步骤的执行结果，也可以使用语言内建的分支、循环代码编写方式来组织模型（相比之下，在静态图系统中，我们可能需要为循环或者分支引入专门的操作符）。动态图系统的缺点也很明显：由于深度学习框架缺少对模型的整体认知，因此它很难做出一些深层次的优化。

动态图系统与静态图系统的特点不同，应用场景也有所区别。通常来说，一个深度学习系统会首先由深度学习专家进行搭建，专家在搭建的过程中可能会将更多的精力放在模型的效果上，对模型的速度则要求相对较低。对于此种场景来说，越来越多的人倾向使用动态图系统（因为其便于调试）。模型原型构造完成后需要对外提供服务时，则由系统工程师进行进一步的优化。此时，系统工程师可能会考虑将动态图系统转换为相应的静态图系统表示，从而提升其性能。为了追求模型的极限性能，甚至出现了一些工具——如 TVM、TensorRT 等，对即将上线的系统进行深层次的优化，针对不同的硬件环境进行适配。

有没有办法结合静态图系统与动态图系统二者的优势呢？动态图系统的好处是便于调试，可以方便地获取中间结果。动态图系统为了获得这一优势，对每一步操作都进行了实时求值。但通常来说，一个深度学习系统可能包含了大量的操作，而我们只需要关心其中的少数几步操作的结果。如果能仅仅对我们关心的内容进行求值，对不关心的内容进行深度优化，就可以同时利用静态图系统与动态图系统的优势。

如何实现这一点呢？本书给出的解决方案是使用元编程。通过元编程，我们可以将操作结果表示成一种特殊的结构（称为表达式模板，我们将会在后文中讨论表达式模板）。这种表达式模板并不会进行实际的计算，而是将整个计算过程后移。每一步的操作都将生成对应的表达式模板，我们可以对表示最终结果的表达式模板求值，也可以对表示某个中间结果的表达式模板求值。无论在哪个阶段求值，都可以通过表达式模板的结构对系统进行深入优化——这相当于利用了静态图系统的优势；因为我们可以对表示某个中间结果的表达式模板求值，所以也就获得了动态图系统的好处。

但使用元编程也有弊端：对元编程的深度依赖，使得 MetaNN 难以像主流的深度学习框架那样提供 Python 这样的上层接口。事实上，也并非完全不能提供 Python 调用层供不熟悉 C++的用户使用，但如果提供了这样的调用层，我们就需要对 C++模板元编程所产生的结果进行一次封装，而这种封装会在一定程度上影响程序的优化逻辑，使得元编程的优势丧失。因此，MetaNN 并不会对外提供 Python 调用层。

4.2.3 本书将要讨论的内容

深度学习是一门发展迅速、应用广泛的学科。相应地，一个实际的深度学习框架所包含的内容也是非常多的。典型的深度学习框架应当能处理高维矩阵（主要用于图像、视频等的相关处理）、进行并发训练（以应付训练数据过多的情形）、可以使用 CPU / GPU 等不同的处理器进行模型的训练与预测（以应对不同的应用场景）……

如果希望对这些问题一一讨论，那么无疑将大大增加本书的厚度。另外，本书以深度学习框架为载体，兼顾讨论 C++模板元编程技术，很难对一个深度学习框架中可能涉及的每一方面都进行深入的讨论。深度学习框架非常复杂，我们会将讨论限制在其核心的部分上。虽然在后续的讨论中只包含这个框架中最核心的内容，但 MetaNN 具有足够的扩展性，完全可以包含深度学习框架中应有的功能。因此，如果读者在阅读完本书的内容后意犹未尽，那么完全可以利用在本书中学到的技术对这个框架进行进一步开发，进一步丰富这个框架，使得它能满足具体任务的需要。

整个框架的核心组件自底向上可以划分为 4 个层次：数据、运算、层、求值。在这些组件的基础上可以构建网络，来表示所训练的系统。本书后续的讨论也将围绕这些组件展开。

1. 数据表示

整个框架的核心之一是数据。通常来说，数据被表示为张量[①]（Tensor）的形式，但对于不同的任务，数据的具体形式也有所区别。

比如，对于自然语言处理类型的任务，其处理的基本单位是词。如果用向量来表示词，那么框架所要处理的数据则通常来说是一维的向量。将词连起来可以组成句子。相应地，将表示词的向量排列起来可以组成二维的矩阵。对于每次处理一句话的系统（比如翻译系统），其处理的基本单位就是二维矩阵了。如果希望进一步提升系统的吞吐量，支持多个句子同时处理，此时系统所处理的数据就是三维的张量了。对于自然语言处理的任务来说，通常处理系统支持到三维张量的数据即可。

但对于图像处理来说，框架可能需要支持更高维度的数据——一幅黑白图像可以用一个二维矩阵表示，而对于彩色图像，它的每个点通常都包含 3 个分量（红、绿、蓝）。因此处理彩色图像的系统就需要使用三维的张量来表示一幅图像。如果希望提升系统吞吐量，一次性处理多幅图像，那么需要使用四维的张量来表示图像组。因此处理图像的系统需要引入更高维的张量来表示数据。

在本书中，我们将会讨论不同维度数据的构造。我们的数据将采用模板的形式来组织，并使用元函数进行操作。我们将通过模板展示基础数据的实现方式，以及特殊结构数据的构造方法。

2. 运算

深度学习框架应当支持多种张量运算的方法。比如将两个矩阵点乘（dot），或者对张量中的元素求 Tanh 值等。深度学习的发展日新月异，有很多新的运算被不断地发明出来。相应地，深度学习框架也应当能够支持运算扩展，可以很容易地引入新的运算。

[①] 张量是矩阵的泛化。相比矩阵只能表示二维数据，张量可以表示更高维的数据。

　　MetaNN 将数据运算分成两步进行：运算表达式构造与运算表达式求值。前者用于构造表示运算结果的表达式模板，而后者则是对表达式模板进行实际的运算，求得运算结果。比如，两个矩阵相加的运算会产生一个表达式模板，来表示运算的结果。这个表达式模板可以在随后被求值，以得到最终的结果矩阵，但在求值之前，我们无法通过表达式模板获得结果矩阵中具体元素的值。

　　之所以采用这样的设计，是因为一方面，相比求值来说，构造表示运算结果的表达式模板是很快的；另一方面，将表达式的构造与求值划分开来可以针对求值进行专门的优化，提升系统性能。我们将会用专门的一章来讨论运算与表达式模板的构建。

　　由于运算过程被划分成两步进行，而求值会被单独讨论，因此后文在提及 MetaNN 中的运算时，我们主要是指构造运算表达式模板的过程。

3. 层与自动求导

　　在 MetaNN 中，运算的上面还包含一个抽象概念：层。一些深度学习框架并不会将层作为一种主要的组件。但笔者认为，引入这一概念可以进行更好的抽象，从而提升深度学习框架的易用性。

　　层建立在运算的基础上，提供更高层次的抽象。如前文所述，深度学习系统的模型训练会涉及正向传播与反向传播两个过程。这两个过程都需要引入运算。层的主要工作之一就是将正向传播与反向传播时使用到的运算关联起来，同时将它们的细节进行封装，使得用户不需要关注其具体实现。

　　深度学习模型的训练过程中需要计算梯度，而梯度的计算则涉及求（偏）导数并将计算结果反向传播。可以将深度学习框架所涉及的求导公式大略地分成两类，这也对应到 MetaNN 中两种类型的层。

- 基本层：这些层封装了正向传播与反向传播的代码。其中也包含了反向传播所需要的求导计算的代码——代码并不复杂，可以比较容易地写出、写正确。
- 复合层：由基本层组合而成的层。复合层还可以进一步复合，即由小的复合层与基本层组成更大的复合层。

　　理论上来说，复合层可以调用其子层来实现数据的正向、反向传播。但在数据的反向传播过程中，需要使用链式法则来进行求导。链式法则的概念本身并不复杂，但如果一个复合层涉及的子层过多，则相应地写起来就会比较烦琐，而且容易出错。事实上，我们完全可以根据链式法则的基本原理封装出相应的逻辑，使用它对复合层自动求导。这样，只要确保对链式法则逻辑的封装是正确的，那么可以保证复合层的求导不会出现错误。

　　本书将会用一章的篇幅来着重讨论复合层以及自动求导的实现。

4. 求值与性能优化

　　张量运算是深度学习框架的核心。虽然我们可以很快地构造表达式模板，但归根结底是要对表达式模板求值来获取最终的计算结果。可以说，提升求值速度，或者说实际的计算速度对提升系统的整体性能至关重要。通常说来，深度学习框架会从硬件与软件两个方面来提升张量运算的速度。

在硬件方面，深度学习框架会支持除 CPU 以外的其他计算设备，比如 GPU、FPGA 等，利用这些计算单元独特的性能优势来提速。在软件方面，深度学习框架会考虑调用专门的张量运算库，以及通过合并计算的方式来优化性能。

在本书中，我们只讨论使用 CPU 进行计算，同时不会引入其他的运算库，因为"使用专用的计算设备"以及"使用运算库"进行张量运算超出了本书所讨论的主题。MetaNN会预留扩展接口，以支持 CPU 以外的其他计算设备。同时我们会讨论通过合并计算的方式来优化程序性能——有了这些基础概念之后，引入张量运算库并不复杂。

5. 其他不会涉及的主题

除了上述内容之外，还有一些主题是深度学习框架需要包含但本书不会涉及的。深度学习框架包含了大量的内容，很难通过一本书完整地讨论一个深度学习框架的方方面面。本书选择了深度学习框架中最有代表性的一些组件展开讨论，相应地也会忽略一些主题。这些主题如下。

- 并发训练：如何在大数据量下通过并发的方式提升训练速度。在实现了 MetaNN 的核心逻辑的基础上，对其进行扩展就可以实现多机并发训练。多机并发训练的关键点在于数据传输与网络通信，仅该主题本身就可以写成一本书了。由于这部分的内容相对独立，与本书的其他部分关联性较小，因此就不在本书中进行讨论了。
- 模型参数更新：模型训练过程中需要使用相应的算法对其包含的参数进行更新。这一部分实际上很重要，笔者也曾经考虑增加相关的内容，但由于时间与精力有限，在这一版中没有如愿。希望能够在后续的版本中增加相关的讨论。

4.3 小结

本章概述了深度学习的背景知识，同时对后文将要讨论的深度学习框架（MetaNN）进行了简述。深度学习是一个发展非常迅速的领域，有很多成果。本书并不希望对其中所有的内容进行讨论，而只会描述框架设计的一些核心问题。但 MetaNN 预留了足够的扩展接口，可以方便地进行功能扩充。

接下来，我们将逐步讨论 MetaNN 的设计细节。

第 5 章

类型体系与基本数据类型

数据是整个框架的基石。本章将讨论 MetaNN 中使用的类型体系与基本数据类型。

与其他的深度学习框架类似，MetaNN 使用张量类型体系来表示要处理的数据。张量从概念上可以被视为零到多维的数组，一维张量可以表示向量，二维张量可以表示矩阵，三维甚至更高维的张量则可以表示更加复杂的数据。事实上，MetaNN 还支持构造零维的张量，用来表示标量值。

我们可以使用数组来存储张量中的元素，在此基础上构造表示张量的数据类型，但这仅仅是张量的一种表示方式而已。不同的应用场景所涉及的张量的特点也不尽相同——针对张量的具体特点，采用相应的表示方式，可以减小数据相关操作所需要的空间、降低数据相关操作的时间复杂度，在简化程序编写的同时为后续的框架整体优化提供更多的便利。

张量的引入

在 MetaNN 的早期版本中并没有采用张量的概念，而是引入了向量、矩阵、向量列表……这样的概念：希望通过引入不同的数据类型，来更加明显地区分数据的用途。比如，同样是一维数组，它可以用于表示标量的列表，也可以表示一个向量。如果采用张量的概念，则无法区分二者。通过引入不同的数据结构，我们就可以对这些概念进行显式的区分。由于采用了泛型编程的方法，因此我们也可以比较容易地将这些数据结构混合在一起使用。

随着 MetaNN 的发展，要支持的概念也越来越多，笔者不得不引入更多的模板类来表示"列表""序列"等概念。这些模板类不但使得基础数据类型的体系变得越来越臃肿，同时也会影响上层的操作，以及层等结构的设计，使整个系统变得越来越笨重。引入矩阵、向量等数据结构的初衷是通过它们来明确地表示所操作的数据，从而让用户在使用过程中对要处理的数据有更清晰的认识，方便其使用。但随着数据结构越来越多，系统的复杂性所带来的成本已经高于概念清晰所提供的好处，因此 MetaNN 进行了一次较大的重构，将"列表""序列"等概念统一地替换成张量。

事实上，我们有意将 MetaNN 设计为富类型的：每一种数学上的概念（如矩阵），在

MetaNN 中都可能对应多种表示形式（表示为不同的类或类模板）——每一种都有其独特的作用。同时，MetaNN 也是可扩展的：可以向其中添加同一数学概念的、新的表示形式（新的类型），只要这些类型满足某些基本的要求，即可无缝地与现有的算法对接。

　　MetaNN 并不限制其使用的具体数据类型，但要求数据类型必须满足一定的条件才能被使用。为了能在易用性与高性能之间达到更好的平衡，MetaNN 为它所使用的数据类型引入了一整套的设计理念。数据是整个框架的基础，而设计理念则讨论了数据类型需要满足的（接口）要求以及为什么要这么做。接下来，让我们首先看一下 MetaNN 为其基本数据类型所引入的设计理念，只有对其有了较好的理解，我们才能对 MetaNN 的数据类型有全面而深入的认识。

5.1　设计理念

5.1.1　编译期的职责划分

　　MetaNN 中使用了大量的元编程技术，其基本数据类型也不例外。元编程技术涉及编译期计算，为了使用元编程技术，我们就需要明确编译期与运行期的职责划分，即哪些东西是编译期决定的，哪些东西会推迟到运行期决定。对于基本数据类型来说，编译期需要确定的内容如下。

- 具体的数据类型：MetaNN 是一个元程序库，我们假定在用户使用 MetaNN 编写代码时，要使用的具体数据类型就已经确定了。MetaNN 并不支持数据类型的动态绑定，即我们并不会引入某个基类，让所有的数据类型派生自该基类，并在运行期通过某个数据工厂根据输入信息（如配制文件等）动态地构造出所使用的类型对象。引入基类的方式会限制具体数据类型的灵活性，同时引入额外的运行期成本——与其所能产生的收益（可以在运行期动态构造不同的数据类型）相比得不偿失。
- 数据的维度：MetaNN 会操作各种维度的数据，比如零维的标量、二维的矩阵等。一方面 MetaNN 要求每个类型的维度信息在编译期就被确定，但另一方面，MetaNN 允许数据结构在运行期指定每一维的值。比如，我们不能用同一个类既表示矩阵又表示向量，但可以使用同一个矩阵类在运行期构造如 3×5 的矩阵与 7×10 的矩阵。

5.1.2　使用类型体系管理不同的数据类型

　　MetaNN 是富类型的，其中包含了许多数据类型，同时还允许用户添加新的数据类型。为了能够管理这些数据类型，同时便于扩展，MetaNN 引入了专门的类型体系对这些数据类型进行划分。随着讨论的深入，我们将在后文中看到相对复杂的数据类型。但即使再复杂的数据类型，也可以被归纳到整个类型体系之中。类型体系的设计思想贯穿了 MetaNN 的整个设计，理解类型体系是理解整个代码框架的基石。

事实上，类型体系及其典型的实现可以被视为一种范式，它不仅适用于 MetaNN 本身，也可以被推广到其他泛型系统之中。我们将会在 5.2 节深入讨论 MetaNN 所使用的类型体系。

5.1.3　支持不同的计算设备与计算单元

MetaNN 所包含的很多数据类型都涉及存储空间的相关操作，因此它们也就存在一些共性。

整个框架希望能支持不同的计算设备——虽然本书所关注的是基于 CPU 的计算逻辑，但整个框架应当能够比较容易地进行扩展，支持诸如 GPU 或 FPGA 这样的计算设备。不同计算设备的特性也不相同，比如，GPU 显存的分配方式与 CPU 内存的分配方式就有所差别。框架需要能够在一定程度上隐藏这种设备间的差异，对用户提供相对一致的调用接口。

另外，对于相同的计算设备，参与计算的数据单元也可能有所区别。举例来说，使用 CPU 进行计算时，我们可以选择 float 或者 double 作为数据的存储单元——前者所占空间较小，而后者较为精确。在使用 FPGA 计算时，我们也可以考虑使用浮点数或者定点数作为计算单元，用于在精确度与速度之间引入折中。因此，除了计算设备外，框架还应支持不同的计算单元类型，并提供相对统一的接口与行为。

基于上述考虑，我们的数据类型应能够对不同的计算设备与计算单元进行封装，并提供接口，暴露出相应的信息。为了支持不同的计算设备，同时方便扩展，MetaNN 引入了名字空间 DeviceTags 描述计算设备：

```
1    namespace DeviceTags
2    {
3        struct CPU;
4    };
```

其内部包含了对不同计算设备的声明。目前只有 CPU 这一项，但如果需要，可以向其中添加 GPU、FPGA 这样的设备名称。

支持不同计算设备的数据结构彼此之间不能混用。为了明确描述计算设备与计算单元，MetaNN 中大部分的数据类型都被设计为类模板，接收表示计算单元与计算设备的模板参数。以 Tensor 为例，其模板声明为：

```
1    template <typename TElem, typename TDevice, size_t uDim>
2    class Tensor;
```

其模板参数分别表示了计算单元、计算设备与维度信息。

5.1.4　存储空间的分配与维护

MetaNN 中的某些数据类型会涉及存储空间的维护。典型地，一个 N 行 M 列的矩阵需要开辟并维护大小为 $N \times M$ 的数组来存储它所包含的数据。进一步，不同的设备对存储空间的分配、释放与使用方式也有所区别。我们希望对这种差异进行封装，提供相对统一的接口，进而使上层无须关注存储空间操作的相关细节。

MetaNN 通过 Allocator 与 ContinuousMemory 这两个类模板来维护存储空间。Allocator 类模板包含了存储空间的分配与释放逻辑，ContinuousMemory 类模板则对分配的存储空间进行维护。

1．Allocator 类模板

Allocator 类模板的声明如下：

```
template <typename TDevice>
struct Allocator;
```

它接收一个参数，取值为 DeviceTags 中定义的某个设备类型。通过特化可以引入不同的 Allocator 实例，采用设备相关的逻辑进行存储空间的分配与释放。

这里给出了一个用于分配 CPU 内存的 Allocator 类模板的示例：

```
template <>
struct Allocator<DeviceTags::CPU>
{
  template <typename TElem>
  static std::shared_ptr<TElem> Allocate(size_t p_elemSize) {
      return std::shared_ptr<TElem>
          (new TElem[p_elemSize], [](TElem* ptr) { delete[] ptr; });
  }
};
```

Allocator 类模板的每个特化版本都要包含函数模板 Allocate，它接收要分配的数据类型为模板参数，要分配的元素个数为函数参数，在其内部分配存储空间并将分配结果置于 std::shared_ptr 类型的智能指针中返回。上述特化版本就实现了这样的功能。

从名字上看，Allocate 实现了存储空间分配的功能。但实际上，它还包含了存储空间释放的逻辑：这个逻辑是在 std::shared_ptr 构造函数中赋予的。以上述实现为例，std::shared_ptr 在默认情况下会采用 delete 的方式来释放内存——这适合分配单一元素的情况。但由于我们这里分配的是元素数组，因此需要在构造 std::shared_ptr 时使用其接收两个参数的版本，第二个参数通过 lambda 表达式指定了内存的释放方式：调用 delete[] 释放数组内存。

之所以引入 Allocator 类模板而非直接调用 new 进行内存分配，是因为除了对不同的分配方式[①]进行封装外，我们还可以在其中引入更加复杂的逻辑来实现更高效的内存使用方式。典型地，可以在 Allocator 类模板中建立一个内存池，将当前不再使用的内存保存起来，下次调用 Allocator 类模板时，如果可能，直接从内存池中获取内存进行复用。这样可以减少内存分配与释放所付出的成本。我们需要修改 std::shared_ptr 的第二个参数的逻辑以实现这一目标。

内存池及其相关技术已经超出了本书所讨论的范围，因此这里只给出了一个最简单的实现。有兴趣的读者可以参考 MetaNN 的内部实现，了解如何使用内存池来替换此处的

---

① 比如，我们不能使用 new 来分配 GPU 使用的显存。

delete[]行为。

2. ContinuousMemory 类模板

ContinuousMemory 类模板对 Allocator 类模板分配的内存进行维护。其定义如下：

```
1   template <typename TElem, typename TDevice>
2   class ContinuousMemory {
3       static_assert(std::is_same<RemConstRef<TElem>, TElem>::value);
4       using ElementType = TElem;
5   public:
6       explicit ContinuousMemory(size_t p_size)
7           : m_mem(Allocator<TDevice>::template Allocate<ElementType>(p_size))
8           , m_size(p_size) {}
9
10      ContinuousMemory Shift(size_t pos) const
11      {
12          assert(pos < m_size);
13          return ContinuousMemory
14              (std::shared_ptr<ElementType>(m_mem, m_mem.get() + pos),
15              m_size - pos);
16      }
17
18      auto RawMemory() const { return m_mem.get(); }
19
20      bool IsShared() const {
21          return m_mem.use_count() > 1;
22      }
23
24      size_t Size() const { return m_size; }
25
26      bool operator== (const ContinuousMemory& val) const {
27          return (m_mem == val.m_mem) && (m_size == val.m_size);
28      }
29
30      bool operator!= (const ContinuousMemory& val) const {
31          return !(operator==(val));
32      }
33
34  private:
35      ContinuousMemory(std::shared_ptr<ElementType> ptr, size_t p_size)
36          : m_mem(std::move(ptr))
37          , m_size(p_size)
38      {}
39
40  private:
41      std::shared_ptr<ElementType> m_mem;
42      size_t m_size;
43  };
```

它接收两个模板参数：TElem 表示计算单元的类型；TDevice 表示计算设备类型，其取值范围限定于 DeviceTags 中的声明。

ContinuousMemory 首先确保了计算单元类型中不包含引用与常量限定符——对深度

学习框架来说，如果某个用于计算的张量中的元素是引用或者常量类型，那么这通常来说是没有意义的。ContinuousMemory 通过元函数 RemConstRef 去掉 TElem 中可能出现的引用或常量信息，将元函数的输出类型与 TElem 比较。如果二者相同，那么说明 TElem 中并不包含引用或常量信息，否则会触发静态断言，报告错误。

随后，ContinuousMemory 使用计算单元的类型信息构造了两个数据成员：m_mem 用来维护 Allocator 所构造的智能指针，而 m_size 则记录了数组的大小。ContinuousMemory 提供的构造函数接收元素个数作为参数，这个参数会被传递给 Allocator 来分配内存。分配好的内存与元素个数会被保存在相应的数据域中。

除了构造函数外，ContinuousMemory 还提供了一些常用的接口，举例如下。

- ContinuousMemory::Shift 用于构造一个新对象，新对象只包含原有对象的部分数据。比如，我们可能希望基于一个 3×5 的矩阵构造一个向量，向量包含原有矩阵第 2 行的数据。此时，相应的存储空间就可以通过 ContinuousMemory 对象的 Shift 方法构造出来。我们在 ContinuousMemory 中引入了一个私有构造函数，专门供 ContinuousMemory::Shift 调用。
- RawMemory 与 Size 用于返回对象内部保存的指针与元素个数。
- operator== 与 operator !=用于判断 ContinuousMemory 的两个实例是否相等。如果两个实例指向相同的内存区域，则是相等的。判等操作为求值优化提供了相应的支持，本书的第 10 章将会讨论求值，我们会在那里重新审视判等操作的用途。

除了上述接口外，ContinuousMemory 还提供了一个接口——IsShared。这个接口用于返回底层智能指针的引用计数是否为 1——它看起来似乎没有什么必要：因为通常来说，引用计数只是为了便于底层逻辑判断是否可以进行内存回收时使用，为什么要将其暴露给上层呢？要解释这个问题，就涉及 MetaNN 的另一个设计理念：浅拷贝与写操作检测。与内存维护类似，这个设计理念也会贯穿 MetaNN 的各种数据类型之中。

5.1.5 浅拷贝与写操作检测

浅拷贝与写操作检测也是 MetaNN 的数据类型设计理念之一，二者与"元素级读写"的概念密切相关。本小节会讨论元素级读写的相关问题，并由此引申出浅拷贝与写操作检测的具体含义。

除了标量外，深度学习框架所操作的数据类型——无论是矩阵还是用于批量计算的数据，或者是其他的数据类型——基本上都是数据集合。对于数据集合来说，一种常见的操作就是在 CPU 端访问其中的元素，并进行读写。我们将这种操作称为元素级读写。

1. 无须支持元素级读写的数据类型

张量的核心功能之一是存储计算所需要的数据集合，其中的每个元素似乎应当提供接口来访问。但仔细分析就可以看出，很多情况下的元素级读写都是不必要的。

这首先是一个成本问题。通常来说，数据的读写涉及与 CPU 内存的交互：我们可以从内存中读取数据，也可以将数据写回内存之中。如果要读写的存储空间并非 CPU 的内存（比如供 GPU 操作的矩阵，其数据是保存在 GPU 的显存之中的），那么为了实现元素级读写，就需要进行显存与内存之间的复制。比如从 GPU 中读取数据，就需要首先将数据从供 GPU 读写的显存复制到供 CPU 读写的内存中，之后才能供用户读取。与读写数据本身相比，这种存储空间的复制所需要的成本往往是非常大的。因此，支持这种读写就会为系统引入额外的负担。通常来说，在涉及不同类型的计算设备间的交互时，我们所需要的往往并非对某个元素进行读写，而是对整个数据块进行读写——比如将某个位于内存中的矩阵数据整体复制到显存中，或者进行相反的操作。因此，框架只需提供 CPU 与特定设备的抽象数据类型级别（如矩阵级别）的复制操作，就能实现所需要的功能。这种复制能一次性处理多个数据，可以较好地利用计算设备所提供的带宽，提升复制效率。

其次，某些特殊类型的数据结构也不需要支持元素级读写。典型的数据结构包括全 0 或者全 1 的特殊矩阵。这种矩阵在系统中具有特殊的用途，对其进行写操作没意义，读操作也是平凡的——因为所有的元素都具有相同的值。

2. 元素级写与浅拷贝

即使某种数据类型确实需要支持 CPU 端的元素级读写操作，其读写的地位也并不相同：通常来说，读操作可以在任意时刻进行，但写操作是否支持，则要看操作的时机。

深度学习框架的很多操作都涉及数据的复制，比如，将一个网络组件的输出进行复制，作为另一个网络组件的输入。通常来说，数据类型会在其内部使用数组来存储其元素值。数组的复制是相对比较耗时的，如果每次复制都涉及数据中每个元素的复制，那么整个框架的运行速度就会因此受到很大的影响。为了解决这个问题，MetaNN 使用浅拷贝进行数据复制——对于通常意义上的张量：数据类型的内部会包含 ContinuousMemory 类型的对象，其复制的核心逻辑也是通过对该对象的复制而完成的。ContinuousMemory 使用的是默认的复制方式，本质上是对 std::shared_ptr 这个智能指针的复制。参与复制的目标对象与原对象将指向相同的内存——这样能够极大地提升系统的性能。

但这种设计会带来一个副作用：对某个对象的写操作会影响指向相同内存位置的其他对象。通常来说，这种行为并不是我们所希望的。一种典型的情况是，我们为了保证反向传播可以正确进行，会在网络中保存正向传播的中间结果，但这种中间结果很可能与输入张量共享内存。如果在某次正向传播之后，我们修改了输入张量中的内容（进行了写操作），相应的网络中所保存的中间结果也会被修改，那么后续的计算会出错。对于复杂的网络来说，如果不加以预防，很可能会因为错误的写入而造成整个系统的行为异常。更遗憾的是，这种异常往往追查起来非常困难。为了杜绝这种现象的发生，我们有必要对写操作进行特殊处理：如果当前进行元素级写操作的对象并不与其他对象共享内存，那么操作可以进行；

反之，如果该对象与其他对象共享内存，那么写操作应当被禁止。

std::shared_ptr 智能指针的内部使用了引用计数来实现资源的维护。可以通过其成员函数 use_count 来获取其引用计数，该计数值等于 1 时表示没有其他的 std::shared_ptr 指向相同的内存，此时写入是安全的，不会影响其他对象。这也是为什么我们会在 ContinuousMemory 中引入函数 IsShared——在写操作之前，可以首先调用该函数，通过引用计数判断是否存在内存共享的情况，确保写操作的安全性。

5.1.6　底层接口扩展

对写操作的限制体现了 MetaNN 对系统安全性的考虑。出于同样的目的，MetaNN 还对底层的数据引入了更多的限制，比如，不允许用户通过数组的头指针直接访问保存的数据等。用户只能通过 MetaNN 提供的接口进行有限的数据访问。

但这种有限的接口也限制了系统优化。比如 MetaNN 提供了 Tensor 类模板[1]来描述张量，同时提供了函数进行张量运算。Tensor 类提供了元素级读写接口，但它们只能一次访问一个元素。而实际的张量运算往往需要访问张量中所有的元素（张量级读写），此时使用元素级访问接口就显得不够友好了。

首先，函数调用本身就会产生开销。虽然编译器可以选择将元素级读写函数编译成内联的，但不能保证编译器一定会这样做。如果编译器不将相应的函数内联化，那么试图调用这样的接口以获取整个张量的数据时速度将受到很大影响。

其次，Tensor 模板在元素级读写接口函数中添加了断言来判断传入索引值的合法性：每次调用该接口，相应的断言语句都会被触发。相对而言，在访问整个张量时，我们只需要确保传入的索引范围是合法的，无须针对每个元素进行相应的确认。

更为重要的是，为了提升系统的速度，我们往往需要求诸于第三方库以进行专门的张量运算。比如，在 CPU 环境下，我们可以使用 MKL（Math Kernel Library）库进行加速；在 GPU 环境下，我们则需要利用 CUDA 等库来实现矩阵乘法等操作。这些第三方库提供的对外接口往往要求传入相应的元素数组的指针以及其他的辅助参数，从而实现对整个张量的访问，而 Tensor 类模板并没有相关的接口暴露这些信息。

MetaNN 中的很多数据结构都面临着类似的问题。当然，我们可以为这些数据结构引入更多、更开放的接口，使得它们可以更好地与其他库配合工作。但这并不是我们希望看到的：因为如果提供了这种接口，那么除了第三方库外，框架的用户也可以使用这些接口。事实上，我们并不希望框架的用户使用它们。引入更开放的接口的核心目的是提升计算速度，但与此同时，这些接口也会在一定程度上丧失我们所希望确保的安全性。MetaNN 的用户并不需要关心计算的细节，虽然他们也会读写特定的数据结构，但与整个网络计算过程相比，用户对数据的读写频率还是比较低的。使用较安全的接口虽然对相应操作的速度

---

[1] 我们将会在后文讨论 Tensor 类模板的具体实现。

有所影响，但所影响的只是整个系统处理过程中耗时很少的那一部分。反过来，对框架用户来说，我们更关心如何让他们可以安全地使用框架，降低在使用过程中可能产生的风险。因此，我们希望对最终用户屏蔽这些更高效，也更有风险的接口。

MetaNN 是泛型框架，其所有的代码都包含在头文件中，理论上框架的用户可以看到所有的实现细节。在这样的环境下，想对框架用户屏蔽一些高效但更具风险的接口是很难做到的。但至少我们可以在一定程度上进行屏蔽——通过特殊方式实现张量级的访问。MetaNN 采用一个中间层来实现一定程度上的用户屏蔽：

```
1   template<typename TData>
2   struct LowerAccessImpl;
3
4   template <typename TData>
5   auto LowerAccess(TData&& p)
6   {
7       using RawType = RemConstRef<TData>;
8       return LowerAccessImpl<RawType>(std::forward<TData>(p));
9   }
```

LowerAccess 为底层访问接口，该接口只应被 MetaNN 本身所调用。

LowerAccessImpl 是一个模板，用于暴露一些不希望向框架用户暴露，但希望对 MetaNN 的其他组件暴露的信息。理论上，LowerAccessImpl 可以用于暴露任何类的底层信息：只需为每个希望提供额外访问支持的数据类型给出相应的特化。LowerAccess 是一个函数，用于给定数据，获取相应的底层访问支持类。

我们将在本章讨论具体的数据结构时看到 LowerAccess 的应用。

5.1.7 类型转换与求值

MetaNN 引入了基于标签（tag）的类型体系对其中涉及的数据进行类别划分。每个标签表示一种类别，可能对应一到多种具体的数据类型。给定计算单元与计算设备，在一个标签所对应的全部数据类型中，存在一种最具一般性的数据类型，MetaNN 将其称为主体类型。可以说，同一标签下的任何其他数据类型都是该主体类型的一种特例。比如，Tensor<float, DeviceTags::CPU, 2>是矩阵的主体类型，它使用数组来存储矩阵中每个元素的值。相应地，我们可以构造某种数据类型来表示全 0 的矩阵，但显然，全 0 矩阵也可以用 Tensor<float, DeviceTags::CPU, 2>来表示。

给定类别标签、计算单元与计算设备，相应的主体类型也就被确定了：MetaNN 使用元函数 PrincipalDataType 来得到主体类型[1]。

主体类型通常用于与用户交互。比如，用户可以使用主体类型定义输入张量，并将定

---

[1] PrincipalDataType 的定义会在后续讨论具体数据类型的实现时给出。

义好的输入张量送到深度学习系统中进行计算，获取计算结果。为了读取计算结果张量中每个元素的值，用户也需要将计算结果转换为主体类型。将特定的数据类型转换为主体类型的过程就被称为求值。

求值过程可能会比较复杂。求值本身涉及深度学习框架中的大部分计算操作，这些操作往往是很耗时的，提升求值的速度也就成了提升深度学习系统的计算速度的关键。为了使得系统能够进行更快的求值，我们需要引入一整套机制。正是由于求值的重要性与复杂性，因此需要单独开辟一章来对其进行讨论。本书将会在第 10 章讨论求值。

5.1.8　数据接口规范

MetaNN 使用类别标签来进行类型体系的划分。属于相同类别的不同数据类型之间是一种松散的组织结构，每个数据类型需要提供的接口是通过文档描述的形式给出的。在上述讨论的基础上，本小节将概述不同类别所需要支持的接口。

（1）每个数据类型需要提供 ElementType 与 DeviceType 两个元数据域，表示它所关联的计算单元与计算设备。比如，对于数据类型 A 来说，A::DeviceType 就表示了它所对应的计算设备。

（2）每个数据类型还需要提供元数据域 CategoryTag，表示它所对应的类别。

（3）每个数据类型都需要提供相应的求值逻辑以转换成相应的主体类型。求值逻辑实际上对应了一系列接口，包括一个 EvalRegister 以进行求值注册，以及若干接口来判断对象之间是否相等。我们将会在第 10 章讨论这些接口的使用方法。

（4）每个数据类型都需要提供一个 Shape 接口，来返回它的形状信息。比如，对于一个矩阵来说，我们应该可以通过其 Shape 接口获取矩阵的行数与列数。

（5）对数据类型的其他接口并不强制规定，特别地，不要求其提供接口来进行元素级读写。但如果有必要，需要针对特定的数据类型提供 LowerAccessImpl 来访问其底层数据。

以上我们讨论了 MetaNN 中数据类型的设计理念与接口规范，这些思想将贯穿整个框架。为了支持这些设计理念，MetaNN 为基础数据类型引入了一系列的辅助组件。接下来，让我们对其中一些重要的组件进行详细分析。首先来看一下 MetaNN 的类型体系。

5.2　类型体系

5.2.1　类型体系概述

无论是何种系统，如果我们希望其支持不同的数据类型，同时便于引入新的数据类型而进行扩展，那么需要一套机制对其中的数据类型进行管理。本书将这种管理数据类型的机制称为类型体系。类型体系所要做的最重要的工作之一就是将不同的数据类型进行分组：

每组称为一个类别，表示一个独特的概念及其所对应的若干具体的实现方式。

每种编程方式都可以引入自己的数据类型管理体系。比如，在面向对象的系统中，典型的方式是通过派生进行类别划分——每个类别中的数据类型均直接或间接地派生自某个基类，而这个基类则表示了相应类别所描述的概念。基类通过虚函数的形式定义了该概念所对应的接口，派生类可以选择继承或重写基类中的虚函数，从而提供满足概念要求且适合具体情况的实现方式。

C++支持面向对象，因此可以采用上述方式来定义类型体系。但本书将使用元编程构造深度学习框架，在采用元编程进行开发时，可以引入其他的数据管理方式——比如通过标签来管理数据类型。

标签并非什么新事物。事实上，我们使用的 C++标准模板库（C++STL）中就包含了标签：它使用标签系统来管理迭代器，进而将迭代器划分成若干类别。每一种迭代器类别都要求提供特定的接口与行为，但类别对接口的要求并非通过基类与虚函数的方式显式引入，而是通过文档的方式给出。由于属于相同类别的不同数据类型之间并不存在共同的基类，因此与基于派生的类型体系相比，在基于标签的类型体系中，同类迭代器之间是一种相对松散的组织关系。

与基于派生的类型体系相比，基于标签的类型体系有其天然的性能优势。在基于派生的类型体系中，基类与派生类以虚函数作为纽带，派生类需要继承或修改基类中定义的虚函数来实现自身的逻辑，而使用者则需要调用虚函数来访问接口。虚函数的访问涉及指针，其本身就会引入性能上的损失。摆脱虚函数的限制，可以在一定程度上提升系统的性能。此外，由于没有了虚函数的限制，不同的数据类型在实现接口时会有更大的自由度[①]。

当然，与基于派生的类型体系相比，基于标签的类型体系也有其不便之处。其最大的使用限制还是与编译期计算相关。在基于面向对象的类型体系中，我们可以声明函数接收基类的引用或指针，并为其传入派生类的对象，这是多态的一种典型的实现方式。这种多态是在运行期被处理的，因此也被称为动态多态。但使用基于标签的泛型类型体系时，我们将丧失这种运行期的多态特性，所有的数据类型都会在编译期完成指定，不能在运行期进行灵活调整。正因为如此，是否应当使用基于标签的类型体系也要视具体情况而定。进一步，我们还可以将基于标签的类型体系与基于派生的类型体系进行组合，发挥二者的优势。

在 MetaNN 中，我们将主要使用基于标签的类型体系，并用基于派生的类型体系作为辅助。基于派生的类型体系主要用于程序的运行期，我们会在一些特殊的情况下引入基于派生的动态类型体系 DynamicData 以保存深度学习框架计算的中间结果。本章将会讨论 DynamicData 的实现方法。同时本章还会讨论两种类型体系的融合方法，只有让这两种类型体系协同工作，才有可能取长补短，发挥各自的优势。

---

① 比如，在 C++中，派生类在实现基类的虚函数时，可以对函数的签名进行一些修改，比如修改函数的返回类型。但这种修改的限制还是比较多的，而在基于标签的类型体系中，相应的限制就会少很多。

　　MetaNN 将主要使用基于标签的类型体系来维护它所包含的数据类型。我们需要一个类型体系来表示框架所用到的各种数据类型，每一种数据类型都有其具体的作用。如果使用深度学习框架所构造的网络在编译期就可以明确下来[①]，那么相应地，这个网络中所使用的数据类型也就可以在编译期明确下来。此时，使用基于标签的类型体系将充分体现出其速度快、易扩展的优势。

　　C++STL 使用基于标签的类型体系来管理迭代器的类型，而 MetaNN 借鉴并扩展了相应的技术，使用类似的基于标签的类型体系来管理它所用到的数据。在理解 MetaNN 中的数据类型体系之前，我们需要首先了解一下 C++ 中用于管理迭代器的基于标签的类型体系。

5.2.2　迭代器分类体系

　　使用过 C++ STL 的读者对迭代器一定不会陌生。C++ STL 将迭代器分成若干类别，同时规定了每个迭代器类别需要实现的接口。

- 输入迭代器需要支持递增操作；可以解引用以获取相应的值；可以与另一个输入迭代器进行比较，判断是否相等。
- 随机访问迭代器与输入迭代器相比支持更多的操作。比如，可以加上或减去一个整数以移动迭代器所指向的位置；可以与另一个迭代器比较大小；两个随机访问迭代器还可以相减，计算二者之间的距离等。

　　迭代器的类型虽然千差万别，但将它们划分成若干类别之后，就可以针对特定的迭代器类别来设计或优化算法了。比如，某些算法只支持随机访问迭代器，如果传入输入迭代器，那么算法将无法工作。再如，某些算法在传入随机访问迭代器时，可以选择恰当的方式进行优化，以提升算法速度。

　　C++ 引入了迭代器标签来表示迭代器的类别。比如，input_iterator_tag 用来表示输入迭代器，而 random_access_iterator_tag 则表示随机访问迭代器。同时，C++ 要求为每个迭代器引入特殊的结构 iterator_traits，将迭代器的标签（类别）与具体的迭代器类型之间关联起来。比如：

```
template<typename T>
struct iterator_traits<const T*>
{
    typedef random_access_iterator    iterator_category;
    // ...
};
```

表明任意的指针类型都可以被视为随机访问迭代器。

　　常规的 C++开发会更多地涉及迭代器本身的操作，而并不会直接涉及迭代器的分类标

---

① 这也是本书写作的一个前提。

签。但实际上，正是因为迭代器分类标签的存在，算法才有优化的可能。以 std::distance 算法为例[①]：

```
1    template<typename _InputIterator>
2    inline auto __distance(_InputIterator b, _InputIterator e,
3                           input_iterator_tag)
4    {
5        typename iterator_traits<_InputIterator>::difference_type n = 0;
6
7        while (b != e) {
8          ++b; ++n;
9        }
10
11       return n;
12   }
13
14   template<typename _RandomAccessIterator>
15   inline auto __distance(_RandomAccessIterator b,
16                          _RandomAccessIterator e,
17                          random_access_iterator_tag)
18
19   {
20       return e - b;
21   }
22
23   template<typename _Iterator>
24   inline auto distance(_Iterator b, _Iterator e)
25   {
26       return __distance(b, e, __iterator_category(b));
27   }
```

distance 用于计算两个迭代器之间的距离，其实现是一个典型的编译期分支结构。distance 会调用__iterator_category(b)来构造表示迭代器所属类别的变量，之后编译器会使用这个变量选择两个__distance 中的一个执行：对于输入迭代器，只能采用逐步递增的方式计算两个迭代器之间的距离，其时间复杂度是 $O(n)$；对于随机访问迭代器，则可以直接将两个迭代器相减，计算二者的距离，其时间复杂度是 $O(1)$。

从上述代码中，我们可以很清楚地看到类型与类别之间的差异。迭代器可能具有各种各样的类型，但每个类型都属于某一个特定的类别，比如 int*是一个迭代器的类型，而该迭代器所属的类别则是随机访问迭代器（random_access_iterator）。二者之间的关系是通过 iterator_traits 建立起来的。

5.2.3 将标签作为模板参数

再次考虑上面的代码：__distance 的实现中包含了 3 个函数参数，其中第 3 个参数表示

[①] 注意，C++标准只规定了算法应当具有的行为，而并没有指出算法的实现细节。这里给出的只是一种可能的实现，同时进行了简化，去掉了与讨论无关的细节。

迭代器的类别，编译器使用它进行函数的重载选择，但在 __distance 的具体实现中，这个参数所对应的对象则不会被用到。因此无须为其指定相应的参数名称。

事实上，除了将标签作为函数参数之外，还可以将其作为模板参数。下面的代码为 distance 的改写，其使用模板参数来传递标签信息：

```
1    template<typename TIterTag, typename _InputIterator,
2            enable_if_t<is_same_v<TIterTag,
3                               input_iterator_tag>>* = nullptr>
4    inline auto __distance(_InputIterator b, _InputIterator e)
5    {
6        typename iterator_traits<_InputIterator>::difference_type n = 0;
7
8        while (b != e) {
9          ++b; ++n;
10       }
11
12       return n;
13   }
14
15   template <typename TIterTag, typename _RandomAccessIterator,
16            enable_if_t<is_same_v<TIterTag,
17                               random_access_iterator_tag>>*
18                               = nullptr>
19   inline auto __distance(_RandomAccessIterator b,
20                       _RandomAccessIterator e)
21
22   {
23       return e - b;
24   }
25
26   template<typename _Iterator>
27   inline auto distance(_Iterator b, _Iterator e)
28   {
29       using TagType
30          = typename iterator_traits<_Iterator>::iterator_category;
31       return __distance<TagType>(b, e);
32   }
```

像 STL 那样使用函数参数来传递标签信息，就意味着我们需要为函数指定一个额外的、不会被使用到的参数，这会在一定程度上影响我们对函数的理解。同时，这可能意味着我们要构造并传递一个根本不会被用到的额外的标签对象。虽然很多编译器可以将这个标签对象的构造与传递过程进行优化，但编译器同样可以选择不进行这项优化。如果是这样，就意味着我们需要为此付出相应的运行期的成本。反过来，使用模板参数传递标签信息则不会付出任何额外的运行期成本。MetaNN 会为它所使用的数据类型赋予相应的类别标签，并在运算中使用与上述代码类似的方式在模板参数中传递标签信息。

在简单了解了迭代器类别标签的工作原理后，我们将深入讨论 MetaNN 所使用的类型体系与具体的类别标签。

5.2.4 MetaNN 的类型体系

作为一个通用的深度学习框架，MetaNN 应该能处理标量、向量、矩阵、张量等多种类型的数据。我们为每一种数据类型都引入了相应的标签。这些标签被放到一个名字空间中统一管理：

```
1   namespace CategoryTags
2   {
3       struct OutOfCategory;
4
5       template <size_t uDim>
6       struct Tensor {
7           constexpr static size_t DimNum = uDim;
8       };
9
10      using Scalar = Tensor<0>;
11      using Vector = Tensor<1>;
12      using Matrix = Tensor<2>;
13  }
```

这个名字空间中最重要的定义就是第 5～8 行的 Tensor 类模板[1]。Tensor 类模板接收一个参数，表示数据的维度。MetaNN 中能处理的大部分数据类型都是使用该类模板进行归类的。比如，一个矩阵的类型的标签为 CategoryTags::Tensor<2>。为了便于使用，我们在第 10～12 行引入了 Scalar、Vector 与 Matrix，分别对应了零维、一维与二维的标签。CategoryTags::Tensor<X>可以被视为一个元对象，其中包含了一个元数据域 DimNum，用于返回相应的维度信息。

最后，为了便于数据区分，我们还引入了 OutOfCategory 标签，来表示 MetaNN 中没有归类的数据类型。像 vector、int 这样的数据类型，都会被归纳到这一类别之中。

关于这个基于标签的类型体系，有一点需要说明：MetaNN 的标签之间不存在层次关系——这一点与迭代器的标签体系不同。STL 迭代器的基于标签的类型体系展现了一种层次性：比如一个随机访问迭代器也是一个输入迭代器，这种层次性是通过在迭代器的标签类之间引入派生来显式描述的。但在 MetaNN 所引入的类型体系中，标签之间在概念上的隶属关系则并不明显，我们会对每一类标签单独处理。这也就意味着：在调用一个函数时，一定要确保传入参数的类别与函数要求的类别精确匹配，否则会出现错误[2]。

在引入了上述类别标签后，MetaNN 引入了辅助元函数 IsValidCategoryTag：

```
1   template <typename T>
2   constexpr bool IsValidCategoryTag = false;
3
4   template <size_t uDim>
5   constexpr bool IsValidCategoryTag<CategoryTags::Tensor<uDim>> = true;
```

---

[1] 注意，在 MetaNN 中，我们在两个地方使用了 Tensor 这个名字：它既用于表示类别标签，也用于表示一种具体的数据类模板。用于表示类别标签的 Tensor 属于 MetaNN::CategoryTags 名字空间，而用于表示具体数据类模板的 Tensor 则属于 MetaNN 名字空间。

[2] 对比一下，在 STL 的迭代器的基于标签的类型体系中，如果函数指定接收输入迭代器为参数，我们也可以传入随机访问迭代器的对象。

如果以 CategoryTags::Tensor 类模板作为该元函数的输入，这个元函数将返回 true，表示相应的类别是有效的；反之，如果以 CategoryTags::OutOfCategory 作为该元函数的输入，这个元函数将返回 false，表示相应的类别是无效的。

5.2.5 类别标签与数据类型的关联

在定义了表示类别的标签之后，接下来要做的就是将它们与具体的数据类型关联起来——只有这样，类别标签才能发挥它的实际作用。

通常来说，MetaNN 会在定义的数据结构中引入一个 CategoryTag 元数据域，来表示其所属的类别。考虑如下的代码：

```
1   template <typename TElem, typename TDevice, size_t uDim>
2   class Tensor
3   {
4   public:
5       using CategoryTag = CategoryTags::Tensor<uDim>;
6       ...
7   };
```

这里定义了一个 Tensor 类模板，并通过第 5 行表明该类模板实例的类别标签是 CategoryTags:: Tensor<uDim>[1]。通过这种方式，通常来说，在给定一个数据类型 X 时，我们可以通过访问其元数据域 X::CategoryTag 来获取该数据类型所对应的类别。

但显然，这种方式并非对所有的数据类型都是有效的。比如，对于内建数据类型（如 int），或者并没有引入上述标签的数据类型（如 vector），这种调用显然是非法的。我们还需要提供一种统一的方式来获取不同数据类型的类别标签——无论该数据类型是否位于 MetaNN 的类型体系中，都是如此。而这就要借助元函数来实现了。

早期的 MetaNN 类型体系

早期的 MetaNN 类型体系只支持标量、矩阵、标量列表、矩阵列表等数据类型。相应地，我们为每个数据类型定义了具体的类型体系，如下：

```
1   struct CategoryTags
2   {
3       struct Scalar;          // 标量
4       struct Matrix;          // 矩阵
5       struct BatchScalar;     // 标量列表
6       struct BatchMatrix;     // 矩阵列表
7   };
```

---

[1] 注意，这里定义的 Tensor 与 CategoryTags::Tensor 属于不同的名字空间，前者表示具体的数据类型，而后者表示类别标签。

这种类型体系有两个问题。首先，如果要添加新的类别标签，则需要在 CategoryTags 结构体中引入新的定义，为了支持越来越多的类别，CategoryTags 结构体中的定义也就越来越多，当项目变大时将难以维护。其次，我们的目的只是将这些标签放在一个域中，使得它们不会与其他名称产生冲突。解决这个问题的较好的方式是使用名字空间，而非像之前那样放到一个结构体中（结构体可能会引入额外的成本，比如编译器要维护其构造函数、析构函数等信息）。新的基于标签的类型体系针对这一点进行了修改。

但早期的类型体系也有其优势，就是可以更明确地区分数据的类型。比如，采用早期的类型体系，我们可以很容易地区分标量列表与向量这两个概念——它们可能会被应用于不同的场合。采用新的类型体系，我们很难区分二者——它们都可以被视为 1 维数组。换句话说，在新的类型体系下，我们就不区分标量列表与向量了。这是一种设计上的改变，这种改变也会影响到框架的其他部分。

5.2.6　与类型体系相关的元函数

1. DataCategory 元函数

给定任意的一个数据类型，DataCategory 可以返回该数据类型所对应的类别。如果该数据类型没有对应任何类别，那么返回 CategoryTags::OutOfCategory。DataCategory 的实现代码如下：

```cpp
template <typename T>
struct DataCategory_
{
    template <typename R>
    static typename R::CategoryTag Test(typename R::CategoryTag*);

    template <typename R>
    static CategoryTags::OutOfCategory Test(...);

    using type = decltype(Test<RemConstRef<T>>(nullptr));
};

template <typename T>
using DataCategory = typename DataCategory_<T>::type;
```

这里通过一个编译期分支来获取数据类型对应的标签。与我们在第 1 章讨论的编译期分支不同，这里的编译期分支是根据类中是否存在 CategoryTag 这个元数据域而引入的分支。

DataCategory 实际上是 DataCategory_ 的封装，而代码的核心逻辑在 DataCategory_ 中。代码的第 10 行计算了 DataCategory_::type，也即 DataCategory_::Test 的返回类型。DataCategory_::Test 有两个重载版本，第一个版本接收 R::CategoryTag 类型的指针为参数，而第二个版本以省略号为参数，表明可以接收任意数据类型的对象。如果 R 中有 CategoryTag 类型的声明，那么第 10 行的调用将匹配 Test 的第一个重载版本——这个版本的函数返回类型就是 R::CategoryTag，这样第 10 行的 type 将被赋值为输入类型所对应的类别标签。反之，如果 R 中不存在 CategoryTag 的定义，那么第 10 行的调用将匹配 Test 的第二个重载版本，这将导致 type 被赋值为 CategoryTags::OutOfCategory。

最后要说明的一点是：第 10 行中还通过 RemConstRef 去除了输入参数的常量、引用限定符。这样，DataCategory<X>与 DataCategory<const X>的值是相同的，这也符合我们的直觉。

2. IsTensorWithDim 元函数

在 DataCategory 的基础上，MetaNN 又定义了 IsTensorWithDim 等元函数，如下：

```
1    template <typename T, size_t uDim>
2    constexpr bool IsTensorWithDim
3        = std::is_same_v<DataCategory<T>, CategoryTags::Tensor<uDim>>;
4
5    template <typename T>
6    constexpr bool IsScalar = IsTensorWithDim<T, 0>;
7
8    template <typename T>
9    constexpr bool IsVector = IsTensorWithDim<T, 1>;
10
11   template <typename T>
12   constexpr bool IsMatrix = IsTensorWithDim<T, 2>;
13
14   template <typename T>
15   constexpr bool IsThreeDArray = IsTensorWithDim<T, 3>;
```

IsTensorWithDim 输入类型 T 与维度值 uDim，返回一个 bool 值，表示 T 是否属于 CategoryTags::Tensor<uDim> 这一类别。此外，我们还定义了 IsScalar 等元函数——它们相当于 IsTensorWithDim 的简写，用于判断某个类型是否属于标量、向量、矩阵等类别。

可以看出，这些元函数的操作都可以追溯到类型中的 CategoryTag 元数据域声明。如果我们定义了某个类 X，但没有引入该声明，那么 DataCategory<X>将返回 CategoryTags::OutOfCategory，而所有的 IsXXX 元函数也会返回 false。反之，一旦我们在类中引入了 CategoryTag 元数据域声明，那么 DataCategory 与 IsXXX 的值都会产生相应的改变。

这些元函数虽然返回值不同，但本质上是从不同的角度来阐述相同的内容（类型所属的标签），而类的 CategoryTag 元数据域声明本质上定义了这个标签。因此修改这个声明会导致一系列元函数行为的相应调整，这一点是符合我们的预期的。

类型体系相关元函数的演化

在早期的 MetaNN 设计中，类的标签并不是通过其 CategoryTag 声明的。要为某个类关联相应的标签，我们需要使用该类特化某个特定的元函数。比如，早期的 MetaNN 定义了 IsMatrix 元函数，并让相应的基本模板返回 false。这样，如果我们定义了一个具体的数据类型 A，并希望将其关联到矩阵类型，那么需要引入如下的特化：

```
1    template <>
2    constexpr bool IsMatrix<A> = true;
```

　　而 DataCategory 则是基于 IsXXX 这样的元函数实现的（这一点与现有的设计正好相反，当前 IsXXX 元函数是依据 DataCategory 实现的）：

```
template <typename T>
struct DataCategory_
{
private:
    template <bool isScalar, bool isMatrix, bool isBatchScalar,
              bool isBatchMatrix, typename TDummy = void>
    struct helper;

    template <typename TDummy>
    struct helper<true, false, false, false, TDummy> {
        using type = CategoryTags::Scalar;
    };

    template <typename TDummy>
    struct helper<false, true, false, false, TDummy> {...};

    template <typename TDummy>
    struct helper<false, false, true, false, TDummy> {...};

    template <typename TDummy>
    struct helper<false, false, false, true, TDummy> {...};
public:
    using type = typename helper<IsScalar<T>, IsMatrix<T>,
                                 IsBatchScalar<T>,
                                 IsBatchMatrix<T>>::type;
};

template <typename T>
using DataCategory = typename DataCategory_<T>::type;
```

　　这种设计有一些不足之处。首先，我们并没有为类引入相应的元数据域，而是通过 IsXXX 元函数的方式将类型与标签相关联。但事实上，类的标签是其基本信息之一，以元数据域的形式放到其内部更能体现类与其标签的耦合性。其次，可以看到 DataCategory_ 的实现是比较复杂的。原始的系统中只包含 4 类标签，如果我们希望增加标签的种类，就要对 DataCategory_ 中的每个辅助函数都进行相应的修改（添加模板参数、引入新的特化版本等）。新的类型元函数则避免了这种不必要的修改。

5.3　Shape 类与形状信息

　　在 5.1.8 小节中，我们提到了 MetaNN 的数据类型需要提供 Shape 接口来返回相应的形状信息。在 MetaNN 中，这个形状信息用一个同样名为 Shape 的类模板来表示[①]。比如，假

[①] 注意，与 Tensor 类似，MetaNN 中同样为 Shape 引入了多重含义：它既是一个接口名，也是一个模板名。对象的 Shape 接口将返回相应的 Shape 类模板，包含了形状信息。

定 x 是一个矩阵类的实例，那么对于以下的调用：

```
1  auto res = x.Shape();
```

res 实际上是一个 Shape<2>类型的对象，其中包含了矩阵的行数与列数。

5.3.1　模板定义与基本操作

Shape 类模板的主要定义如下：

```
1   template <size_t uDimNum>
2   class Shape {
3   public:
4     constexpr static size_t DimNum = uDimNum;
5     explicit Shape() = default;
6     template <typename... TIntTypes,
7               enable_if_t<(is_convertible_v<TIntTypes, size_t> && ...)>*
8                     = nullptr>
9     explicit Shape(TIntTypes... shapes);
10
11    template <typename... TIntTypes,
12              enable_if_t<(is_convertible_v<TIntTypes, size_t> && ...)>*
13                    = nullptr>
14    size_t IndexToOffset(TIntTypes... indexes) const;
15    size_t IndexToOffset(const array<size_t, DimNum>& indexes) const;
16
17    std::array<size_t, DimNum> OffsetToIndex(size_t offset) const;
18
19    void ShiftIndex(array<size_t, DimNum>& indexes, int carry = 1) const;
20
21    size_t Count() const;
22    size_t& operator[] (size_t idx);
23    decltype(auto) begin();
24    decltype(auto) end();
25    decltype(auto) rbegin();
26    decltype(auto) rend();
27
28    bool operator == (const Shape& val) const;
29    template <size_t vDimNum>
30    bool operator == (const Shape<vDimNum>&) const;
31  private:
32    array<size_t, uDimNum> m_dims{};
33  };
```

其内部保存了一个 std::array 类型的数组 m_dims (第 32 行)，数组的维数即 Shape 的模板参数。这个模板参数也表示了 Shape 所对应数据的维度值，比如对于矩阵来说，这个值为 2。

　　m_dims 中保存了每一维的长度。Shape 提供了一个构造函数（第 6～9 行）来设置每一维的长度信息。这个构造函数是一个模板，接收可变长度模板参数 TIntTypes，函数声明

的第 7～8 行限定了 TIntTypes 中的每个元素都可以转换成 size_t 类型[①]。基于这个模板构造
函数，我们就可以使用如下的方式来构造 Shape：

```
1 │ Shape<2> s(3, 5);
```

这将构造一个维度为 2 的 Shape 对象，其中保存的长度信息分别为 3 与 5。

Shape 提供了若干接口从不同角度获取其中的值。比如我们可以通过 operator[]来获取
某一维中记录的长度；也可以通过 Count 获取整个 Shape 中元素的个数（每一维中长度相
乘的结果）；还可以通过 begin、end、rbegin、rend 从前到后或者从后到前遍历每一维的长
度值。

此外，Shape 还提供了 operator==方法，来判断两个 Shape 对象是否相等。两个 Shape
相等当且仅当它们的 m_dims 相等，也即它们的维度相同，同时每一维的长度相同。Shape
还提供了 operator==的另一个版本，用于支持维度不同的两个 Shape 进行比较——这个操
作只是简单地返回 false。

基于这两个 operator==方法，MetaNN 提供了 operator !=函数模板，用来判断两个 Shape
是否不相等：

```
1 │ template <size_t v1, size_t v2>
2 │ bool operator != (const Shape<v1> val1, const Shape<v2> val2)
3 │ {
4 │     return !(val1 == val2);
5 │ }
```

这样，无论两个 Shape 对象的维度是否相同，我们都可以判断它们是否相等或是否不相等。

5.3.2 索引与偏移量的变换

如果仅仅提供查询与判等的功能，那么 Shape 与 array 并没有本质的区别。我们之所以
在 array 上又封装了一层 Shape，就是要支持更多的功能，比如索引与偏移量的变换。

可以将每个 Shape 对象视为一个多维数组。在此基础上，给定每个维度的索引，就能
确定出一个元素。而所谓偏移量，则是指两个元素的相对距离。Shape 可以接收单一的索
引，并计算该索引对应的元素与数组开头元素的相对距离。比如，假定某个 Shape 对象中
存储的数值为 (3, 5)，那么给定索引(2, 4)时对应的偏移量就是 $2 \times 5 + 4 = 14$。偏移量与索引
是一一对应的，Shape 提供了 IndexToOffset 与 OffsetToIndex 在偏移量与索引之间的变换。

这里将重点讨论 IndexToOffset 的一个实现。这个接口的声明是：

```
1 │ template <typename... TIntTypes,
2 │           enable_if_t<(is_convertible_v<TIntTypes, size_t> && ...)>*
3 │                       = nullptr>
4 │ size_t IndexToOffset(TIntTypes... indexes) const;
```

---

① is_convertible_v 是 C++的 type_traits 中的一个元函数，它接收两个参数，如果第一个参数可以转换为第二个参数，则返回 true。

它接收一个整数序列，将其作为索引计算相应的偏移量。考虑如果用数学的方法，要如何计算这个偏移量。假定 Shape 中保存的数值为 $a_1,a_2,...,a_n$，传入的索引是 $i_1,i_2,...,i_n$。此时偏移量的计算公式就是：

$$i_1 \times (a_2 \times ... \times a_n) + i_2 \times (a_3 \times ... \times a_n) + ... + i_{n-1} \times a_n + i_n$$

如果只是简单地按照上述公式中描述的顺序来计算，那么我们需要获取首个索引，同时计算出 $a_2 \times ... \times a_n$，将二者相乘得到结果的第一个部分；接下来获取第二个索引，并将其乘 $a_3 \times ... \times a_n$ 来得到结果的第二个部分……这种计算方法要引入大量的乘法，效率较低。

一种改进的方法是从后向前计算，同时引入一个变量来维护部分维度值相乘的结果，如下：

（1）初始情况下：$x = 0, \text{gap} = 1$。

（2）迭代一步：$x = x + i_n \times \text{gap}, \text{gap} = \text{gap} \times a_n$。

（3）再次迭代时：$x = x + i_{n-1} \times \text{gap}, \text{gap} = \text{gap} \times a_{n-1}$。

（4）……

这样，当整个迭代完成后，x 中的值就是偏移量了。

这种方法可以减少乘法的次数，提升效率。但有一个问题，我们的函数参数是一个可变长度模板，对于这种模板，我们可以比较容易地从前向后获取元素，而按照上面的分析，我们需要从后向前获取元素——这一点并非可变长度模板所擅长的。为了解决这个问题，我们需要引入一个相对特殊的迭代逻辑。让我们看一下这个接口的实现：

```
1   template <size_t uDimNum>
2   class Shape {
    public:
3     template <typename... TIntTypes,
4               enable_if_t<(is_convertible_v<TIntTypes, size_t> && ...)>*
5                       = nullptr>
6     size_t IndexToOffset(TIntTypes... indexes) const
7     {
8       size_t gap = 1;
9       return NSShape::IndexToOffset(m_dims, gap, indexes...);
10    }
11    ...
12  };
```

这个接口将计算委托给 NSShape 名字空间中的同名函数实现。NSShape::IndexToOffset 定义如下：

```
1   template <size_t uDimNum,
2             typename TCurIndexType, typename... TRemainIndexType>
3   size_t IndexToOffset(const array<size_t, uDimNum>& dims,
4                        size_t& gap, TCurIndexType curIdx,
5                        TRemainIndexType... remIdx) {
6     constexpr size_t indexPos
7       = uDimNum - sizeof...(TRemainIndexType) - 1;
8
```

```
9       if constexpr (sizeof...(TRemainIndexType) == 0) {
10          return static_cast<size_t>(curIdx);
11      }
12      else {
13          size_t curGap = 1;
14          size_t res = IndexToOffset(dims, curGap, remIdx...);
15          gap = curGap * dims[indexPos + 1];
16          res += static_cast<size_t>(curIdx) * gap;
17          return res;
18      }
19  }
```

这里使用 if constexpr 引入分支，进而构成了一个循环结构。循环的主体是第 13～17 行，这部分的代码首先使用去除了当前索引的索引序列为参数，调用 IndexToOffset 函数，获取在不考虑当前索引的情况下的偏移量。之后，按照前文所给出的迭代方法计算出在考虑当前索引的情况下的偏移量并返回。而代码的第 10 行则终止了相应的迭代：在处理到最后一个索引时，只需返回当前索引。

这个结构本质上也是一种循环，但与我们在之前看到的循环方法不同，作为终止循环的第 10 行会被最先执行，之后作为循环主体的第 13～17 行会被调用多次。之所以这样设计，就是因为对于可变长度模板来说，从后向前获取元素相对困难。在函数式编程中，传统的"先处理当前元素，再处理后续元素"的方法被称为"尾递归"，而像本例这样先处理后续元素，再返回处理当前元素的方法则属于一般意义上的递归。通常来说，尾递归更容易书写与优化，但遇到像本例这样的情形时，我们也可以考虑使用一般意义的递归算法。

除了索引与偏移量之间的变换外，Shape 还提供了 ShiftIndex 接口用于将索引与偏移量相加，计算新的索引。比如，如果 Shape 中保存的维度信息是(3, 5)，当前的索引为(1, 4)，那么在该索引的基础上加上一个偏移量 1 则会产生新的索引(2, 0)。

5.3.3　维度为 0 时的特化

Shape<0>用来表示标量的形状信息。一个标量对象只对应一个元素，相应的 Shape<0> 的定义也会简化很多。比如，它并不需要提供 operator[]接口来获取某一维的长度，也不需要提供 begin、end 这样的接口来支持维度信息的遍历。它同样不需要提供接口支持索引与偏移量的变换。

我们为 Shape<0>引入了专门的特化，去除了其中不需要支持的函数，简化了其接口。

5.3.4　Shape 的模板推导

在定义了 Shape 后，我们可以用如下的方式来构造相应的对象：

```
1   auto x = Shape<2>(2, 3);
```

但显然，这还不够简化。由于我们在构造 Shape 对象时传入了两个参数，因此其维度就是 2，那么语句中的<2>显得多此一举了。为了进一步简化其使用方式，我们利用 C++17 提供的模板推导特性，引入了如下的声明：

```
1   template <typename... TParameter,
2            enable_if_t<(is_convertible_v<TParameter, size_t> && ...)>*
3                      = nullptr>
4   explicit Shape(TParameter...) -> Shape<sizeof...(TParameter)>;
```

在此基础上，我们可以修改之前的对象定义，如下：

```
1   auto x = Shape(2, 3);
```

这样编译器就会根据输入参数的个数，自动推导出 x 的类型为 Shape<2>。

5.4 Tensor 类模板

在讨论了基础数据类型的设计原则、类型体系与 Shape 类模板后，让我们看一下 MetaNN 所引入的最基本的数据类型：Tensor。

5.4.1 模板定义

Tensor 类模板与其包含的数据域声明如下：

```
1   template <typename TElem, typename TDevice, size_t uDim>
2   class Tensor
3   {
4       static_assert(is_same_v<RemConstRef<TElem>, TElem>);
5       ...
6   private:
7       MetaNN::Shape<uDim> m_shape;
8       ContinuousMemory<TElem, TDevice> m_mem;
9   };
```

这个类模板接收 3 个模板参数，分别表示计算单元、计算设备与维度值。在其内部，这个类模板使用模板参数构造了两个数据域：m_shape 记录了形状相关的信息；m_mem 则可以被视为一个连续的存储空间，保存了 Tensor 中的数据元素。

这里有一点需要说明：我们并没有对 Tensor 能够存储的计算单元 TElem 引入过多的限制。但通常来说，我们并不希望计算单元是常量或者引用类型。在代码的第 4 行，我们引入了一个 static_assert 来确保这一点。static_assert 接收一个编译期的 bool 值，如果该值为 false，则触发编译错误。在这里，我们使用 RemConstRef 元函数尝试去掉 TElem 中的引用与常量限定符（如果有），并将去掉后的结果与 TElem 相比较。如果 TElem 中包含了引用或者常量限定符，那么参与比较的二者就不相同，此时 is_same_v 将返回 false，这将触发相应的编译错误。而这也就能在一定程度上防止 Tensor 的误用。

　　Tensor 类模板提供了若干对外的接口，这些接口可以按照其功能划分成若干组成部分。接下来，让我们依次介绍每一部分，了解其相应的功能。

1. 元数据域

Tensor 类模板声明了如下元数据域：

```
1   template <typename TElem, typename TDevice, size_t uDim>
2   class Tensor
3   {
4       ...
5   public:
6       using CategoryTag = CategoryTags::Tensor<uDim>;
7       using ElementType = TElem;
8       using DeviceType = TDevice;
9   };
```

　　正如 5.1.8 小节讨论的那样，一个规范的 MetaNN 基础数据需要提供 3 个元数据域：ElementType 表示计算单元，DeviceType 表示计算设备，而 CategoryTag 表示数据的类别标签。对于 Tensor 类模板来说，这 3 个元数据域都可以基于其模板参数构造出来。

　　注意，第 6 行的声明使用了 CategoryTags::Tensor<uDim> 类模板。它虽然也叫 Tensor，但它是包含在 CategoryTags 名字空间中的，用作类型标签，与第 1 行的 Tensor 是两个名字相同，但含义不同的类模板。

2. 构造函数

Tensor 类模板提供了两个构造函数：

```
1   template <typename TElem, typename TDevice, size_t uDim>
2   class Tensor
3   {
4       ...
5   public:
6       template <typename... TShapeParameter>
7       explicit Tensor(TShapeParameter... shapes)
8           : m_shape(shapes...)
9           , m_mem(m_shape.Count()) {}
10
11      explicit Tensor(ContinuousMemory<ElementType, DeviceType> p_mem,
12                      MetaNN::Shape<uDim> p_shape)
13          : m_shape(std::move(p_shape))
14          , m_mem(std::move(p_mem)){}
15  };
```

　　其中的第一个构造函数接收一系列的整数值，该构造函数使用这些值初始化 Tensor 的形状信息，并分配相应的内存空间。第二个构造函数则接收一段已经分配好的内存以及相应的形状信息，使用它们初始化 Tensor 中的数据域。

这两个构造函数的使用场景有所区别。通常来说，用户只需要使用第一个构造函数来构造 Tensor，第二个构造函数则用于构造某个 Tensor 的子 Tensor。比如，可以构造一个二维 Tensor（矩阵）的子 Tensor，子 Tensor 是一个一维向量，只包含原始矩阵某一行的内容。

Tensor 提供了相应的接口来构造子 Tensor，我们接下来会看到相应的调用方式。

3．元素的读写

Tensor 类模板中与元素读写相关的接口如下：

```
1    template <typename TElem, typename TDevice, size_t uDim>
2    class Tensor
3    {
4        ...
5    public:
6        bool AvailableForWrite() const {
7            return !m_mem.IsShared();
8        }
9
10       template <typename... TPosValParams>
11       void SetValue(TPosValParams... posValParams);
12
13       template <typename... TPosParams>
14       ElementType operator()(TPosParams... posParams) const;
15   };
```

其中的 operator()用于读取元素，它传入一系列索引值，返回该索引值所对应的位置的元素值。

正如 5.1.5 小节讨论的那样，MetaNN 中的数据类型对读写的支持程度是不同的。Tensor 类模板支持元素的写操作，但我们并没有将 operator()作为写操作的接口，而是提供了一个全新的函数 SetValue 来支持写操作。如前文所述，如果当前对象没有与其他 Tensor 共享内存，那么是可写的。SetValue 在其内部会调用 AvailableForWrite 对当前是否可写进行断言。AvailableForWrite 通过调用 ContinuousMemory::IsShared 接口来判断是否存在内存共享的情况。

还有一点需要说明的是，SetValue 传入的参数包含一系列索引值，以及要设置的元素值。比如，对一个三维的 Tensor 来说，我们可以按照如下的方式来设置其元素值：

```
1    Tensor<float, CPU, 3> x(...);
2    x.SetValue(0, 1, 2, 1.3f);
```

在设置元素值时，第一种调用方式是首先指定索引位置，并在最后一个参数中给出要设置的元素值。第二种调用方式是首先给出要设置的元素值，随后给出元素值的索引位置。相比而言，第一种调用方式更符合通常的使用习惯。但第一种调用方式处理起来相对麻烦一些。因为指定索引位置的参数需要使用可变长度模板参数给出，而 C++ 规定，可变长度模板参数只能是函数的最后一个参数。因此我们不能按照如下的方式来声明函数：

```
1    template <typename... TPosParams, typename TVal>
2    void SetValue(TPosParams... PosParams, TVal val);  // ERROR!
```

这是错误的，因为 val 声明位于 PosParams 的后面。为了解决这个问题，我们将 SetValue 声明成只接收一个可变长度模板参数的函数。但这个可变长度模板参数中的最后一个元素实际上是要设置的元素值。

在 SetValue 内部，我们需要根据索引值计算元素位置的同时，获取最后一个参数（要设置的元素值）。这与在 Shape 中根据索引计算偏移量的问题类似。获取可变参数模板的最后一个元素是一个相对困难的问题，但我们可以采用类似的递归方式来解决。读者可阅读相关的代码，了解 SetValue 的实现方式。

4. 其他接口

除了上述主要的接口外，Tensor 类模板还提供了如下的接口：

```
1   template <typename TElem, typename TDevice, size_t uDim>
2   class Tensor
3   {
4   ...
5   public:
6       const auto& Shape() const noexcept;
7       const auto operator [] (size_t id) const;
8
9       bool operator== (const Tensor& val) const;
10      auto EvalRegister() const;
11  };
```

其中 Shape() 接口用于返回 Tensor 的形状信息。operator[] 接口用于返回子 Tensor。比如，对于如下的代码：

```
1   Tensor<float, CPU, 3> x(...);
2   auto y = x[1];
```

其中 y 是一个 2 维的 Tensor，同时保证对于每个合法的索引值 i、j 有 y(i, j)==x(1, i, j)。

事实上，对于上面的代码来说，y 与 x 是共享内存的。operator[] 会在其内部调用 Tensor 的第二个构造函数构造出子张量。

operator== 用于判断两个 Tensor 是否相等，而 EvalRegister 则用于求值注册。我们将会在本书后文讨论求值时专门讨论这两个接口。

5.4.2 底层访问接口

在前文中，我们提及了一种机制专门供框架进行底层数据访问。Tensor 类模板就利用了这种机制对 MetaNN 的其他组件提供相对便捷但安全级别较低的接口。

为了实现这种接口，我们首先在 Tensor 类模板中声明友元：

```
1   template <typename TElem, typename TDevice, size_t uDim>
2   class Tensor
3   {
4       // ...
```

```
5          friend struct LowerAccessImpl<Tensor>;
6          // ...
7      };
```

之后，引入如下的类模板特化：

```
1      template <typename TElement, typename TDevice, size_t uDIm>
2      struct LowerAccessImpl<Tensor<TElement, TDevice, uDIm>>
3      {
4          LowerAccessImpl(Tensor<TElement, TDevice, uDIm> p)
5              : m_data(std::move(p))
6          {}
7
8          TElement* MutableRawMemory() {
9              return m_data.m_mem.RawMemory();
10         }
11
12         const TElement* RawMemory() const {
13             return m_data.m_mem.RawMemory();
14         }
15
16     private:
17         Tensor<TElement, TDevice, uDIm> m_data;
18     };
```

它以指针的方式暴露了 Tensor 类模板的数据域。基于这样的构造，我们可以按照如下的方式声明对象并访问张量所对应的数组头指针：

```
1      Tensor<float, CPU, 3> x(...);
2      auto lower_x = LowerAccess(x);
3      auto ptr = lower_x.RawMemory();
```

其中 ptr 内存指针将指向 MetaNN 所分配的张量底层存储空间。MetaNN 的其他组件可以使用这个内存指针实现快速的数据访问，而不需要在每次访问数据时调用（相对耗时的）元素级读写接口。

与调用 Tensor 固有的接口相比，调用 LowerAccessImpl<Tensor<...>>相关的接口会对系统的安全性产生一定的影响。比如，我们可以调用 MutableRawMemory 获得数组指针并利用其进行写操作。这个接口并不会判断是否存在内存共享，滥用该接口可能会出现如前文所述那样，由于写操作所引入的副作用。需要再次强调：我们不希望 MetaNN 的最终用户获取底层数组指针以进行不安全的操作。LowerAccessImp 及其相关部件只是为了实现框架内部逻辑而引入的。使用额外的 LowerAccessImp 而非在 Tensor 中提供指针访问的接口正是表达了这样的意图。

5.4.3　模板特化与类型别名

Tensor 的第 3 个模板参数表示维度值。当这个值为 0 时，Tensor 将退化为标量。与一般的 Tensor 相比，标量的接口会简单一些。比如，它不需要提供 operator[]来构造子 Tensor；它的元素设置与获取接口的声明也不需要提供索引值等。MetaNN 为 Tensor 在维度为 0 时引入了一个特化版本，用于简化接口的定义与实现：

```
1   template <typename TElem, typename TDevice>
2   class Tensor<TElem, TDevice, 0>
3   {
4       ...
5   };
```

此外，MetaNN 还引入了如下的类型别名以便于用户使用：

```
1    template <typename TElem, typename TDevice>
2    using Scalar = Tensor<TElem, TDevice, 0>;
3
4    template <typename TElem, typename TDevice>
5    using Vector = Tensor<TElem, TDevice, 1>;
6
7    template <typename TElem, typename TDevice>
8    using Matrix = Tensor<TElem, TDevice, 2>;
9
10   template <typename TElem, typename TDevice>
11   using ThreeDArray = Tensor<TElem, TDevice, 3>;
```

5.4.4 主体类型的相关元函数

在 5.1.7 小节中，我们提到过 MetaNN 可以为相同的概念引入多种数据类型，属于相同概念的不同数据类型之中，有一种最一般的数据类型被称为主体类型。事实上，本节讨论的 Tensor 类模板在 MetaNN 中就是用作主体类型。

MetaNN 引入了元函数 PrincipalDataType 基于类型的标签等信息返回相应的主体类型：

```
1    template <typename TElem, typename TDevice, size_t uDim>
2    struct PrincipalDataType_ {
3      using type = Tensor<TElem, TDevice, uDim>;
4    };
5
6    template <typename TCategory, typename TElem, typename TDevice>
7    using PrincipalDataType
8      = typename PrincipalDataType_<TElem, TDevice,
9                                    TCategory::DimNum>::type;
```

给定类别标签、计算单元与计算类型，PrincipalDataType 会返回相应的 Tensor 类模板作为主体类型。主体类型在求值的过程中将发挥重要的作用。

MetaNN 使用 Tensor 类模板表示一般意义上的张量。Tensor 的内部维护了一个数组，数组元素与张量元素一一对应。理论上来说，可以用这种模板表示任意的张量。但实际任务可能会涉及一些特殊的张量，这些张量有其自身的特性，采用 Tensor 的表示方式，既浪费内存，又不利于计算的优化。反之，如果采用其他的方式进行表示，则可能达到更好的效果。当前，MetaNN 就包含了一些特殊的张量，MetaNN 还支持用户添加自定义的数据结构。接下来，让我们以 TrivialTensor 类模板为例，来说明如何在 MetaNN 中引入特殊的数据类型。

<h2>5.5　TrivialTensor</h2>

TrivialTensor 描述了一种平凡（trivial）的张量：其中的每个元素值均相同。以下是该类模板的定义：

```
1    template<typename TScalar, size_t uDim>
2    class TrivialTensor
3    {
4    public:
5        using CategoryTag = CategoryTags::Tensor<uDim>;
6        using ElementType = typename TScalar::ElementType;
7        using DeviceType = typename TScalar::DeviceType;
8
9    public:
10       template <typename...TParams>
11       explicit TrivialTensor(TScalar p_scalar, TParams&&... params);
12
13       const auto& Shape() const noexcept;
14       auto EvalRegister() const;
15       bool operator== (const TrivialTensor& val) const;
16
17       const auto& Scalar() const;
18
19   private:
20       MetaNN::Shape<uDim> m_shape;
21       TScalar m_scalar;
22       EvalBuffer<Tensor<ElementType, DeviceType, uDim>> m_evalBuf;
23   };
```

它接收两个模板参数，分别表示其中保存的标量以及张量的维度信息。注意，TrivialTensor 的第一个模板参数是一个标量，而非一个简单的数值。在 MetaNN 中，标量与数值的区别在于：标量除了包含数值外，还包含计算单元与计算设备等信息。而在其内部，TrivialTensor 使用 TScalar 的计算单元与计算设备作为自身的计算单元与计算设备，同时基于输入的维度值构造出相应的类别标签（第 5～7 行）。与 Tensor 类模板类似，除了 3 个元数据域外，TrivialTensor 同样提供了 Shape 接口以返回形状信息，提供了 EvalRegister 与 operator==以支持求值操作。

但 TrivialTensor 并没有提供元素级的读写接口。这是合理的：因为这个模板对象中的每个元素值均相同，单独修改某一个元素值会导致张量不再具有平凡的特性。因此，我们完全不需要提供元素级读写接口的支持。但 TrivialTensor 提供了 Scalar 接口，可以获取其中保存的标量对象。

对比 Tensor 与 TrivialTensor 的定义，读者可以发现二者在接口上有很大的区别，但二者都是符合数据的设计理念与接口规范的。因此它们都可以很好地集成到 MetaNN 的框架之中。

5.6 MetaNN 所提供的其他数据类型

除了 Tensor 与 TrivialTensor 外，MetaNN 还提供了若干其他的数据类型。本节将简述 MetaNN 已经包含的数据类型。

- BiasVector：一个向量类，类中只有一个元素非 0，其余元素均为 0。它提供 HotPos 接口以返回非 0 元素的位置，提供 Scalar 接口以返回非零元素的值。
- ZeroTensor：零张量类，可以表示任意维度的张量，但张量中的每个元素值均为 0。
- ScalableTensor：一个张量类，与 Tensor 不同的是，它可以改变最高维的尺寸。这个类提供了诸如 PushBack 这样的接口来动态添加子 Tensor。比如，可以用它表示一个维度为 $x \times 3 \times 5$ 的张量。其中的 x 为一个可变的值。初始情况下 x 为 0，可以通过向其中添加 3×5 的矩阵来增大 x 的值。ScalableTensor 与 Tensor 的关系很像 vector 与 C++ 内建数组之间的关系：前者支持动态分配内存，使用起来更加灵活，而后者效率较高。
- DynamicData：动态数据类模板，它对其内部的数据进行了封装，对外只提供该数据的最基本的信息，包括计算单元、计算设备与维度信息。DynamicData 相当于提供了一个抽象层，隐藏了具体的数据类型。比如，我们可以将一个 Tensor<float, CPU, 3>对象与一个 ZeroTensor<3>对象分别封装到两个 DynamicData<float, CPU, 3>对象中，便于运行期使用。DynamicData 的引入涉及标签类型体系与传统的面向对象类型体系的协作问题，将在 5.7 节详细讨论。

MetaNN 的使用者还可以添加更多的类型：只要所添加的类型符合 MetaNN 基础数据类型的设计理念，就可以完美地融入 MetaNN 的框架之中。比如，假定我们需要引入一种数据结构来表示单位阵[1]，那么需要做的是：

- 定义一个新的类或类模板，存储单位阵的行数或列数；
- 在类（类模板）中引入相应的接口，包括表示计算单元、计算设备与类别的标签，一个 Shape 接口来返回形状信息，以及一个与求值相关的接口。

5.7 DynamicData

本节将讨论 MetaNN 中一种特殊的基础数据类型：DynamicData。

MetaNN 中包含了很多基础数据类型，同时我们将在第 6 章看到，可以将基础数据类型进行组合以形成更加复杂的数据类型。通常来说，通过元编程与编译期计算，我们的框架可以自动地处理大部分复杂的数据类型。但在一些情况下，这种复杂的数据类型会对框

---

[1] 即对角线元素为 1，其他元素为 0 的方阵。

架的使用产生一些负面的影响。

　　一个典型的问题是支持循环神经网络。我们将在本书的后文讨论循环神经网络，循环神经网络可以用于处理变长的数据。在 MetaNN 中，网络的输出类型与输入类型相关。循环神经网络的每一步的输出都将作为下一步输入的一部分。假定循环神经网络第一步的输出类型为 T，那么第二步的输出类型可能为 H<T>[①]——一个与输入类型相关的类型，而第三步的输出类型则可能为 H<H<T>> ……可以看出，随着输入长度的变化，循环神经网络所产生的输出类型也会发生改变。这通常来说是无法接受的。因为输入数据的长度是运行期决定的，而类型的相关处理是编译期行为。编译期行为是首先被确定的，不能因为运行期行为的不同而被改变。

　　我们可以通过 DynamicData 来封装具体的类型信息，从而解决这个问题：对于循环神经网络每一步的输出，我们都可以引入一个 DynamicData 进行封装，将 H<T>、H<H<T>> 等具体类型都转换为相同的抽象类型。这样就能解决因为输入序列长度不同而产生的输出结果类型不一致的问题。

　　接下来，让我们看一下 DynamicData 的实现。

5.7.1　基类模板 DynamicBase

　　要隐藏具体的数据类型，比较直观的方式就是引入继承层次：如果我们能引入一个基类，同时在此基类上进行派生，那么可以使用基类的指针来访问派生类的方法。在前文的讨论中，我们可以看出：MetaNN 中涉及的数据结构并非派生自某个基类。这样设计的目的是减少不必要的限制。但这并不妨碍我们在必要的时候引入这个基类，构造派生结构。

　　我们要引入的基类本质上还是一个类模板：DynamicBase。它的定义如下：

```
1   template <typename TElem, typename TDevice, typename TDataCate>
2   class DynamicBase {
3   protected:
4       using EvalType = PrincipalDataType<TDataCate, TElem, TDevice>;
5   public:
6       virtual ~DynamicBase() = default;
7       virtual const MetaNN::Shape<TDataCate::DimNum>& Shape() const = 0;
8       virtual bool operator== (const DynamicBase& val) const = 0;
9       virtual DynamicConstEvalHandle<EvalType> EvalRegister() const = 0;
10  };
```

　　在其内部，它声明了 3 个虚函数：Shape 用于返回形状信息；operator==用于判断两个 DynamicBase 是否相等；EvalRegister 用于注册求值。它们是 MetaNN 的基础数据结构必须支持的 3 个接口。在这里使用虚函数的形式给出声明，而 DynamicBase 的派生类需要实现这 3 个接口，从而与 MetaNN 的其他部分协同工作。

　　同时，DynamicBase 也将其析构函数声明成虚函数：这是因为在后期我们将使用这个

[①] H<T>表示对类型 T 进行某种变换而产生的新类型。

基类的指针访问派生类的对象。此时，就必须将基类的析构函数声明成虚函数，以确保析构函数逻辑的正确性。

5.7.2 派生类模板 DynamicWrapper

有了基类，下一步就是构造派生类了。MetaNN 中的数据类并不存在共同的基类，为了能够将它们与基类联系起来，我们就需要引入一个额外的类模板作为中间层使用。这个类模板就是 DynamicWrapper。

DynamicWrapper 的定义如下：

```
1   template <typename TInternalData>
2   class DynamicWrapper
3    : public DynamicBase<typename TInternalData::ElementType,
4                         typename TInternalData::DeviceType,
5                         typename TInternalData::CategoryTag>
6   {
7       using TBase = DynamicBase<typename TInternalData::ElementType,
8                                 typename TInternalData::DeviceType,
9                                 typename TInternalData::CategoryTag>;
10  public:
11      DynamicWrapper(TInternalData data)
12          : m_internal(std::move(data)) {}
13
14      const MetaNN::Shape<TInternalData::CategoryTag::DimNum>&
15      Shape() const override final
16      {
17          return m_internal.Shape();
18      }
19
20      bool operator== (const TBase& val) const override final;
21      DynamicConstEvalHandle<typename TBase::EvalType>
22      EvalRegister() const override final;
23
24      const TInternalData& Internal() const
25      {
26          return m_internal;
27      }
28
29  private:
30      TInternalData m_internal;
31  };
```

它接收具体的数据类型作为模板参数。根据这些信息可以推导出该数据类型所支持的计算单元、计算设备与类别标签，并基于这些信息选择适当的 DynamicBase 的实例进行派生（第 3~5 行）。

DynamicWrapper 在构造时必须传入 TInternalData 类型的对象——其模板参数所指定的数据类型的对象。DynamicWrapper 本身则完成了对该对象的"封装"，即将其转换成动态数据类型的过程。同时，为了支持后续的求值，DynamicWrapper 中包含了数据成员 m_internal，用于保存传入的对象实例。

DynamicWrapper 在其内部实现了 DynamicBase 所声明的虚函数（比如返回形状的 Shape 接口等）。本质上来说，它实际上是通过调用 internal 的相应接口实现的。在引入了 DynamicBase 与 DynamicWrapper 这两个类模板后，我们就可以构造如下的代码：

```
1   Tensor<float, CPU, 3>     t1;
2   ZeroTensor<float, CPU, 3> t2;
3   DynamicWrapper<Tensor<float, CPU, 3>>     wt1(t1);
4   DynamicWrapper<ZeroTensor<float, CPU, 3>> wt2(t2);
5   DynamicBase<float, CPU, CategoryTags::Tensor<3>>* ptr;
6   ptr = &wt1;
7   ptr = &wt2;
```

在这段代码的最后两行，我们使用同一个指针对象分别引用了 Tensor 与 ZeroTensor 的实例。虽然 Tensor 与 ZeroTensor 二者没有派生关系，但通过 DynamicBase 我们就将二者联系在了一起，同时隐藏了具体的数据类型信息。

虽然通过 DynamicBase 我们达到了隐藏具体的数据类型信息的目的，但 MetaNN 中操作的对象是数据类型而非指针或引用。因此我们并不能在框架中直接使用 DynamicBase 的指针或引用。我们需要再引入一层封装，来屏蔽这种因指针而带来的操作不一致性。这层封装就是 DynamicData。

5.7.3 使用 DynamicData 封装指针行为

DynamicData 对 DynamicBase 的指针进行了封装：

```
1   template <typename TElem, typename TDevice, typename TDataCate>
2   class DynamicData
3   {
4       using InternalType = DynamicBase<TElem, TDevice, TDataCate>;
5   public:
6       using ElementType = TElem;
7       using DeviceType = TDevice;
8       using CategoryTag = TDataCate;
9   public:
10      DynamicData() = default;
11
12      template <typename TOriData>
13      DynamicData(std::shared_ptr<DynamicWrapper<TOriData>> data);
14
15      const auto& Shape() const;
16      auto EvalRegister() const;
17      bool operator== (const DynamicData& val) const;
18
19      template <typename T>
20      const T* TryCastTo() const;
21
22      bool IsEmpty() const;
23  private:
24      std::shared_ptr<InternalType> m_internal;
25  };
```

这个类在其内部维护了一个智能指针 m_internal，指向 DynamicBase 类型的对象。这个类提供了 ElementType、Shape 等元数据域与接口，符合 MetaNN 的基础数据接口规范，因此它可以作为 MetaNN 的数据使用。

5.7.4 辅助函数与辅助元函数

DynamicData 是一种地位相对特殊的数据结构：用于对不同的数据类型进行封装。因此，我们在这里为其引入一个额外的元函数，来检测一个数据类型是否是 DynamicData 的实例：

```
1   template <typename TData>
2   constexpr bool IsDynamic_ = false;
3
4   template <typename TElem, typename TDevice, typename TCate>
5   constexpr bool IsDynamic_<DynamicData<TElem, TDevice, TCate>> = true;
6
7   template <typename TData>
8   constexpr bool IsDynamic = IsDynamic_<RemConstRef<TData>>;
```

在此基础上，MetaNN 提供了函数 MakeDynamic 用于方便地将某个数据类型转换为相应的动态类型：

```
1    template <typename TData>
2    auto MakeDynamic(TData&& data)
3    {
4        if constexpr (IsDynamic<TData>)
5        {
6            return std::forward<TData>(data);
7        }
8        else
9        {
10           using rawData = RemConstRef<TData>;
11           using TDeriveData = DynamicWrapper<rawData>;
12           auto baseData = std::make_shared<TDeriveData>
13                           (std::forward<TData>(data));
14           return DynamicData<typename rawData::ElementType,
15                       typename rawData::DeviceType,
16                       DataCategory<rawData>>(std::move(baseData));
17       }
18   }
```

如果输入参数的类型已经是 DynamicData 的实例，那么 MakeDynamic 将返回输入对象本身，否则它将根据其计算单元、计算设备与类别标签推导出相应的 DynamicData 类型并返回。

5.7.5 DynamicData 与动态类型体系

在本章前文讨论类型体系时，我们提到过 MetaNN 主要采用的是基于类别标签的类型体系——这是一种可以用于编译期计算的静态类型体系。本节所讨论的 DynamicData 则可以视为通过面向对象中的继承方式对基于标签的类型体系中的类型进行重组，从而构造出动态类型体系。

之所以说基于 DynamicData 所构造的类型体系是动态的，是因为 DynamicData 本身隐藏了具体数据类型的大部分信息——编译器将无法基于这些隐藏的信息进行相应的操作。而这些隐藏的信息，或者说 DynamicData 所封装的类型的具体行为，则要在运行期调用时才能动态地体现出来。

动态类型体系与静态类型体系各有优劣。动态类型体系能够屏蔽具体数据类型的差异，通过一种抽象数据类型来表示各种具体数据类型，进而简化代码的编写；静态类型体系则不会隐藏具体的数据类型信息，这使得编译期可以根据这些信息进行优化。在编写代码时，需要选择适当的类型体系来使用，才能最大限度地发挥二者的优势。

动态类型体系与静态类型体系是可以相互转化的。在本章中，我们引入了 DynamicData 来封装具体的数据类型（其中的一步是指针行为），这本质上是将静态类型体系转化为动态类型体系的过程。但 DynamicData 中同时又包括了类别标签，这本质上是将动态类型体系的抽象数据类型纳入静态类型体系的过程。两种类型体系相互配合，就能产生更加微妙的变化，以应对复杂的场景。

5.8　小结

本章讨论了 MetaNN 所引入的基本数据类型。

一个灵活的深度学习框架可能会涉及多种数据类型。这些数据类型可以被划分成不同的类别。面向对象编程处理这种情形的做法是声明基类以表示类别，之后从基类派生成各个类型。作为一个深度整合元编程与编译期计算的框架，MetaNN 采用了典型的泛型编程思想：属于相同类别的不同数据类型间并没有派生的关系——它们的组织是松散的，在设计上更加自由。

我们还需要从概念上对 MetaNN 中的数据类型进行划分：通过基于标签的类型体系为每个数据类型引入一个类别标签，并规定了属于相同类别的数据类型所需要提供的接口集合——这在面向对象中是通过虚函数实现的，而泛型编程的组织方式则没有采用虚函数，它更加松散，也更加高效——至少在调用这些函数的过程中，我们不需要负担虚函数所引入的额外的调用成本。

元编程与面向对象并非水火不容。在 DynamicData 的实现过程中，我们将元编程与面向对象中的继承手法相结合，引入了动态类型体系。学习元编程并不意味着抛弃面向对象中的典型概念，相反，在恰当的时刻使用恰当的概念，能使我们开发出更优雅、更健壮的程序。

在本章中，我们看到类所提供的接口不仅限于函数，像 DeviceType、ElementType 这样的元数据域也是类的接口之一。如果读者觉得这些声明是平凡的，似乎没什么作用，那么笔者很难责备你——毕竟，在本章中，这些东西看起来也仅仅是一些声明。但在第 6 章讨论数据运算时，读者将看到这些接口的更多应用。

5.9 练习

1. 本章讨论了标签的用法。在我们经常使用的标准模板库 (STL) 中也存在标签的概念。STL 将迭代器进行了划分，为不同的迭代器赋予不同的标签（如双向迭代器、随机访问迭代器等）。在网络上搜索标签相关的概念，学习并了解 STL 中标签的用法，与本章中标签的用法进行比较。

2. 在本章中，我们讨论了使用函数参数或模板参数传递类别标签。STL 将标签作为函数参数进行传递，这样做的一个好处是可以自动处理标签的继承关系。STL 中的迭代器标签具有派生层次，比如前向迭代器是一种特殊的输入迭代器，这体现在基于标签的类型体系中，表示前向迭代器的标签 forward_iterator_tag 派生自 input_iterator_tag。而对于本章所讨论的 __distance 的实现来说，如果其第 3 个参数是前向迭代器，那么编译器会自动选择输入迭代器的版本进行计算。如果像本章所讨论的那样，使用模板参数来传递迭代器标签，则不能简单地通过 std::is_same 进行比较来实现类似的效果。请尝试引入新的元函数，在使用模板参数传递迭代器类别的算法中实现类似的标签匹配效果。更具体来说，实现的元函数应当具有如下的调用方式：

```
1  template<typename TIterTag, typename _InputIterator,
2          enable_if_t <FUN<TIterTag,
3                          input_iterator_tag,
4                          forward_iterator_tag,
5                          bidirectional_iterator_tag>>* =nullptr>
6  inline auto __distance(_InputIterator b, _InputIterator e)
```

其中 FUN 是需要实现的元函数。上述调用表明，如果 TIterTag 是 input_iterator_tag（输入迭代器）、forward_iterator_tag（前向迭代器）或者 bidirectional_iterator_tag（双向迭代器）之一，编译器就会选择当前的 __distance 版本。

3. 使用模板参数而非函数参数来传递标签信息还有另外一个好处，我们不再需要提供标签类型的定义了。为了基于函数参数来传递标签信息，STL 不得不引入类似下面的标签类型定义：

```
1  struct output_iterator_tag {};
```

但如果使用模板参数来传递标签信息，相应的标签类型定义就可以被省略：

```
1  struct output_iterator_tag;
```

分析一下为什么会这样。

4. 本章介绍了 MetaNN 所使用的张量类 Tensor，考虑如下的声明：

```
1 | vector<Tensor<int, DeviceTags::CPU, 2>> a(3, {2, 5});
```

我们的本意是声明一个向量，包含 3 个矩阵。之后，我们希望对 a 中的 3 个矩阵分别赋值。考虑一下这种做法是否行得通，如果不行，会有什么问题（提示：MetaNN 中的张量是浅拷贝的）。

5. 阅读并分析 BiasVector、ZeroTensor、ScalableTensor 的实现代码。

6. 本章所讨论的数据结构中，有一些包含了 EvalBuffer 这样的数据成员，用于存储求值之后的结果。但像 Tensor 这样的类模板就没有包含类似的数据成员。思考一下为什么。

第 6 章

运算与表达式模板

第 5 章讨论了 MetaNN 中的基本数据类型。在此基础上，本章讨论 MetaNN 是如何基于这些基础数据类型构造运算逻辑的。

在 MetaNN 中，运算的接口是以函数形式给出的，运算函数接收一到多个参数，进行特定的计算并返回相应的结果。相信本书的读者对如何实现一个函数并不陌生：理论上来说，依据算法的原理或公式，实现相应的函数并不是一件困难的事。那么为什么要单独开辟一章来讨论运算的实现呢？

事实上，这还是与 MetaNN 的设计原则相关：我们希望 MetaNN 是可扩展的；同时，框架本身需要提供足够的优化空间。对于数据来说，为了支持可扩展，我们引入了基于标签的类型体系；为了提供足够的优化空间，我们引入了不同的数据类型。MetaNN 中运算的设计也体现出了这两个原则：为了提供更好、更方便的扩展方式，我们将不同运算中相似的逻辑提取出来，形成运算逻辑实现上的层次结构；而为了提供足够的优化空间，我们引入了表达式模板作为运算与其结果之间的桥梁——这些都将在本章中深入讨论。

虽然我们的讨论是基于"运算"进行的，但读者将会发现，本章中的很多内容还将围绕"数据类型"展开。数据类型是运算的核心，本章所讨论的不再是基本的数据类型，而是由基本的数据类型所构成的一类特殊的结构——表达式模板。让我们从这一点出发，开始运算模块的设计吧！

6.1 表达式模板概述

表达式模板是连接运算与数据的桥梁。一方面，它对运算进行了封装；另一方面，它提供了接口来表示运算的结果。让我们通过一个简单的例子来了解表达式模板的概念。

给定两个矩阵 A 与 B，为了计算 $A + B$，我们可以将其保存在一个表达式模板中，用该模板表示计算结果：

```
1  template <typename T1, typename T2>
2  class Add
3  {
```

```
 4  │  public:
 5  │      Add(T1 A, T2 B)
 6  │          : m_a(std::move(A))
 7  │          , m_b(std::move(B)) {
 8  │          assert(m_a.Shape() == m_b.Shape());
 9  │      }
10  │
11  │      auto Shape() const {
12  │          return m_a.Shape();
13  │      }
14  │
15  │      // ...
16  │
17  │  private:
18  │      T1 m_a;
19  │      T2 m_b;
20  │  };
```

Add 是一个类模板，其接收两个模板参数 T1 与 T2。这个类模板的构造函数要求传入运算的输入参数。通过将输入参数的类型设置为模板的方式，我们就无须限定运算操作数的具体数据类型：只要操作数能提供特定的接口，或者说满足特定的概念，那么可以依此构造出相应的模板实例。

这里假定 T1 与 T2 是张量，相应地，Add 就是一个封装了张量加法运算的表达式模板。虽然这只是一个简单的示例类，但我们已经可以从中窥探到表达式模板的一些特性了。

- 表达式模板封装了运算，同时又是一种可以表示运算结果的抽象数据类型。以 Add 为例，它一方面表示了两个维度相同的张量的求和操作。另一方面，由于两个维度相同的张量相加的结果也是张量，因此 Add 的实例也需要提供张量需要包含的接口。比如，它需要提供类别标签、Shape 接口等。这些信息可以依据操作数的相关接口推导得到。

- 虽然在概念上等价于运算结果，但表达式模板与运算结果存在很多不同之处。比如表达式模板并不支持写操作。如果使用 Tensor 类模板存储张量相加的结果，那么我们可以随后修改结果对象中特定元素的值，但表达式模板更多的作用在于"表达"，而非"存储"。对于表达式模板来说，我们很难定义其写操作的行为。不仅是元素级的写操作，对于张量级的写操作，表达式模板也不支持：在极端情况下，我们可以通过修改表达式模板对象中保存的操作数（m_a 或 m_b）中的内容，对相应的运算结果产生影响。但这种影响是间接的，并不像修改计算结果那么直观。

在第 5 章中，我们提到了张量可以不支持写操作，Add 所描述的正是这样的类型：它是由基本的张量数据类型所组合而成的复合数据类型。

表达式模板只是对数据运算的封装，它能做的事似乎并不多。那么，为什么要引入表达式模板呢？事实上，表达式模板为后续的系统优化提供了前提。一种常见的系统优化方法被称为"缓式求值"（lazy evaluation）。它的思想是将实际的计算过程后移，只有在完全必要时才进行计算。在某些情况下，这会减少整个系统的计算量。表达式模板体现了这种缓式求值的思想。

以张量求和为例，如果程序最终需要的结果并非整个张量，而只是其中某些元素的值，那么可以要求表达式模板提供获取相应元素的接口，只对特定位置的张量元素计算即可[①]：

```
1  class Add
2  {
3  public:
4      float operator() (size_t r, size_t c) const
5      {
6          return m_a(r, c) + m_b(r, c);
7      }
8      // ...
9  };
```

如果最终需要的仅是结果张量中几个元素的值，那么我们将节省因计算整个张量所带来的大部分开销。

但遗憾的是，对于深度学习框架来说，很多时候我们所需要的恰恰是结果中的全部元素——比如对于张量求和来说，系统需要获取结果张量中的每个元素值。即使如此，缓式求值的思想也是有用的：因为如果将求值计算的时机后移，那么当最终进行计算时，我们可能会将多个计算累积起来一起完成。同样以张量求和为例：假定网络中存在多处张量求和的运算，采用表达式模板，就有可能将这些运算积攒到一起，一次性计算完毕。将相同类型的计算一起执行有可能提升系统的整体性能，而缓式求值在这里正是利用了这一特性，使得系统有了更大的优化空间。正是基于上述考虑，MetaNN 中所有的运算操作本质上都是在构造表达式模板的实例，并使用其将实际的计算过程推后。

使用表达式模板还有一个好处：表达式模板对象可以视为一种复合数据。相应地，一个表达式模板对象也可以被用作另一个表达式模板的操作数。比如，可以构造 Add<Add<X, Y>, Z>这样的表达式模板对象，它接收 Add<X, Y>类型的数据对象，将其与 Z 类型的数据对象相加，表示相加的结果。

可以将表达式模板表示成树型结构：树中的每个非叶子结点都对应一个运算，叶子结点表示运算的输入，树的根则是整个运算的输出。以 Add<Add<X, Y>, Z>为例，它可以表示为图 6.1 所示的树型结构。

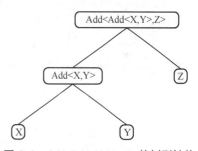

图 6.1　Add<Add<X, Y>, Z>的树型结构

6.2　MetaNN 运算模板的设计思想

6.2.1　Add 类模板的问题

在前文中，我们使用了 Add 类模板展示了表达式模板的基本思想。作为一个示例性代

[①] 以下的代码假定 m_a 与 m_b 均提供了接口来访问其内部的元素。

码，Add 类模板的代码足够说明核心的问题。但如果直接将其作为一个组件应用到 MetaNN 之中，那么 Add 类模板还无法胜任。

Add 类模板的主要缺陷是其扩展性不强。考虑在实现了张量加法后，我们还希望实现一个张量减法。可以通过引入另一个模板 Sub 来实现张量相减的功能。Sub 的很多函数与 Add 在实现上是完全一致的（比如 Shape 接口）。我们不希望每实现一个运算对应的表达式模板，就重写所有与该模板相关的逻辑。

要解决这个问题，就需要对 MetaNN 中表示运算的表达式模板进行系统设计。我们将 MetaNN 中表示运算的表达式模板简称为运算模板。本节将讨论运算模板的设计思想。首先，让我们具体地分析一下运算模板应该具有什么样的行为。

6.2.2　运算模板的行为分析

运算模板是连接运算与数据的桥梁。一方面，它会在其对象内部保存运算的输入——这本质上是对运算行为的抽象；另一方面，运算模板对象本身提供了接口来表示运算的结果——这是数据的抽象。本节通过对 MetaNN 中运算模板的构造与使用过程进行详细划分，来分析运算模板在其生命周期中需要完成的使命以及可能出现的逻辑复用的情形。

在 MetaNN 中，运算模板的构造与使用涉及如下几个方面。

1. 获取与保存运算相关信息

构造运算模板的第一步就是要提供接口，让用户输入运算相关的信息，这些信息会被保存在运算模板内部，以便于在后续的实际计算过程中使用。

MetaNN 使用函数作为运算接口。这些函数接收运算相关的信息，构造并返回相应的运算模板。比如，接收两个张量，并返回表示二者相加的运算模板的函数实现如下[①]：

```
1   template <typename TP1, typename TP2>
2   auto operator+ (TP1&& p_m1, TP2&& p_m2)
3   {
4       using rawOp1 = RemConstRef<TP1>;
5       using rawOp2 = RemConstRef<TP2>;
6       using ResType = Operation<OpTags::Add,
7                                 OperandContainer<rawOp1, rawOp2>>;
8       return ResType(std::forward<TP1>(p_m1), std::forward<TP2>(p_m2));
9   }
```

这个函数接收两个操作数作为其输入，返回一个 Operation 类模板。由于函数被设计为函数模板，因此它可以支持传入不同类型的操作数，比如，可以将两个 Tensor 相加，也可以将一个 Tensor 与一个 TrivialTensor 相加。

MetaNN 使用 Operation 作为运算模板，用于保存运算相关的信息。Operation 的声明

---

① 注意，这并非 MetaNN 中加法运算的完整实现。我们在这里忽略了一些实现的细节，只展示了与本节讨论相关的内容。

如下：

```
1   template <typename TOpTag, typename TOperands,
2             typename TPolicies = PolicyContainer<>>
3   class Operation;
```

在其内部，它会保存如下的信息。

- 运算标签：模板参数 TOpTag，用来表示具体的运算类别。MetaNN 为每个运算引入了一个唯一的标签进行标识。比如，加法运算对应的标签定义为 OpTags::Add。
- 操作数：运算的操作数类型保存在 TOperands 容器之中，而相应的操作数对象则保存在 Operation 对象的数据域中。
- 其他参数：通常来说，运算标签与操作数就已经包含了一个运算所需的全部信息，但对于某些运算来说，仅包含这两部分信息还不够，运算所需要的其他信息保存在额外的参数之中。这些参数可以划分成两类：编译期可以确定的参数，以及运行期才能确定的参数。编译期可以确定的参数会保存在 Operation 的 TPolicies 模板参数之中，而运行期才能确定的参数会保存在 Operation 对象的数据域中。我们会在后文看到，某些参数一定要被设置为编译期参数，但很多参数则既可以保存为编译期参数，也可以保存为运行期参数：具体选择哪种保存方式更多的是一种设计上的取舍。如果让某个参数作为编译期参数，那么会引入更多编译期优化的可能；反之，如果让某个参数作为运行期参数，那么用户可以在运行期指定该参数，使用更加灵活。

关于参数，另一点需要说明的是：某些时候参数与操作数的区分实际上并不明显。某些运算的输入既可以被视为参数，也可以被视为操作数。在 MetaNN 中，通常来说，如果运算的输入属于 MetaNN 的张量类型体系，那么将被视为操作数，反之则被视为额外的参数。同样以加法运算为例，如果加法的输入为两个张量，那么它们均被视为操作数；而如果加法的输入为一个张量与一个数值[1]，那么数值会被作为额外的参数处理。

2. 类型验证

在第 5 章，我们建立了 MetaNN 中的数据类型体系，这一体系也会用在运算操作中。运算操作需要使用该体系判断其输入参数的合法性，以及确定相应的输出结果所属的类别。

一个运算并非对所有类型的数据都是有效的。比如，假定我们需要引入一个运算模板来表示加法操作，那么通常来说，我们并不希望这个加法操作支持两个 int 类型整数作为输入——int 类型数据求和是 C++ 已经提供的功能，并非我们的深度学习框架所应处理的领域。因此，在操作数不满足要求时，系统应当能检测出相应的错误并给出提示信息。通常来说，我们要求输入运算模板中的操作数都是张量，而大部分运算仅仅需要确保这一点即可。但对于一些特别的运算（比如一个张量加上一个 int 类型的数值），则需要提供特别的检测逻辑。

---

[1] 注意，这里的数值并非标量，二者的区别见第 5 章。

3．对外接口

构造好的运算模板对象需要提供对外的接口以实现数据访问与求值。运算模板的实例也将被视为 MetaNN 中的数据类型。与第 5 章讨论的基本数据类型不同，运算模板对象可能由多个操作数复合而成，属于一种复合数据类型。由于运算模板对象是 MetaNN 中的数据类型，因此它需要提供若干接口以满足 MetaNN 对数据类型的要求。具体来说，它需要提供以下接口。

- ElementType 与 DeviceType：分别表示该运算模板所对应的计算单元与计算设备。在第 5 章我们提到过，MetaNN 可以支持不同的计算单元与计算设备。为了实现这一点，我们要在 MetaNN 所包含的数据结构中引入 ElementType 与 DeviceType 两个声明，它们将作为表示计算单元与计算设备的接口。运算模板作为一种中间结果，同样需要提供这两个接口。通常来说，运算的输入都具有相同的计算单元与计算设备，此时，我们可以使用运算输入的计算单元与计算设备设置运算结果的相应信息。但在某些特殊情况下，运算的输入可能具有不同的计算单元与计算设备。在这种情况下，我们就需要元函数来根据输入参数的信息推导出输出结果的计算单元与计算设备了。

- CategoryTag：表示运算结果的类别标签。与 ElementType 类似，CategoryTag 也可以通过运算的操作数等信息推导而出。但与 ElementType 不同的是，如果运算包含多个操作数，那么这些操作数的类别标签可能不同。比如，MetaNN 支持向量与矩阵相加，此时，加法运算的两个操作数的类别标签并不相同。通常来说，如果运算操作数的类别标签并不相同，那么 MetaNN 会选择维度最高的类别作为运算结果的类别。同样以加法运算为例：向量与矩阵相加的结果为一个矩阵，这是因为矩阵的维度（2）高于向量的维度（1）。

- Shape 接口：返回运算模板所表示的数据的形状信息。同样以加法运算为例，如果是两个矩阵相加，那么其结果的行数与列数需要与输入矩阵的行数与列数相同。而如果是两个 3 维张量相加，那么输出结果中张量的形状应与输入操作数的形状相同。对于更复杂的情况，比如向量与矩阵相加，MetaNN 引入了基于广播的匹配机制——从最低维开始，依次比较操作数每一维的尺寸。如果尺寸相同，则认为匹配。如果每一维都匹配成功，则返回维度最高的操作数所对应的形状。比如，可以将形状为 3×4×5 的张量与形状为 4×5 的矩阵相加，因为如果不考虑张量的最高维数值 3，那么两个操作数的形状是匹配的。但不能将形状为 3×4×5 的张量与形状为 3×4 的矩阵相加，因为张量的最低维数值 5 与矩阵的最低维数值 4 并不相等。当然，这种匹配机制并不适合所有的运算。比如矩阵乘法就需要引入其他的规则。但基于广播的匹配机制通常来说适用于大部分运算。因此我们为尺寸相关的接口引入一个默认的实现：尝试使用基于广播的匹配机制来匹配操作数的形状，如果匹配成功，则返回维度最高的操作数所对应的形状。如果遇到不符合该逻辑的情形，那么为相应的运算引入专门的特化，实现特有的形状逻辑。

- EvalRegister 等求值相关的接口。运算模板是一种表达式模板，它表示了运算的一种中间状态。表达式模板虽然推迟了计算，但我们最终还是需要将这种中间状态转换成运算结果。MetaNN 的运算模板都提供了求值相关的接口，用于进行运算求值。这些接口的内部需要调用具体的求值逻辑完成计算。计算方式会依据具体运算逻辑的不同而不同，不同的运算之间很难复用这部分逻辑。

除了上述接口外，运算模板还要提供一些额外的接口，以访问其中的操作数与运算参数。这些接口会在系统优化时派上用场。

基于广播机制的操作数匹配

如前文所述，目前 MetaNN 的很多计算只要求操作数是张量即可。但从数学的角度上来说，我们完全可以引入更严格的限制。以张量相加为例，参与相加的张量应当具有相同的维度。比如，我们可以实现向量相加或者矩阵相加，但数学上并没有定义该如何将一个向量加到一个矩阵上。正是基于这个原因，早期的 MetaNN 版本对运算的操作数引入了相对严格的限制。

但在实际应用过程中，很多情况下我们不得不放松这样的限制，以支持写出更简洁的代码。还是以向量与矩阵相加为例，这个操作在数学上可能意义不大。但在实际情况中，矩阵可能被视为一个向量列表，而我们希望做的实际上是将其中的每个向量与另一个操作数（向量）相加。如果严格遵守数学上的定义，我们不得不在这个操作中引入拆分（将矩阵拆分成向量）与合并（将相加后的结果合并为矩阵）等操作。这会极大地增加逻辑的复杂性。因此，MetaNN 在一次修改时打破了这种数学上严格的限制，引入了更易操作的方式。

与很多深度学习框架类似，MetaNN 也采用了基于广播机制的操作数匹配方式：它允许不同维度的张量进行操作。以加法为例，只要维度较低的张量可以通过不断重复其自身的内容来提升维度，而提升后的形状与维度较高的张量相同，那么这两个张量就可以相加。比如，可以将一个 4×5 的矩阵与一个 3×4×5 的张量相加：因为可以将 4×5 的矩阵中的内容重复 3 次，从而构造出一个形状为 3×4×5 的张量，而新构造出的张量与第二个操作数的形状匹配，因此可以实现相加。

本章会讨论基于广播机制的张量匹配逻辑，而本书后续讨论求值时，会阐述基于广播机制的数值计算逻辑。

从上述分析中不难看出，虽然不同的运算对应不同的运算模板，但这些运算模板之间存在大量可以被复用的逻辑。MetaNN 将这些可被复用的逻辑提取出来，形成辅助元函数与辅助类模板。Operation 类模板会调用这些逻辑来提供相应的功能。在引入了 Operation 类模板与相应的辅助模板之后，MetaNN 中的运算就不再是一个个孤立的表达式模板了，

它形成了一个子系统。接下来，让我们首先讨论这个子系统中包含的辅助元函数与辅助类模板；之后我们将详细阐述 Operation 类模板的实现，说明 Operation 类模板是如何调用这些辅助元函数与辅助类模板实现运算接口的；最后，我们将以具体的运算逻辑为例来讨论基于该子系统的运算实现。

6.3　辅助元函数与辅助类模板

根据前文的分析，不难看出，运算所涉及的不同部分在逻辑上可以被复用的程度是不同的。依据被复用的程度，MetaNN 为每个运算模板引入了若干辅助元函数，分别用于判断输入参数的合法性、推导输出结果的类别标签、提供形状与求值相关的接口。

注意，这些辅助元函数从概念上来说是正交的——如果将某些辅助元函数进行合并，则可能会影响代码的复用性。比如，如果将形状相关与求值相关的辅助元函数合并成一个，那么我们在为不同的运算引入不同的求值逻辑时，就可能需要重复编写相同的形状计算逻辑。

6.3.1　IsValidOper

IsValidOper 用于判断运算输入参数的合法性。它的默认实现如下：

```
1    template <typename TOpTag, typename... TOperands>
2    constexpr bool IsValidOper
3        = ((IsValidCategoryTag<DataCategory<TOperands>>) && ...);
```

其中的 TOpTag 为相应的运算标签（如前文提到的 OpTags::Add 等）。TOperands 为一个可变长度模板参数，表示运算的操作数所对应的类型。IsValidOper 返回一个 bool 值来表示给定具体的输入类型，某个运算是否合法。如前文所述，通常来说，只要输入类型属于 MetaNN 的类型体系（DataCategory <TOperands>是有效的类型标签），那么 IsValidOper 将返回 true，否则它将返回 false。

IsValidOper 用于防止对运算的误用。只有它返回 true 时，相应的运算逻辑才能通过编译。IsValidOper 的上述实现对大部分运算是合理的，对于特殊的运算，可以通过特化该模板来实现相应的合法性判断。

6.3.2　辅助类模板 OperElementType_ / OperDeviceType_

OperElementType_与 OperDeviceType_的定义如下：

```
1    template <typename TOpTag, typename TOp1, typename...TOperands>
2    struct OperElementType_ {
```

```
3          using type = typename TOp1::ElementType;
4      };
5
6      template <typename TOpTag, typename TOp1, typename...TOperands>
7      struct OperDeviceType_ {
8          using type = typename TOp1::DeviceType;
9      };
```

它们用于指定运算模板的计算单元与计算设备类型。通常情况下，运算模板的参数具有相同的计算单元与计算设备。此时，我们就可以从运算的第一个参数中获取相应的信息——这也是 OperElementType_ 与 OperDeviceType_ 默认的实现。

现在假定对于某个特殊的运算 MyOper，它包含了两个输入参数，其结果的计算单元与计算设备类型要根据第二个输入参数来确定，那么我们可以引入如下的特化：

```
1      template <typename TOp1, typename TOp2>
2      struct OperElementType_<MyOper, TOp1, TOp2> {
3          using type = typename TOp2::ElementType;
4      };
5
6      template <typename TOp1, typename TOp2>
7      struct OperDeviceType_<MyOper, TOp1, TOp2> {
8          using type = typename TOp2::DeviceType;
9      };
```

6.3.3　辅助类模板 OperCateCal

OperCateCal 是一个元函数，用于给定运算标签与输入参数的类型，推断出运算结果的类别。其定义如下：

```
1      template <typename TOpTag, typename TPolicy, typename... TOperands>
2      using OperCateCal
3          = typename OperCategory_<TOpTag, TPolicy,
4                                   DataCategory<TOperands>...>::type;
```

其中第 1 个模板参数为运算标签，第 2 个模板参数表示该运算所包含的静态参数，而第 3 个（可变长度）模板参数则对应运算输入参数的类型。基于这些信息，这个元函数将返回运算结果的类别。比如：

```
1      OperCateCal<OpTags::Add, PolicyContainer<>,
2                  Matrix<float, DeviceTags::CPU>,
3                  ZeroTensor<float, DeviceTags::CPU, 2>>
```

执行后将返回 CategoryTags::Matrix。这表示两个矩阵（一个一般意义上的矩阵与一个全零矩阵）相加，最终的结果还是矩阵。从这个例子中可以看出，OperCateCal 并不关心运算参数的具体类型，而是关心参数所属的类别，这是合理的。对于加法运算来说，只要参与相加的是两个矩阵，无论二者的具体类型是什么，这个运算都是合法的，同时结果也必然是一个矩阵。

为了便于使用，OperCateCal 输入的模板参数是具体的数据类型而非类别。为了从数据类型中提取到相应的类别信息，我们需要借助于第 5 章所引入的元函数 DataCategory。同时，由于 OperCateCal 要对运算模板的每个输入参数类型都进行这样的转换，因此我们在定义 OperCateCal 时使用了包展开（第 4 行）。

在获取了输入类型所对应的类别标签后，OperCateCal 调用了 OperCategory_ 来推断运算结果的类别。OperCategory_ 的实现如下：

```
 1   template <typename TFirstCate, typename... TCategories>
 2   struct PickCommonCategory_
 3   {
 4       using type = TFirstCate;
 5   };
 6
 7   template <typename TFirstCate, typename TSecondCate,
 8             typename... TRemainCates>
 9   struct PickCommonCategory_<TFirstCate, TSecondCate,
10                              TRemainCates...>
11   {
12       using TCompRes = std::conditional_t<
13               (TFirstCate::DimNum > TSecondCate::DimNum),
14               TFirstCate, TSecondCate>;
15       using type
16           = typename PickCommonCategory_<TCompRes,
17                                          TRemainCates...>::type;
18   };
19
20   template <typename TOpTag, typename TPolicy,
21             typename... TOperands>
22   struct OperCategory_ : PickCommonCategory_<TOperands...> {};
```

OperCategory_ 的默认实现派生自 PickCommonCategory_，而 PickCommonCategory_ 的本质则是获取每个输入参数的维度，选择最高的维度值所对应的类别并返回。

对大部分运算来说，这种设计是合理的：由于引入了基于广播机制的操作数匹配，因此我们可以在同一个运算中使用不同维度的操作数，而运算结果的维度则与最高维度的操作数相同。比如，我们可以将一个矩阵与向量相加，结果还是一个矩阵。当然，也存在特殊的运算，导致 OperCategory_ 的默认版本行为是错误的。此时就需要特化这个元函数，提供修正后的行为——我们会在后文看到这样的例子。

6.3.4　辅助类模板 OperAuxParams

OperAuxParams 类模板用于保存运行期的额外参数。前文中提到，一个运算模板可能包含额外的参数，这些额外的参数可以分成编译期参数与运行期参数两类。其中，编译期参数保存在 Operation 的模板参数中，而运行期的额外参数则会保存在 OperAuxParams 类模板中。这个类模板的定义如下：

```
1  template <typename TOpTag, typename TElem, typename TCate>
2  class OperAuxParams
3  {
4  public:
5      bool operator == (const OperAuxParams&) const {
6          return true;
7      }
8  };
```

它接收 3 个模板参数，分别表示运算标签、计算单元的类型与运算结果的类别。其内部提供了一个平凡的 operator==操作：返回 true。operator==操作会在求值时被调用，以判断两个运算模板对象是否相等。

在 OperAuxParams 的定义中包含了 3 个模板参数，这是因为通常来说，给定这 3 个模板参数就足以确定 OperAuxParams 中需要包含的数据域与接口。OperAuxParams 的声明中并没有包含表示计算设备的模板参数，这是因为运行期的额外参数通常都是保存在 CPU 的内存之中的，无论运算所使用的计算设备是什么都是如此。因此表示计算设备的模板参数并不会提供任何额外的信息。

这个类模板的实现可以处理大部分情况：大部分运算是不需要额外参数的支持的，此时就可以使用 OperAuxParams 的平凡实现。如果我们确实需要为某个运算引入额外的参数，那么需要对该类模板进行特化。我们会在本章后面的具体运算示例中看到相应的示例。

6.3.5　辅助类模板 OperShapeInfo

OperShapeInfo 类模板用于提供尺寸相关的接口。其定义如下：

```
1  template <typename TOpTag, typename TCate, typename TPolicies>
2  class OperShapeInfo
3  {
4  public:
5      template <typename TOperAuxParams, typename... TOperands>
6      OperShapeInfo(const TOperAuxParams&,
7                    const TOperands&... operands)
8          : m_shape(CommonShape((operands.Shape()))...))
9      {}
10
11     const auto& Shape() const { return m_shape; }
12
13 private:
14     MetaNN::Shape<TCate::DimNum> m_shape;
15 };
```

这个类模板接收 3 个模板参数，分别表示运算标签、运算结果的类别，以及编译期参数。在其内部，它包含了一个构造函数，构造函数以运行期参数以及运算的操作数为输入，计算出运算结果所对应的形状并保存在 m_shape 之中。这个类模板同时提供了 Shape 接口以返回其中保存的形状信息。

这个类模板中虽然包含了编译期参数与运行期参数，但在计算形状的过程中并没有使用它们，而是调用了 CommonShape 函数，以每个操作数的形状作为输入来计算运算结果的形状。CommonShape 函数本身基于前文所讨论的"基于广播机制的操作数匹配"来计算运算结果的形状：

```
1   template <typename TShape>
2   auto CommonShape(const TShape& shape) { return shape; }
3
4   template <typename TShape1, typename TShape2, typename... TShapes>
5   auto CommonShape(const TShape1& shape1, const TShape2& shape2,
6                    const TShapes&... shapes)
7   {
8       assert(IsBroadcastMatch(shape1, shape2));
9       if constexpr (TShape1::DimNum > TShape2::DimNum)
10          return CommonShape(shape1, shapes...);
11      else
12          return CommonShape(shape2, shapes...);
13  }
```

这是一段典型的编译期循环代码，代码的第 4～13 行是循环的主体逻辑：它取出位于形状序列中的前两个形状，使用 IsBroadcastMatch 来断言这两个形状满足基于广播机制的操作数匹配原则。在此基础上选择维度较高的形状作为结果，递归调用 CommonShape 与形状序列中的后续元素进行匹配。代码的第 1～2 行用于终止循环：当序列中只包含一个元素时，就直接返回它表示的最终的计算结果。

IsBroadcastMatch 的实现如下：

```
1   template <typename TShape1, typename TShape2>
2   bool IsBroadcastMatch(const TShape1& shape1, const TShape2& shape2)
3   {
4       if constexpr ((TShape1::DimNum == 0) || (TShape2::DimNum == 0))
5           return true;
6       else if constexpr(TShape1::DimNum > TShape2::DimNum)
7           return IsBroadcastMatch(shape2, shape1);
8       else
9       {
10          auto it1 = shape1.rbegin();
11          auto it2 = shape2.rbegin();
12          while (it1 != shape1.rend())
13          {
14              if (*it1 != *it2) return false;
15              ++it1;
16              ++it2;
17          }
18          return true;
19      }
20  }
```

它接收两个 Shape 对象，判断二者在基于广播机制的前提下是否是匹配的。如果二者之中有一个是标量，则直接返回 true，否则从后向前比较两个对象每一维的值。如果某一维的值不相等，那么返回 false，否则返回 true（第 10～18 行）。

6.3.6 辅助类模板 OperSeq_

OperSeq_ 是最后一个元函数，用来封装求值相关的逻辑。这个元函数会调用一系列的辅助（元）函数，它们一起实现对某个运算模板的求值。

在第 5 章中，我们提到了数据类型应当提供求值接口以转换为相应的主体类型。作为一种复合类型，运算模板也不例外。运算模板的求值逻辑正是调用了 OperSeq_ 中相应的计算逻辑来完成主体类型的转换。

每个运算都需要引入相应的 OperSeq_ 特化，而一个 OperSeq_ 特化的版本可能会封装若干求值方法。每种求值方法都对应一种具体的计算情形，程序会在编译期与运行期根据实际的上下文来选择适当的方法完成求值——这一切都是为了确保求值的高效与稳定性。我们会在第 10 章详细讨论这一部分的逻辑。

6.4 运算模板的框架

运算模板 Operation 使用上述辅助类模板与辅助元函数实现相关的接口。接下来，让我们看一下 Operation 的定义：

```
1   template <typename TOpTag, typename TOperands,
2             typename TPolicies = PolicyContainer<>>
3   class Operation;
4
5   template <typename TOpTag, typename TPolicies, typename... TOperands>
6   class Operation<TOpTag, OperandContainer<TOperands...>, TPolicies>
7   {
8       static_assert(sizeof...(TOperands) > 0);
9       static_assert((is_same_v<RemConstRef<TOperands>, TOperands> && ...));
10  public:
11      using CategoryTag = OperCateCal<TOpTag, TPolicies, TOperands...>;
12      using ElementType = typename OperElementType_<TOpTag, TOperands...>::type;
13      using DeviceType = typename OperDeviceType_<TOpTag, TOperands...>::type;
14
15      template <size_t Id>
16      using OperandType = Sequential::At<OperandContainer<TOperands...>, Id>;
17
18  public:
19      explicit Operation(TOperands... p_operands)
20          : Operation(OperAuxParams<TOpTag, CategoryTag>{},
21                      std::move(p_operands)...) {}
22
```

```
23          explicit Operation(OperAuxParams<TOpTag, CategoryTag> auxParams,
24                             TOperands... p_operands)
25            : m_auxParams(std::move(auxParams))
26            , m_shapeInfo(m_auxParams, p_operands...)
27            , m_operands({std::move(p_operands)...}) {}
28
29          const auto& Shape() const { return m_shapeInfo.Shape(); }
30
31          // 求值相关接口
32          // ...
33
34          // 其他辅助接口
35          // ...
36      private:
37          OperAuxParams<TOpTag, CategoryTag> m_auxParams;
38          OperShapeInfo<TOpTag, CategoryTag, TPolicies> m_shapeInfo;
39          std::tuple<TOperands...> m_operands;
40
41          // 求值相关的数据成员
42          // ...
43      };
```

其中第 1～3 行为该运算模板的声明，而第 5～43 行为该运算模板的定义。之所以要额外引入一个声明，是因为 Operation 的第二个模板参数实际上是一个数组，其包含了每个操作数所对应的类型。在第 5～43 行的定义中，需要显式地使用这些操作数的类型，因此这里将模板的声明与定义分开，并在第 5～6 行通过模板特化的方式引入了操作数的类型序列 TOperands...。

Operation 的定义中首先引入了两个静态断言：用于判断其操作数的个数应当大于 0[①]；同时每个操作数所对应的类型中不应包含引用或者常量信息——我们在基本数据类型的讨论中提到过其计算单元类型不应该包含引用或者常量限定符。与之类似，我们也并不希望运算模板的操作数类型包含引用或者常量限定符。

随后，Operation 引入了一系列的元数据域，定义了该运算结果所对应的类别标签、计算单元与计算设备（第 11～13 行）。不难看出，这些定义均是调用了相应的辅助类模板来实现的。

Operation 的对象中存储了运行期的辅助参数（第 37 行）、运算结果对应的形状信息（第 38 行），同时使用一个 tuple 保存了每个操作数（第 39 行）。它提供了两个构造函数，第一个构造函数（第 19～21 行）以操作数对象为输入；第二个构造函数（第 23～27 行）以运行期参数以及操作数对象为输入。这些信息会被保存在 Operation 对象相应的数据域中，同时 Operation 对象还会调用 OperShapeInfo 的构造函数来计算它的形状（第 25～27 行）。Operation 同时提供了 Shape 接口来返回其形状信息，而这个接口本质上是调用 OperShapeInfo 的同名函数来实现相应的功能。

除了上述内容外，Operation 还提供了若干接口与数据成员。其中的一部分与求值相关，我们会在第 10 章进行讨论。除此之外，它还提供了一些辅助接口，如下。

---

① 不包含操作数的运算是没有意义的。

- OperandTuple：返回 m_operands，其中包含了所有的操作数对象。
- Operand：输入一个索引值（编译期常量），返回该索引值对应的操作数。
- AuxParams：返回 Operation 中保存的运行期参数。
- operator[]：返回运算结果的子 Tensor。

前 3 个接口是很平凡的：它们仅仅返回数据域中的部分内容。第 4 个接口本质上将返回一个新的运算模板对象，我们将在后续讨论具体的运算模板逻辑时，再回过头来讨论该接口的实现。

运算模板的衍进

在 MetaNN 的早期版本中，运算模板的定义如下：

```
1   template <typename TOpTag, typename TData>
2   class UnaryOp;
3
4   template <typename TOpTag, typename TData1, typename TData2>
5   class BinaryOp;
6
7   template <typename TOpTag,
8             typename TData1, typename TData2, typename TData3>
9   class TernaryOp;
```

这里实际上引入了多个类模板，来表示一元、二元与三元运算。这种设计有两个问题：首先，这些类模板中存在很多重复的代码；其次，它的可扩展性不高，如果要支持四元甚至更多操作数的运算符，就需要引入新的类模板。

此外，在原始的运算模板中是不支持额外参数的。从运算模板声明中可以看出，我们并没有提供模板形参来保存编译期的额外参数；同时，在运算模板的内部数据域中，也没有一个地方来存储运行期的额外参数。这些都在新的 Operation 运算模板中得到了改进。

6.5 运算实现示例

6.5.1 Sigmoid 运算

这里以 Sigmoid 运算作为第一个示例来讨论具体运算的实现。这个运算的逻辑非常简单，不会涉及对辅助类模板与辅助元函数默认逻辑的调整——这些元函数所提供的默认行为就已经满足了 Sigmoid 运算的要求。

Sigmoid 运算是神经网络中的一种运算，用于将一个实数映射到 (0,1) 区间中。它的计算公式是：

$$S(x) = \frac{1}{1 + e^{-x}}$$

当 x 趋于正无穷或负无穷时，这个函数的值趋于 1 或 0。这个函数通常在神经网络作为非线性变换层使用。

Sigmoid 运算接收张量，对张量中的每个元素按照上述公式进行变换。

1. 函数接口

Sigmoid 运算的函数接口定义如下：

```
1   template <typename TP,
2              enable_if_t<IsValidOper<OpTags::Sigmoid, TP>>* = nullptr>
3   auto Sigmoid(TP&& p_m)
4   {
5       using rawM = RemConstRef<TP>;
6       using ResType = Operation<OpTags::Sigmoid, OperandContainer<rawM>>;
7       return ResType(forward<TP>(p_m));
8   }
```

它是一个函数模板，接收 TP 类型的对象并返回相应的运算模板对象。让我们仔细分析一下这段代码，看看它都做了什么。

首先，作为一个函数模板，Sigmoid 函数包含了两个模板参数，但它的第二个模板参数实际上是 enable_if_t 元函数。回忆一下我们在第 1 章所讨论的关于这个元函数的知识就不难理解：这个模板参数实际上引入了一个分支逻辑，只有在 IsValidOper<OpTags::Sigmoid, TP>为 true 时，相应的代码才会通过编译，否则将被编译器拒绝。

换句话说，IsValidOper<OpTags::Sigmoid, TP> 本质上是一个选择器，用于确保函数输入参数的合法性。如果 TP 类型是合法的参数类型，那么 IsValidOper 元函数将返回 true，触发编译；否则元函数将返回 false，拒绝编译。由于这个元函数是 Sigmoid 函数唯一的接口，因此如果编译器拒绝将某个 Sigmoid 函数调用关联到这个元函数上时，就会产生编译错误，提示用户 Sigmoid 函数被误用。

我们在前文讨论过 IsValidOper 类模板的实现。在这个类模板的定义中，如果传入的参数类别是张量，那么它将返回 true。相应地，Sigmoid 函数只能处理 MetaNN 中的张量。

函数的第 3 行给出了其签名。注意，函数的返回类型在这里被设置成 auto——这是 C++14 的特性，表明其实际的返回类型由函数体的 return 语句决定。

这个函数内部首先调用 RemConstRef 去除了传入参数类型中的常量与引用限定符（如果有），之后使用 RemConstRef 返回的类型构造出运算模板类型（第 6 行），最后使用传入的参数构造出相应的运算对象并返回。

2. 用户调用

至此，我们已经完成了 Sigmoid 函数一半的编写工作[1]：它成功地构造出了 Operation 对象，并将该对象返回给了用户。基于这套逻辑，用户可以使用如下的代码来实现 Sigmoid 运算：

```
1   Scalar<...> slr;
2   Matrix<...> mat;
3
```

---

[1] 另一半工作是编写求值相关的逻辑，这部分留到第 10 章讨论。

```
4   // 为标量与矩阵设置数据...
5
6   auto s1 = Sigmoid(slr);
7   auto s2 = Sigmoid(mat);
8   auto s3 = Sigmoid(1.0); // 错误
```

其中第 6～7 行分别针对标量与矩阵调用了 Sigmoid 函数，构造了运算模板对象。这里有两点需要说明。首先，无论是标量还是矩阵，都可以作为 Sigmoid 函数的参数，系统将根据输入参数的类别标签自动地构造相应的操作对象。反之，第 8 行的调用则会触发编译错误，因为我们定义的 Sigmoid 函数不支持 double 类型。

其次，使用标量与矩阵构造出的操作对象数据类型不同，但框架的用户是不需要关心具体的数据类型的。这里使用了 C++11 中的 auto 来声明 s1 与 s2 的数据类型。s1 与 s2 的具体数据类型将由编译器推导得到。

至此，我们已经了解了 Sigmoid 函数在构造运算模板时的逻辑细节。Sigmoid 函数是一个相对简单的运算实现，但它的一些设计思想也会被用于设计更复杂的运算逻辑。

6.5.2　加法运算

加法运算比 Sigmoid 运算复杂一些。首先，它是一个二元运算，而参与运算的张量可能具有不同的维度；其次，我们希望加法运算能够更具有通用性，支持张量与数值相加。

1. IsValidOper 的特化

我们将重点关注张量与数值相加的实现。MetaNN 使用 OpTags::AddWithNum 表示张量与数值相加的运算。由于数值并不属于 MetaNN 的类型体系，因此很多默认的辅助元函数与辅助类模板都将无法使用数值。换句话说，我们需要为若干辅助逻辑引入特化。首先是 IsValidOper 元函数的特化：

```
1   template <typename TOp1, typename TOp2>
2   constexpr bool Valid()
3   {
4     if constexpr (IsValidCategoryTag<DataCategory<TOp1>> &&
5                   !IsValidCategoryTag<DataCategory<TOp2>>) {
6       return is_constructible_v<typename RemConstRef<TOp1>::ElementType,
7                                 TOp2>;
8     }
9     else if constexpr (!IsValidCategoryTag<DataCategory<TOp1>> &&
10                        IsValidCategoryTag<DataCategory<TOp2>>) {
11       return is_constructible_v<typename RemConstRef<TOp2>::ElementType,
12                                 TOp1>;
13     }
14     else {
15       return false;
16     }
17   }
18
19   template <typename TOp1, typename TOp2>
20   constexpr bool IsValidOper<OpTags::AddWithNum, TOp1, TOp2>
21       = Valid<TOp1, TOp2>();
```

IsValidOper 针对 OpTags::AddWithNum 的特化接收两个模板参数，它们分别对应了两个操作数的类型。IsValidOper 会调用 Valid 函数，传入操作数的类型作为模板参数，来判断操作数的合法性。

OpTags::AddWithNum 表示张量与一般数值相加。因此两个操作数必须一个是张量（拥有合法的类别标签），另一个是数值（没有合法的类别标签）。代码的第 4～5 行对应了第 1 个操作数是张量、第 2 个操作数是数值的情形，而第 9～10 行则对应了另一种情形。如果这两种情形均不满足，那么 Valid 函数将返回 false（第 15 行）。

为了实现张量与数值相加，我们还要求数值可以转换成张量中的计算单元类型。Valid 函数使用 is_constructible_v 元函数来实现这一判断。is_constructible_v 是 C++ 标准库中提供的元函数，它接收两个类型作为模板参数，当第 2 个模板参数类型可以转换为第 1 个模板参数类型时返回 true，否则返回 false。

Valid 函数是一个 constexpr 函数，它可以在编译期被调用，其返回值会被保存在编译期常量 IsValidOper 中。

2. OperAuxParams 的特化

对于 OpTags::AddWithNum 来说，参与相加的两个操作数分别是张量与数值。如前文所述，通常来说 MetaNN 只会将张量作为操作数处理，而数值则保存在额外的参数之中。相应地，我们需要为 OpTags::AddWithNum 引入额外的参数，来保存用于相加的数值。

MetaNN 支持在编译期与运行期保存额外的参数。对于 OpTags::AddWithNum 来说，我们可以选择将数值保存在编译期参数中，也可以选择将其保存在运行期参数中。MetaNN 选择使用运行期参数来保存该数值，相应地，我们需要特化 OperAuxParams 类模板保存该数值。OperAuxParams 针对 OpTags::AddWithNum 的特化版本实现如下：

```
template <typename TElem, typename TCate>
struct OperAuxParams<OpTags::AddWithNum, TElem, TCate>
    : public OperAuxValue<TElem>
{
    using TBase = OperAuxValue<TElem>;
    using TBase::TBase;
    using TBase::operator==;
};
```

它派生自 OperAuxValue 类模板。OperAuxValue 类模板可以保存一个数值，并提供了 operator== 来判断两个对象是否相等：

```
template <typename TValue>
struct OperAuxValue
{
public:
    OperAuxValue(TValue val)
        : m_value(val)
        , m_instID(InstanceID::Get()) {}

    const auto& Value() const { return m_value; }
```

```
10
11          bool operator== (const OperAuxValue& val) const {
12              return m_instID == val.m_instID;
13          }
14
15      private:
16          TValue m_value;
17          size_t m_instID;
18      };
```

OperAuxValue 在内部将数值保存在 m_value 中，而除了这个数据域外，它还包含一个数据域 m_instID。这个数据域用来实现判等操作：OperAuxValue 中可能保存的是浮点数。对于这种情形，我们并不能直接比较两个浮点数是否相等。因为即使对于以下的代码来说：

```
1      float x;
2      float y = x;
3      bool res = (y == x);
```

其中 res 的值也可能为 false。这是因为两个浮点数可能一个位于寄存器中，一个位于内存中，二者之间可能存在舍入误差，导致判断出错。

事实上，我们将在第 10 章看到，在 MateNN 中，我们只需要确保在一个对象复制自另一个对象时，两个对象相等即可。因此，我们在这里使用了 m_instID 来作为对象的标识。MetaNN 中引入了一个函数 InstanceID::Get 以确保在每次调用时都会获取一个不同的值。这样，每次通过代码的第 5 行构造 OperAuxValue 时，构造出的对象均具有不同的 m_instID。反过来，如果是通过复制得到的 OperAuxValue，那么对象将具有相同的 m_instID。由于 operator==使用 m_instID 进行判等，这就能确保通过复制获得的对象是相等的。考虑如下的代码：

```
1      OperAuxValue<float> x(1.0f);
2      OperAuxValue<float> y(1.0f);       // x != y
3      OperAuxValue<float> z(x);          // x == z
```

3. 函数接口

在为辅助类模块引入了相应的特化后，接下来我们可以考虑引入一个可供用户调用的接口。前文主要讨论了张量与数值相加的辅助函数，但除此之外，我们还希望支持张量与张量相加。我们并不希望为每种不同的加法提供一个单独的接口。在 MetaNN 中，表示操作数相加的接口只有一个[①]：

```
1      template <typename TP1, typename TP2,
2                  enable_if_t<IsValidOper<OpTags::Add, TP1, TP2> ||
3                              IsValidOper<OpTags::AddWithNum, TP1, TP2>>*
4                              = nullptr>
5      auto operator+ (TP1&& p_m1, TP2&& p_m2)
```

---

① 当然，作为一个函数模板，这个接口可能会被编译器实例化出多个版本。

```
6  {
7      if constexpr (IsValidOper<OpTags::Add, TP1, TP2>)
8      {
9          using rawOp1 = RemConstRef<TP1>;
10         using rawOp2 = RemConstRef<TP2>;
11         using ResType = Operation<OpTags::Add,
12                                   OperandContainer<rawOp1, rawOp2>>;
13         return ResType(std::forward<TP1>(p_m1), std::forward<TP2>(p_m2));
14     }
15     else if constexpr (IsValidOper<OpTags::AddWithNum, TP1, TP2>)
16     {
17         if constexpr (!IsValidCategoryTag<DataCategory<TP1>> &&
18                        IsValidCategoryTag<DataCategory<TP2>>)
19         {
20             using rawOp = RemConstRef<TP2>;
21             using ResType = Operation<OpTags::AddWithNum,
22                                       OperandContainer<rawOp>>;
23             using AimCate = OperCateCal<OpTags::AddWithNum,
24                                         PolicyContainer<>, rawOp>;
25             OperAuxParams<OpTags::AddWithNum, typename rawOp::ElementType,
26                           AimCate> params(p_m1);
27             return ResType(std::move(params), std::forward<TP2>(p_m2));
28         }
29         else if constexpr (IsValidCategoryTag<DataCategory<TP1>> &&
30                           !IsValidCategoryTag<DataCategory<TP2>>)
31             ...
32         else
33             static_assert(DependencyFalse<TP1, TP2>);
34     }
35     else {
36         static_assert(DependencyFalse<TP1, TP2>);
37     }
38 }
```

这个函数包含 3 个模板参数，其中第 3 个模板参数与 Sigmoid 函数的第 2 个模板参数功能类似，都是用于断言输入参数类型的合法性的。但与 Sigmoid 函数不同的是，这个模板参数由 IsValidOper<OpTags::Add, TP1, TP2>与 IsValidOper<OpTags::AddWithNum, TP1, TP2>两部分组成。如果输入的参数类型对于 OpTags::Add 合法，或者对于 OpTags::AddWithNum 合法，它就是合法的。

IsValidOper 对 OpTags::Add 并没有引入特化，因此，如果输入的两个操作数都是 MetaNN 中的张量，那么 IsValidOper<OpTags::Add, TP1, TP2>将返回 true。根据前文的讨论我们知道，如果输入的操作数分别为 MetaNN 中的张量以及一个数值时，IsValidOper<OpTags::AddWithNum, TP1, TP2>将返回 true。相应地，operator+函数可以接收两个 MetaNN 中的张量、作为输入，或者接收一个张量、一个数值作为输入。

在函数的内部，我们使用了 if constexpr 在编译期选择适当的处理逻辑：如果输入的是两个张量，那么系统会使用代码第 9～13 行中的逻辑进行处理；如果输入的是一个张量与一个数值，那么系统会使用第 17～33 行中的逻辑进行处理。如果不满足这两种情形，那么系统会使用第 36 行的逻辑进行处理。第 36 行引入了一个静态断言，如果表达式的值为 false，则会触发编译错误。DependencyFalse 的定义如下：

```
1   template <typename... T>
2   constexpr static bool DependencyFalse = false;
```

它可以接收若干类型的参数，并直接返回 false。注意第 36 行不能书写为 static_assert(false)，因为编译器在解析到这条语句时就会触发编译失败。我们需要使用 DependencyFalse 来作为一个中间层，这样只有 else 中的逻辑被触发时才会触发编译失败。

事实上，就目前的逻辑而言，第 35～37 行的 else 一定不会被触发：因为函数的第 3 个模板参数限制了其逻辑只能选择前两个分支之一。第 35～37 行的主要作用是防止在后续程序升级的过程中引入错误而使得编译期并没有选择前两个分支中的任何一个。如果没有这一部分代码，那么在出现这种情况时，这个函数不会进行任何操作，而直接返回 void。有了这层保护代码，就可以在程序错误进入该分支时产生相应的编译错误提示。

代码的第 9～13 行处理两个张量相加的情形，其逻辑与 Sigmoid 函数的类似。只不过在 Sigmoid 函数中，我们所构造的是包含一个操作数的 Operation 类模板，而在这里我们所构造的是包含两个操作数的 Operation 类模板。

代码的第 17～33 行则用于处理张量与数值相加的情形，此时还要分不同的情况讨论：第 17～28 行处理的是第 1 个操作数为数值、第 2 个操作数为张量的情形；第 29～30 行所对应的分支则处理的是另外一种情形。最后，我们在第 32 行引入了一个类似的保护分支，防止因后续的错误修改而使得程序没有选择前两个分支中的任何一个。

第 17～28 行的分支逻辑与第 29～30 行的分支逻辑很相似，因此本书只罗列出了一段。以第 17～28 行的逻辑为例：它首先使用传入的数值构造出了 OperAuxParams 类型的对象（第 25～26 行），并在此基础上构造出了运算标签为 OpTags::AddWithNum 的运算模板对象，传入刚刚构造好的运行期参数以及另一个操作数并返回（第 27 行）。

在引入上述函数后，用户可以使用如下的代码来构造运算模板：

```
1   Tensor<float, CPU, 2> mat1, mat2;
2   auto res1 = mat1 + mat2;
3   auto res2 = mat1 + 1;
```

其中 res1 与 res2 分别是以 OperTags::Add、OperTags::AddWithNum 为标签的运算模板。

6.5.3 点乘运算

在 6.5.2 小节中，我们通过加法运算展示了如何特化运行期参数类以保存运算所需要的额外参数。除了运行期的额外参数外，MetaNN 的模板还支持编译期的额外参数。本小节将以点乘运算为例，讨论如何使用编译期的额外参数。

1. 点乘运算的引入

通常来说，点乘运算以两个矩阵为输入，产生一个新的矩阵。假定输入矩阵为 *a*、*b*，

其形状分别为 $M \times K$ 与 $K \times N$，那么 dot($\boldsymbol{a}, \boldsymbol{b}$)的形状为 $M \times N$，同时满足：

$$\mathrm{dot}\left(\boldsymbol{a}, \boldsymbol{b}\right)_{i,j} = \sum_{k=1}^{K} a_{i,k} \times b_{k,j}$$

我们可以将点乘运算进一步推广，使得其可以用两个维度大于 0 的张量作为输入。假定输入的张量 $\boldsymbol{a}$、$\boldsymbol{b}$ 的维度分别为（$M+D$）维与（$D+N$）维，同时第 1 个张量后 D 维中每一维的数值与第 2 个张量前 D 维中每一维的数值相匹配，那么输出张量 dot($\boldsymbol{a},\boldsymbol{b}$)的维度为 $M+N$，同时输出结果中的每个元素的计算方法为：

$$\mathrm{dot}(a,b)_{i_1,\ldots,i_m,j_1,\ldots,j_n} = \sum_{k_1,\ldots,k_d} a_{i_1,\ldots,i_m,k_1,\ldots,k_d} \times b_{k_1,\ldots,k_d,j_1,\ldots,j_n}$$

例如，我们可以将一个形状为 3×4×5×6 的张量与一个形状为 5×6×7×8 的张量进行点乘，产生形状为 3×4×7×8 的张量。

张量点乘实际上是矩阵点乘的推广。如果 $D=1$，同时输入的两个张量都是二维矩阵，那么张量点乘实际上就是矩阵点乘。在进行张量点乘时，除了两个操作数外，我们还需要提供一个额外的维度信息 D。MetaNN 会使用编译期的额外参数来保存这个维度信息。

之所以选择编译期而非运行期的额外参数，有两个原因。原因之一是这个参数通常来说在编译期就可以被确定了，不需要在运行期根据深度学习系统的计算结果决定。原因之二也是更重要的原因是：这个参数决定了计算结果的维度。MetaNN 将数据的维度信息作为编译期常量来处理，因此我们必须在编译期获取该参数，才能通过元函数计算出运算结果的维度。

2. 引入 policy

MetaNN 使用 policy 来传递编译期需要的额外参数。我们在第 3 章讨论过 policy 模板，这里会使用该技术来引入编译期参数。为了使用 policy 模板，我们需要首先定义相应的 policy：

```
1   struct DimPolicy
2   {
3       using MajorClass = DimPolicy;
4
5       struct ModifyDimNumValueCate;
6       static constexpr size_t ModifyDimNum = 1;
7
8       // ...
9   };
10  ValuePolicyTemplate(PModifyDimNumIs, DimPolicy, ModifyDimNum);
```

我们在这里定义了一个 policy 组，其中包含了 ModifyDimNum 以及一些其他的 policy。目前点乘运算只会使用 ModifyDimNum。ModifyDimNum 的默认值为 1，表示默认情况下 $D=1$，而这也符合一般的使用情况：默认情况下点乘运算的输入是两个矩阵，同时 $D=1$，这对应了矩阵点乘的情况。

3. 函数接口

在定义了 policy 后，接下来让我们看一下 MetaNN 是如何使用这个 policy 来实现点乘接口，并构造相应的运算对象的：

```
1    template <typename TPolicy = PolicyContainer<>,
2              typename TP1, typename TP2,
3              enable_if_t<IsValidOper<OpTags::Dot, TP1, TP2>>* = nullptr>
4    auto Dot(TP1&& p_m1, TP2&& p_m2)
5    {
6        constexpr size_t modDimNum
7            = PolicySelect<DimPolicy, TPolicy>::ModifyDimNum;
8        static_assert(DataCategory<TP1>::DimNum >= modDimNum);
9        static_assert(DataCategory<TP2>::DimNum >= modDimNum);
10
11       for (size_t id1 = DataCategory<TP1>::DimNum - modDimNum, id2 = 0;
12            id2 < modDimNum; ++id1, ++id2)
13       {
14           if (p_m1.Shape()[id1] != p_m2.Shape()[id2])
15               throw runtime_error("Dot shape mismatch");
16       }
17
18       using ResType
19           = Operation<OpTags::Dot,
20                       OperandContainer<RemConstRef<TP1>, RemConstRef<TP2>>,
21                       PolicyContainer<PModifyDimNumIs<modDimNum>>>;
22       return ResType(forward<TP1>(p_m1), forward<TP2>(p_m2));
23   }
```

这个函数的实现同时涉及编译期与运行期计算。让我们详细地分析它所包含的逻辑。首先来看一下函数声明。

这个函数包含 4 个模板参数，第 1 个模板参数是传入的 policy 数组，中间两个模板参数是操作数的类型，而最后一个模板参数用于确保传入操作数类型的合法性。在这 4 个模板参数中，第 1 个与最后一个有默认值，而中间两个模板参数没有默认值。这看起来比较奇怪，因为函数的参数的默认值只能放在参数序列的尾部，比如如下的函数声明：

```
1    void fun1(int a, int b = 0);    // OK
2    void fun2(int a = 0, int b);    // Error
```

其中第 2 个函数声明是非法的，因为第 1 个参数有默认值，而第 2 个参数没有默认值。

但在模板参数中，这种声明方式就是合法的了。之所以这样设计，是因为即使一些参数没有默认值，也可以通过函数的参数推导来确定相应的取值。以点乘为例，对于以下的调用：

```
1    Matrix<...> mat;
2    ZeroTensor<...> ten;
3    Dot(mat, ten);
```

编译器在解析到 Dot 调用时，可以推导出 TP1 与 TP2 的类型。

另外，这里特意将 policy 数组作为第 1 个而非第 3 个模板参数：

```
1  template <typename TP1, typename TP2,
2            typename TPolicy = PolicyContainer<>,
3            enable_if_t<IsValidOper<OpTags::Dot, TP1, TP2>>* = nullptr>
4    auto Dot(TP1&& p_m1, TP2&& p_m2);
```

这是因为如果将 policy 数组作为第 3 个模板参数，那么如果要指定 policy，就需要显式给出 TP1 与 TP2 的定义[①]；但如果将 policy 数组作为第 1 个模板参数，如果我们需要修改默认的 policy，那么只需给出该 policy 的值，编译器还是可以自动推导出 TP1 与 TP2 所对应的类型。

在这个函数的内部，我们首先通过元函数获取 ModifyDimNum 的值，同时引入了两个静态断言来确保该值小于或等于两个操作数的维度（第 6～9 行）。之后的第 11～16 行将第一个操作数的最后 ModifyDimNum 维与第 2 个操作数的前面 ModifyDimNum 维进行比较，确保这些维度对应的值是匹配的。在此基础上，第 18～22 行构造相应的运算模板并返回。

注意，在构造运算模板时，我们需要传入静态参数（第 21 行）。第 21 行并没有直接传入函数输入的 policy 数组 TPolicy，而是重新构造了一个 policy 容器。之所以这样做，是因为函数输入的 policy 数组可能包含其他的内容，这些内容对点乘运算模板没有用处。因此在这里构造一个新的 policy 容器，过滤掉没有用的内容。

4. 辅助元函数与辅助类模板的特化

为了支持点乘，我们还需要特化一些辅助元函数与辅助类模板，首先是 IsValidOper 元函数：

```
1  template <typename TOperand1, typename TOperand2>
2  constexpr bool IsValidOper<OpTags::Dot, TOperand1, TOperand2> =
3      (DataCategory<TOperand1>::DimNum >= 1) &&
4      (DataCategory<TOperand2>::DimNum >= 1);
```

在这里，我们要求两个输入操作数的维度均大于或等于 1，这是因为如果输入数据的维度为 0（一个标量），那么点乘是没有定义的。

其次是 OperCategory_ 的特化，用于返回运算结果的类别：

```
1  template <typename TPolicy, typename TOperand1, typename TOperand2>
2  struct OperCategory_<OpTags::Dot, TPolicy, TOperand1, TOperand2>
3  {
4      constexpr static size_t modDimNum
5          = PolicySelect<DimPolicy, TPolicy>::ModifyDimNum;
6      constexpr static size_t OriDim
7          = TOperand1::DimNum + TOperand2::DimNum;
8      using type = CategoryTags::Tensor<OriDim - modDimNum * 2>;
9  };
```

[①] 如果将 policy 数组作为第 3 个模板形参，那么调用函数模板时，如果只提供了一个模板实参，该模板实参只能匹配第 1 个模板形参。为了提供 policy 的内容，我们将不得不显式提供第 1 个与第 2 个模板形参，即使它们可以基于函数输入参数推导而出，也是如此。

OperCategory_的默认版本会选择维度最大的操作数,以其类别作为计算结果的类别,但这种方式对点乘并不适用。点乘结果的类别要根据输入操作数的类别以及额外的编译期参数计算得到。因此这里引入了相应的特化。

最后,我们还需要特化 OperShapeInfo 类模板,以返回正确的形状信息:

```cpp
template <typename TCate, typename TPolicies>
class OperShapeInfo<OpTags::Dot, TCate, TPolicies>
{
public:
    template <typename TOperAuxParams,
              typename TOperand1, typename TOperand2>
    OperShapeInfo(const TOperAuxParams&,
                  const TOperand1& operand1, const TOperand2& operand2)
    {
        if constexpr(TCate::DimNum > 0)
        {
            constexpr static size_t modDimNum
                = PolicySelect<DimPolicy, TPolicies>::ModifyDimNum;
            constexpr static size_t op1Dims
                = DataCategory<TOperand1>::DimNum;
            constexpr static size_t op2Dims
                = DataCategory<TOperand2>::DimNum;

            size_t p = 0;
            for (size_t i = 0; i < op1Dims - modDimNum; ++i)
              m_shape[p++] = operand1.Shape()[i];

            for (size_t i = modDimNum; i < op2Dims; ++i)
              m_shape[p++] = operand2.Shape()[i];
        }
    }
    // ...
};
```

原始的形状信息是使用基于广播的操作数匹配机制计算得到的。同样,这种方式并不适用于点乘运算。我们需要将第 1 个操作数的前几维与第 2 个操作数的后几维拼接起来形成结果的形状。

6.6 其他运算

至此,我们完成了 MetaNN 中运算设计方法的针对性讨论。在讨论的过程中,我们并没有罗列出 MetaNN 运算的全部细节,而是通过示例重点介绍了其中的设计思想。当前,MetaNN 中并未引入很多的运算,我们可以按照本章所讨论的方式为 MetaNN 引入更多、更丰富的运算。本节将简单列出一些 MetaNN 支持的运算,阐述其实现中的特别之处。

6.6.1 四则运算

MetaNN 支持两个张量，或者一个张量与一个数值的加、减、乘、除运算，其实现方法与前文所讨论的加法类似。这里有一点需要说明的是，我们引入了 AddWithNum 与 MultiplyWithNum 来表示张量与数值相加或相乘，但对于减法和除法来说则不能这样做。因为减法与除法不满足交换律，因此我们需要引入不同的运行标签来表示第 1 个操作数为数值，或者第 2 个操作数为数值的情况。比如对于减法来说，我们引入了 SubstractFromNum 与 SubstractByNum 表示数值与张量相减，除法也是如此。

由于引入了更多的标签，我们就需要在减法与除法的函数接口中进行更多的判断以处理不同的输入情形。

6.6.2 Slice 运算

Slice 运算给定一个张量与一个维度值（运行期参数），返回该张量对应的子 Tensor。这个运算本身实现起来并不复杂，但值得关注的是它的对外接口并非一个函数，而是 Operation 类模板的一个成员函数：

```
 1  template <typename TOpTag, typename TOperands,
 2          typename TPolicies = PolicyContainer<>>
 3  class Operation
 4  {
 5    auto operator[](size_t index) const
 6    {
 7      if constexpr (IsValidOper<OpTags::Slice, Operation>)
 8      {
 9          using ResType = Operation<OpTags::Slice,
10                                    OperandContainer<Operation>>;
11          auto params
12              = OperAuxParams<OpTags::Slice,
13                              typename ResType::ElementType,
14                              typename ResType::CategoryTag>(index);
15          return ResType(params, (const Operation&)*this);
16      }
17      else
18          static_assert(DependencyFalse<Operation>);
19    }
20
21    //...
22  };
```

对于 Slice 运算来说，其输入操作数的维度必须大于 0，因为标量不能构造子 Tensor。在此基础上，代码的第 9~10 行推导出相应的返回类型，第 11~14 行构造出相应的运行期参数对象，第 15 行则构造出相应的运算模板对象并返回。

还有一点需要说明的是：在代码的第 10 行与第 18 行需要传入相应的类型信息，其中第 10 行需要传入操作数的类型信息以构造返回类型；第 18 行则需要传入一个类型信息作为 DependencyFalse 的参数。但在这两处，我们都使用了 Operation——这是类模板的名称而非一个类型。之所以能这样做，是因为 C++ 中规定，如果在某个类模板的定义中引用该类模板的名称，那么相应的名称会被解析成类型，以模板形参作为相应的模板实参。

6.6.3 Permute 运算及其相关运算

Permute 运算输入一个张量以及一个编译期的维度序列，它会将张量中的元素按照维度序列重新排序以构造新的张量。比如对于如下的调用：

```
1    Tensor<float, CPU, 3> input;
2    auto res = Permute<PolicyContainer<PDimArrayIs<2, 0, 1>>>(input);
```

输出结果 res 满足：

$$res(k,i,j) = input(i,j,k)$$

即输入张量的第二、零、一维将分别被移动到输出张量的第零、一、二维。

这个运算的特别之处在于：它虽然也使用了 policy 来引入编译期参数，但我们无法为相应的编译期参数给出合理的默认值——编译期参数是一个数组，而数组的长度与操作数的维度相关，很难给出默认值，因此这里使用了无默认值的 policy。我们在第 3 章讨论过这种特殊类型的 policy。读者可以阅读相应的代码来了解此类 policy 的使用方法。

在 Permute 运算的基础上，MetaNN 还引入了两种相关的运算：Transpose 与 PermuteInv。Transpose 的定义如下：

```
1    template <typename TP,
2              enable_if_t<IsValidOper<OpTags::Permute, TP>>* = nullptr>
3    auto Transpose(TP&& oper)
4    {
5        static_assert(DataCategory<TP>::DimNum == 2);
6        return Permute<PolicyContainer<PDimArrayIs<1, 0>>>(forward<TP>(oper));
7    }
```

在其内部，它要求操作数的维数必须是 2——操作数必须是一个矩阵。在此基础上，它将矩阵的行与列互换，即实现了转置操作。

PermuteInv 是 Permute 的逆运算。对于以下的调用：

```
1    Tensor<float, CPU, 3> input;
2    auto inter = Permute<PolicyContainer<PDimArrayIs<2, 0, 1>>>(input);
3    auto res = PermuteInv<PolicyContainer<PDimArrayIs<2, 0, 1>>>(inter);
```

输出结果 res 满足：

$$res(i,j,k) = input(i,j,k)$$

在其内部，它引入了一个元函数将静态参数中的数组进行变换，在此基础上调用 Permute 实现索引重排。

6.6.4　ReduceSum 运算

ReduceSum 运算输入一个张量，对张量中的若干维度求和。对于如下的调用：

```
1 │  Matrix<...> mat(3, 5);
2 │  auto res = ReduceSum<PolicyContainer<PDimArrayIs<1>>>(mat);
```

其中 res 是一个包含了 3 个值的向量，满足：

$$res_i = \Sigma_{j=0}^4 mat_{i,j}$$

ReduceSum 运算的独特之处在于：它可以接收 DimArray 或者 ModifyDimNum 两个运行期参数中的一个。其中 DimArray 是一个维度数组，指定了输入操作数中的哪些维度要进行归并操作；ModifyDimNum 是一个数值，表示输入操作数中的前几维要进行归并操作。在 ReduceSum 运算中使用了 CompileTimeSwitch [①] 将不同的 policy 转换成统一的表示形式并处理。

6.6.5　非线性变换与相应的梯度计算

MetaNN 中实现了若干非线性变换，前文提到的 Sigmoid 是其中的一种，除此之外，MetaNN 还包含了 tanh、ReLU 等。读者可以在网络上搜索相应的文献，了解其数学公式。

很多变换都对应了相应的梯度计算。比如，Sigmoid 所对应的梯度计算 SigmoidGrad：Sigmoid 用于在正向传播时计算输出，而 SigmoidGrad 则用于在反向传播时计算梯度值。对 Sigmoid 来说，有：

$$S(x) = \frac{1}{1 + e^{-x}}$$

因此

$$S'(x) = \frac{e^{-x}}{\left(1 + e^{-x}\right)^2} = S(x)\left(1 - S(x)\right)$$

当操作以 $S(x)$ 为输入时，$S(x)(1-S(x))$ 就是 x 的梯度。这个梯度会与上层传播过来的梯度相乘并作为新的梯度向下继续传播。因此，这个操作要接收两个参数：上层传播过来的梯度 x_1 与 Sigmoid 之前的计算结果 x_2。在此基础上输出新的梯度值：

$$res = x_1 x_2 (1 - x_2)$$

以上我们简要介绍了 MetaNN 中包含的运算。深度学习是一个发展速度非常快的领域，新的处理方法层出不穷。我们很难在其中引入全部的张量运算。但 MetaNN 本身是可扩展的，可以采用本章讨论的方法为其引入更多的运算。

---

① 见 1.4.3 小节。

6.7 运算的折中与局限性

6.7.1 运算的折中

很多时候，引入运算所涉及的主要问题并非代码的编写，而是在"使用现有运算组合"与"引入新的运算函数"之间进行折中——这更多的是一个设计层面的问题。很多运算都可以由其他的运算组合得到，典型的例子是可以通过元素乘法与元素加法组合出元素减法：

$$A - B = A + (-1) \times B$$

那么，是否有必要引入减法呢？本质上，表达式模板本身可以被视为一种树型结构。如果我们选择使用现有运算的组合来构成新的运算，就会使得整个表达式树加深——比如，在引入减法操作时，我们只需要一个根结点表示运算结果，两个叶子结点表示操作数；如果采用加法与乘法对减法进行"模拟"，那么构造出的减法树需要 5 个结点表示：需要用 3 个结点表示乘法的操作数与乘法结果，另外两个结点分别表示另一个操作数与减法结果。树的深度增加会增大后期优化的难度。

同时，我们也不能为每一种可能的运算组合都引入新的运算表达式：这将大大增加运算表达式的数目，不利于系统维护。比较好的折中方案是，引入专门的运算函数表示深度学习框架中可能会被经常用到的运算，如果某项运算用得并不是那么频繁，那么可以用多个子运算组合出来。

6.7.2 运算的局限性

运算是建立在数据上的一种构造，它通过对原始数据进行组合与变换形成新的数据。它在深度学习框架中会被经常用到，但它还是属于一种相对底层的构造，在使用上有一定的局限性。

首先，对于并未深入了解深度学习系统的用户来说，确定在什么时候使用什么运算是一件比较困难的事。本章的讨论中并没有涉及很多的计算推导，大部分都是直接给出的结论。比如该如何计算 Softmax 所对应的梯度等。这是因为这些数学推导超出了本书所讨论的范围。但反过来，对于不熟悉这些数学原理的读者来说，看到这个部分就可能会存在一些疑问：为什么某个运算的梯度是这样的形式？事实上，如果将运算直接提供给最终用户使用，最终用户也可能存在同样的疑问。这是我们不希望看到的。

其次，运算还可能存在被误用的危险：比如对于 SigmoidGrad 来说，它要求以 Sigmoid 的输出结果作为其输入。换句话说，假定 Sigmoid 的输入为 x，输出为 y，那么我们要以 y 作为 SigmoidGrad 的输入，才能求得其关于 x 的梯度。但这一点并未在 SigmoidGrad 的函数声明与定义中体现出来。一种典型的误用是使用 Sigmoid 的输入作为 SigmoidGrad 的输入：如果以 *x* 作为 SigmoidGrad 的输入，那么求得的结果将是错误的。

这样的局限性要求我们引入更高级的构造，从而提供方便、不易误用的接口。我们将在第 7 章讨论"层"的概念，作为操作的上级组件，层会对操作进行更好的组合与封装。

6.8　小结

本章讨论了 MetaNN 中运算的设计与实现。

MetaNN 使用表达式模板来表示运算。表达式模板是运算与数据之间的桥梁，它对运算进行了封装，同时提供了数据所需要支持的接口。通过表达式模板，我们将运算的求值过程后移，以提供更大的优化空间。

作为一个深度学习框架，MetaNN 需要支持各种不同类型的运算，并提供足够方便的扩展接口。为了达到这个目的，我们引入了若干辅助类模板，分别封装了运算所涉及的不同部分。通过对这些辅助类模板进行特化，我们可以引入不同的运算行为。

本章给出了若干运算实现的具体示例，并简单罗列出了 MetaNN 目前所支持的部分运算。这些都可以作为运算实现的有益参考。

表示运算的表达式模板封装了运算中大量的实现细节，使得其接口尽量简单。但即使如此，运算所提供的接口还是不够友好，它是有一些局限性的——过多的运算会让用户出现选择困难以及误用。为了解决这个问题，我们将在第 7 章引入"层"的概念，进行进一步的封装，提供更好的接口。

6.9　练习

1. OperShapeInfo 的构造函数声明如下：

```
1   template <typename TOperAuxParams, typename... TOperands>
2   OperShapeInfo(const TOperAuxParams&,
3                 const TOperands&... operands);
```

其中的第 1 个参数类型为 TOperAuxParams，它是一个模板参数。这个模板参数实际上对应了运行期的额外参数。考虑一下，能否去掉 TOperAuxParams 这个模板参数，而直接使用 OperAuxParams 类模板作为第 1 个函数参数的类型？这样做有什么好处，有什么坏处？

2. 在讨论点乘实现时，我们提到过要在构造运算模板时重新构造一个 policy 容器以去掉没有用途的 policy。请深入思考一下，如果没有去掉无用的 policy，只是使用如下的方式来构造返回类型：

```
1  using ResType
2      = Operation<OpTags::Dot,
3                  OperandContainer<RemConstRef<TP1>, RemConstRef<TP2>>,
4                  TPolicy>;
```

会产生什么问题?

3. 阅读并分析 MetaNN 目前所实现的运算,理解具体运算是如何通过辅助函数与运算框架相关联的。

4. (需要具备深度学习背景知识)并非所有的运算都需要引入相应的求导运算,比如矩阵的四则运算,又如点乘运算,MetaNN 都没有引入相应的求导运算。分析这种设计的原因(可以结合第 7 章中对相关层的讨论进行分析)。

第 7 章

基本层

第 6 章讨论了 MetaNN 中的运算。MetaNN 使用表达式模板来表示运算，从而将整个运算过程后移，为系统的整体优化提供了前提。在第 6 章的结尾，我们也谈到了：运算并不是对用户友好的接口——它们很容易被误用。因此，我们需要在运算的基础上再进行封装：引入"层"的概念。我们会以 3 章的篇幅来讨论 MetaNN 中的层，本章会讨论 MetaNN 中的基本层，而后文将讨论 MetaNN 中的复合层与循环层。

层对运算进行了封装，提供了相对易用的接口。MetaNN 的用户可以通过层来组织深度学习网络，进行模型的训练与预测。可以说，层是一个非常接近最终用户的概念。深度学习是一个发展非常快速的领域，新的技术层出不穷。为了能够支持更多的技术，一方面，我们需要让整个框架可以比较容易地引入新的层；另一方面，已有的层需要足够灵活——能够支持不同的配置，在行为细节上进行调整。这些都是 MetaNN 在设计"层"这个概念时需要考虑的。也正是这种灵活性让我们需要以 3 章的篇幅来讨论其实现细节。

本章讨论基本层，其主要作用是封装运算，形成最基本的执行逻辑。第 8 章讨论的复合层则是基本层的组合——这是典型的组合模式。复合层与基本层共享一些设计上的理念，因此，理解基本层的设计思路也是理解复合层的前提。

与前几章类似，在实际进行代码开发之前，我们有必要分析"层"这个概念应该包含哪些功能，以及要用什么样的方式引入这些功能——这些组成了层的设计理念。让我们从这一点出发，开始层的讨论。

7.1 层的设计理念

7.1.1 概述

从用户的角度来看，层是组成深度学习网络的基本单元。一个深度学习网络通常需要提供两种类型的操作：训练和预测。二者都与层有密切的关系。

深度神经网络中包含了大量的参数，通常来说，这些参数以张量的形式保存在组成深度神经网络的层中。模型训练是指通过训练数据优化网络参数的过程。典型的训练方式是监督式训练：给定训练数据$(x_1,y_1),(x_2,y_2),...,(x_n,y_n)$，其中的每个 (x_i,y_i) 为一个样本，x_i 为样本的输入信息，而 y_i 则是对应该样本的标注结果。训练模型的目的是调整网络参数，使得模型在输入 x_i 时，其输出与 y_i 尽量接近。深度神经网络的典型训练方式是，将 x_i 输入网络，计算出在当前参数的情况下网络的输出值，将该值与标注 y_i 进行比较，获取二者之间的差异[①]，并在之后根据该差异调整网络中的参数。

模型训练可以分成两步：根据 x_i 计算网络预测结果，以及根据网络的表现调整参数。网络预测的计算顺序与参数调整的顺序刚好相反。假定一个网络包含了 A、B 两个层。在预测时，x_i 会首先输入 A，A 的输出传递给 B，B 的输出作为整个网络的输出。那么在进行参数矩阵调整时，表示差异的梯度数据会首先传递给 B，由 B 进行处理后将结果再传递给 A，A 则会使用 B 传递给它的梯度调整其内部所包含的参数。

我们使用正向传播来描述网络的预测过程，使用反向传播来描述网络参数的梯度计算过程。对于任何一个层来说，本书将正向传播时接收的输入信息称为输入特征（或简称为输入），输出信息称为输出特征（或简称为输出）；反向传播时接收的输入信息称为输入梯度，输出信息称为输出梯度。如果该层需要对它所包含的参数进行更新，那么需要使用输入梯度计算参数梯度，参数梯度将在反向传播后被用于更新网络参数。

对应上面的例子，在预测时，A 接收输入产生输出，A 的输出也是 B 的输入，而 B 的输出则是最终网络的输出。在反向传播时，B 接收其输入梯度，计算其内部参数的梯度以及输出梯度，B 的输出梯度会被传递到 A 中，作为 A 的输入梯度，而 A 使用该梯度计算内部参数梯度与输出梯度，输出梯度会被进一步向外传递。

当整个反向传播结束后，我们就获得了每个要更新的网络参数所对应的梯度。之后，可以利用这些信息完成网络参数的更新。

为了支持训练过程，层需要提供两个接口，分别用于正向传播与反向传播，而对于纯粹的预测任务则不需要反向传播的过程。作为一个支持训练与预测的深度学习框架来说，它需要同时提供正向传播与反向传播的接口。MetaNN 在每个层中引入了 FeedForward 与 FeedBackward 作为正向传播与反向传播的抽象接口。可以说，它们是 MetaNN 的每个层中最关键的接口。

需要说明的是，并非所有的层都会在其内部包含参数信息。事实上，我们在后面看到的大部分基本层内部都不会包含参数信息——它们只是用于对输入信息进行变换。但这些层同样需要反向传播函数，用于产生网络中其他层所需要的输入梯度。

支持正向传播与反向传播是非常重要的，但这并非层所提供的全部功能。事实上，为了兼顾灵活性与高效性，MetaNN 的层在很多的实现细节上都下了一番功夫。接下来，让我们以层对象的生命周期为线索，看一下 MetaNN 中层的设计细节。

---

① 通常用损失函数来表示这个差异，损失函数接收网络的预测结果与标注结果，返回一个数值，用于衡量预测结果的好坏。

7.1.2　层对象的构造

　　一般情况下，我们都希望层具有较好的通用性——作为构成其他层的基础，基本层就更是如此了。这种通用性往往体现在：我们希望某个层具有某种基本的行为，但可以通过参数对其行为进行一定的微调。比如对于某个保存了张量参数的层来说，通常情况下，在训练期间该层会在反向传播时计算参数梯度，供后续调整使用，但对于一些特殊的情况，我们希望固定该层所包含的参数不变，只是调整网络中其他层所包含的参数，此时该层就不需要计算参数梯度了。类似地，我们还可能在其他方面调整一个层的行为细节。我们希望层具有一定程度的通用性：提供接口让用户来决定其行为细节。这种行为细节是在层对象构造伊始就可以确定的，在层的使用过程中不会发生改变。因此层在构造时应当提供接口来接收控制其行为的参数。

　　如果基于面向对象的编程方式来实现，我们可以使用类来表示各种层，并在类的构造函数中引入相应的参数来控制对象的后续行为。但 MetaNN 是一个元编程框架，除了可以在构造函数中引入参数外，我们还可以将层设置为类模板：通过为其引入模板参数来指定行为细节。这是使用类模板带来的优势。比如，STL 中定义的 stack 是一个类模板，其底层可以采用 vector 来实现，也可以采用 deque 或其他线性结构来实现，我们可以通过指定 stack 的模板参数来设置其底层数据结构的细节。与之类似，我们也可以通过为 MetaNN 的层引入模板参数来指定其行为细节。

　　使用模板参数指定行为细节有一个好处：构造函数只会在运行期被调用，而模板参数会在编译期被处理。在编译期指定参数就可以利用编译期的一些特点引入更好的优化——这是运行期参数所不具备的。同样考虑 stack 的例子，如果 STL 要通过 stack 的构造函数来指定其底层的数据结构，那么它的实现会复杂很多。但正是由于使用了模板参数，stack 可以在编译期进行数据结构上的优化，从而提升其性能。对于 MetaNN 的层来说，我们会通过模板参数来指定大部分参数，只有少部分参数会通过构造函数传入。

1. 通过构造函数传递的信息

　　我们会为每个层赋予一个名称。这个名称是一个字符串，用于标识该层。就目前来说，如果层中不包含参数信息，那么这个字符串并没有实际的用途。随着 MetaNN 功能的逐步完善，我们可以利用这个名称来实现模型调试，比如可以在某次网络的预测与训练过程中，通过层的名称来获取其输入、输出等信息。这些信息可以帮助我们了解网络的行为，确保程序的正确运行。

　　如果层中包含参数信息，那么默认情况下，我们会以层的名称为其包含的参数命名。通常来说，一个神经网络中不同层的名称是不同的，以层的名称来命名参数，可以确保每个参数有不同的名称。一般来说，我们在完成模型训练后，需要将模型参数保存到文件之中。此时可以连同参数的名称一起保存，后续读取模型文件时，就可以获取每个参数对应的名称，这就便于将参数赋予正确的层，从而确保模型能够正常工作。当然，参数与其所在层的名称也可以有所区别。我们会在本章后面讨论包含参数的层时再深入阐述这个问题。

如果层中包含参数信息，那么除了层的名称外，通常来说我们还需要提供参数的相关信息。比如，对于主体类型来说，层的构造函数中需要传入参数所对应的形状信息。对于非主体类型来说，层的构造函数中需要传入相应的信息以构造出其中包含的参数。相应的细节都会放到后文中讨论。

层与参数的名字都是字符串类型的。相比其他的命名形式来说，使用字符串命名对框架的用户更加友好。在前文中我们讨论过，字符串类型的数据很难作为模板参数，因此这个信息会利用构造函数进行传递。参数包含的形状信息理论上也是可以放到模板参数中的，但 MetaNN 选择在构造函数中传递它们，是因为这些信息对编译期能够引入的性能优化帮助不大：如果作为模板参数传递，会增加编译器的负担，但相应的好处并不多，因此 MetaNN 会在构造函数中传递这些信息。

从参数名称到层的名称

在早期的 MetaNN 版本中，并不区分层与参数的名称。只有包含参数的层才会在构造函数中包含一个表示名称的字符串，这个字符串本质上用于标识参数。相应地，早期的 MetaNN 版本中，层与其参数的名称是一致的，它并没有自己的名称。这一点在当前的版本中有所改变，我们为层引入专门的名称，就可以使用这个名称来索引该层并调试该层的行为。这一点在以前是无法做到的：不包含参数的层没有相应的名称，调试起来就会相对困难一些。

---

2. 通过模板参数指定的信息

层的大部分构造所需的信息都是通过模板参数的方式传入的。这些信息多种多样，不同的层所需要的信息也不相同。比如，对于包含参数的层来说，它需要知道是否要在训练过程中计算相应的参数梯度；对于未包含参数的层来说，这个信息则是多余的。某些参数只对特定的某个层有意义，另一些参数可能会对大部分层都有意义。

层的参数千差万别，为了能够有效地处理这种差异性，我们需要用到在第 3 章实现的 policy 模板。希望读者阅读到这里，还能够记得这个模板的使用细节。如果印象不深了，则需要回过头去，重新阅读这部分的内容。

除了 policy 模板之外，MetaNN 中的层还会包含一个模板参数：输入类型映射表。MetaNN 中的一个层可能包含多个输入，每个输入都可能有各自的类型（可能是基本数据类型，也可能是运算模板所表示的复合数据类型）。输入类型映射表则记录了每个输入所对应的类型信息。我们会在 7.1.5 小节讨论输入类型映射表的用途。

具体来说，层被实现为一个类模板，其基本的声明形式如下：

```
template <typename TInputs, typename TPolicies>
Class XXXLayer;
```

其中的 TInputs 就是该层所对应的输入类型映射表，而 TPolicies 是一个 PolicyContainer 容器，里面包含了该层所需要的模板参数。

7.1.3 参数的初始化与加载

通过为层指定相应的模板参数，以及在构造函数中传入恰当的值，就可以完成层对象的构造。如果层中包含参数，那么在构造了层对象之后，下一步就要为其中所包含的参数赋值。赋值的数据来源可以大致分为两种：一种是如果该层之前没有参与过训练，那么需要通过某个初始化器对参数初始化，使得参数具有特定的值（比如 0）或分布（比如正态分布）；另一种是使用某个已有的张量对参数赋值，比如从文件中获取之前的模型训练结果并赋予当前的参数。

为了实现参数的初始化与加载：一方面，MetaNN 在层中引入了 Init 这个函数模板作为初始化与模型加载的接口[①]；另一方面，MetaNN 引入了网络级的初始化模块以初始化整个网络中包含的全部层。我们会在本章后面详细讨论这两方面的内容。

7.1.4 正向传播

每个层都需要提供 FeedForward 函数模板来作为正向传播时调用的接口。这个接口应当接收网络中的前驱层传递给它的输入信息，计算结果并返回——返回的计算结果将供该网络中的后继层使用。

但这里有一个问题：每个层根据其功能的不同，输入、输出的参数的个数与含义也有所不同。比如，表示张量相加与矩阵转置的层所对应的输入参数个数就是不同的，而如果用一个层表示张量相减，那么减数与被减数的地位也不相同，作为参数传递给层时，不能互换。

要明确指定每个参数的含义，一种直接的方式是为 FeedForward 引入多个参数。比如，可以这样写：

```
1   template <typename TMinuend, typename TSubtrahend>
2   auto FeedForward(TMinuend&& minuend, TSubtrahend&& subtrahend);
```

这样通过参数的名称，就可以区分两个参数的含义（被减数与减数）。这种方式比较直观，但会引入若干问题。首先，我们还是无法防止函数被误用，比如对于两个矩阵 A 与 B，我们希望从 A 中减去 B，但如果用户不小心在调用时将二者写反：

```
1   FeedForward(B, A);
```

系统还是会继续工作下去，计算结果将会出现错误，而这种错误并不会直接导致编译错误

---

① 并非所有的层都需要这个接口，如果层不包含参数，那么它不需要提供这个接口。

与运行失败，属于较难调试的错误。

另一个主要的问题是，这导致了不同层所定义的 FeedForward 接口出现了区别。随着层的功能不同，它所接收的参数个数也会相应地发生改变。如果我们要处理的只是单一的层，这并不是什么大问题。但如果我们希望引入一套统一的逻辑来处理层的组合[1]，那么每个层的 FeedForward 接口形式的不同就会增加程序设计上的复杂性。我们希望将不同层的这一接口统一起来以方便后续的调用与管理，那么该怎么做呢？

一种方式是使用列表结构作为函数的输入与输出容器：通过人为规定列表中每个元素的含义来实现参数的区分。比如对表示张量相减的层来说，我们可以要求该层的输入为一个 vector 列表，列表中只能包含两个元素，第一个为减数，第二个为被减数；该层的输出也为一个列表，列表中包含一个元素：表示两个张量相减的结果[2]。

但这种方式有两个问题。首先，它并没有从根本上降低误用的可能性。因为我们需要人为地规定列表中每个元素的含义，而这种含义并没有在程序中通过代码的方式显式给出。这样还是会比较容易地出现误用，这种误用同样是难以排查的。其次，列表类通常要求其中的每个元素具有相同的类型，但 MetaNN 的一个主要的设计思想就是引入多类型，从而提升系统性能。典型地，一个加法层的两个输入可能分别来自基本的 Tensor 类模板以及某个运算所形成的运算模板，此时输入该层之中的参数类型是不同的。当然，我们可以对输入数据进行求值——将其强制转换成相同的类型后再调用 FeedForward，但这与我们的设计初衷不符：我们的目标就是将求值过程后移，从而为优化提供可能。如果仅仅因为要匹配层的接口就进行求值，那么引入富类型、运算模板等机制所带来的好处将消失殆尽。

如何解决这个问题呢？一些读者可能已经想到了答案了：就是利用我们在第 3 章所讨论的异类词典。首先，这个模块本质上是一个词典，词典的每个条目是一个键-值对——不同条目的值类型可以是不同的，可以使用它来解决类型差异化的问题；其次，对于这个模块的读写都需要显式地给出键名，这将降低参数误用的可能性。

异类词典是一种容器，里面存放异类的数据结构。层在正向、反向传播的过程中，所接收的输入与产生的输出均会保存在相应的容器之中。同一个层的输入与输出容器可能是不同的（比如对于表示两个张量相加的层来说，它的输入容器中需要提供两个参数，而输出容器中只需要包含一个计算结果）。但同一个层在反向传播时的输入容器一定与正向传播时的输出容器相同；反向传播时的输出容器一定与正向传播时的输入容器相同。因此，一个层需要关联两个容器：一个用于存储正向输入与反向输出的结果，另一个存储正向输出与反向输入的结果。我们将前者简称为输入容器，将后者简称为输出容器。

关于 FeedForward 还有一点需要说明：它是一个函数模板而非平凡的函数，这样设计使得它可以接收不同类型的输入，产生不同类型的输出。考虑一个求 Sigmoid 的层，它计算输入的 Sigmoid 结果并返回。根据不同的输入类型，它会构造相应的运算模板作为结果

---

[1] 在第 8 章我们将讨论复合层，复合层就涉及这个问题。
[2] 事实上，很多深度学习框架就是采用了这种方式，比如经典的深度学习框架 Caffe。

返回。这样，虽然 MetaNN 中引入了层，但在正向传播时，层并不会对计算过程产生过多的副作用，我们还是在构造运算模板，整个计算过程还是可以被推迟到最后进行，我们还是可以利用缓式求值所带来的好处提升系统性能。

7.1.5　存储中间结果

MetaNN 会在层中保存正向传播的中间结果，以便于在反向传播时作为计算的输入。以 Sigmoid 操作为例，这个操作是被封装在 SigmoidLayer 层中对外提供的。为了支持反向传播，MetaNN 会在 SigmoidLayer 中保存正向传播的输出结果，而这个结果将在反向传播时作为梯度计算的操作数使用。

在 MetaNN 中，保存中间结果还存在一个问题：FeedForward 是函数模板，它在计算过程中产生的中间结果类型取决于输入的参数类型。如果在层中引入一个数据域来保存中间结果，那么这个数据域的类型该是什么呢？

一种简单的方案是将中间结果类型设置为主体类型[1]。然后在正向传播的过程中将中间结果转换成主体类型并保存。但这种转换本质上就是求值。这种方案会导致求值过程前移，这并不是我们所希望看到的。

为了解决这个问题，我们要求层在其模板参数中包含一个输入类型映射表：显式指明每个输入所对应的类型。我们可以基于这个映射表推断出要存储的中间结果的类型，在层中声明该类型的缓冲区，用于保存反向传播时需要的数据。

从上述讨论中也可以看出，如果层不涉及反向传播（比如整个网络只是用于预测而非训练），那么我们不需要在正向传播时保存相应的信息，也就不需要使用这个输入类型映射表中的数据了。正因为如此，MetaNN 仅要求用于训练的层中包含有效的输入类型映射表，而如果层只是用于预测，那么该映射表中的内容可以为空。MetaNN 提供了一些辅助元函数来构造用于训练或预测的层，确保训练层中输入类型映射表的有效性。

输入类型映射表

在 MetaNN 的早期版本中并不包含输入类型映射表的概念。层的声明中只包含 policy 信息：

```
1   template <typename TPolicies>
2   Class XXXLayer;
```

而为了支持训练，MetaNN 使用了第 5 章所讨论的 DynamicData 来保存中间结果。DynamicData 会隐藏具体的类型信息，只对外暴露计算单元、计算设备与类别标签。MetaNN 在层中声明了 DynamicData 类型的存储空间，并将中间结果保存在其中，用于后续反向传播。

---

① 主体类型在第 5 章中有所讨论。

　　但 DynamicData 隐藏了数据的具体类型信息，会对系统的编译期优化产生负面的影响。DynamicData 中保存的数据将会被用于反向传播，在反向传播的计算过程中，我们也会通过运算模板将计算过程后移。如果类使用 DynamicData 来保存中间结果，那么反向传播过程中产生的运算模板中将包含 DynamicData 类型的操作数。

　　以 SigmoidLayer 为例，为了支持反向传播，这个层会在其内部保存正向传播的输出。如果输入类型为 X，那么正向传播的输出类型为 Operation<Sigmoid, X>。如果 SigmoidLayer 中使用 DynamicData 保存中间结果，那么这个输出类型会被隐藏并保存在 DynamicData 缓存中。在随后的反向传播过程中，假定其后继层的输出梯度类型为 Y，那么反向传播所构造的运算模板类型为：

```
1 | Operation<SigmoidGrad, Y, DynamicData>
```

　　由于这个类型中包含了 DynamicData，隐藏了具体的数据类型，因此在后期的求值过程中，我们只能先对 DynamicData 包含的内容求值，再对 SigmoidGrad 求值。

　　一个神经网络是由很多层组合而成的。如果每一层都通过 DynamicData 来保存中间结果，那么反向传播后构成的运算模板中将包含大量的 DynamicData，这会极大地影响运算模板的优化。

　　现在考虑为 SigmoidLayer 引入了输入类型映射表后的情况。此时 SigmoidLayer 知道其输入类型为 X，因此它可以在其内部构造类型为 Operation<Sigmoid, X>的缓冲区来保存正向传播的输出结果。相应地，反向传播所构造的运算模板类型为：

```
1 | Operation<SigmoidGrad, Y, Operation<Sigmoid, X>>
```

　　可以看到，运算模板中的 DynamicData 被替换成了具体的类型信息。这样，我们能在编译期获得更多的信息，便于求值的优化。

　　关于输入类型映射表，还有几点需要说明。

　　首先，引入了输入类型映射表后 DynamicData 将不再用于存储中间结果，但它还有其他的用途。它会被用于保存参数梯度，用于参数更新。参数梯度也会表示为运算模板的形式，使用 DynamicData 会隐藏具体的运算模板的类型，但这种类型隐藏对优化的影响相对较小。假定模板参数的类型为 Operation<...>，在模板参数中并不包含 DynamicData 类型。我们仅仅会使用 DynamicData 将整个运算模板包裹起来。求值过程会首先触发 DynamicData 的计算，而这个计算会触发对 Operation<...>的求值。由于此时 Operation<...>的内部并不包含 DynamicData 的数据，因此对 Operation<...>本身的求值并不会受到 DynamicData 的影响。

　　其次，引入输入类型映射表所带来的副作用是，用户需要在构造层的过程中指定该层的输入类型。这一点其实并不像看上去那么麻烦。通常来说，整个网络会表示为一个复合层。用户仅需要指定整个网络（整个复合层）的输入类型，无须指定网络中每一层的输入类型。复合层中包含了相应的逻辑可以推导出其子层的输入类型，整个推导过程是自动完成的，无须用户干预。我们会在第 8 章讨论复合层时看到这样的例子。

最后，在引入了输入类型映射表后，一些读者可能会想到：是不是也可以考虑引入输入梯度映射表。通过前文的讨论不难发现，引入输入类型映射表的目的是改善求值过程。事实上，引入输入梯度映射表也会对求值过程进行改善，其具体原因留作练习供读者思考。但这里需要说明的是，输入梯度映射表对求值过程的改善相对有限，同时为了支持输入梯度映射表的自动推导，我们需要在复合层中引入相对复杂的逻辑。对于输入类型映射表来说，这种复杂的逻辑是有意义的，它所带来的是更好的求值优化可能性，而输入梯度映射表所引入的复杂逻辑所产生的回报并不高，因此 MetaNN 进行了一系列的尝试后，还是放弃了输入梯度映射表。

我们会在本章后续讨论输入类型映射表的具体实现，会在第 8 章讨论输入类型映射表对复合层的影响。

7.1.6　反向传播

在反向传播时，层的 FeedBackward 接口将被调用。与正向传播类似，这个接口也是一个函数模板。反向传播的计算过程中可能需要使用正向传播时所产出的中间结果。

关于反向传播有两点需要说明。首先，每个层都需要提供接口来进行反向传播，但并非所有的反向传播接口都会被调用。如果某个层只被用于预测而非训练，那么反向传播是没有必要的，我们需要针对这一点进行优化。

其次，也是很重要的一点，就是在某些情况下，即使层的反向传播接口被调用了，它也可以不计算输出梯度。这一点值得重点分析。在深度神经网络中，每个层都涉及正向传播以产生结果并对外输出，但反向传播时则并不一定需要计算输出梯度。反向传播之所以要产生输出梯度，是因为这个输出梯度会传递给其他层并供这些层计算参数梯度使用。如果我们不需要更新网络中的某些层的参数矩阵，那么该层不需要接收来自其他层的输出梯度。这会让一些层不需要进行实质的反向传播计算（因为它不需要为其他层提供梯度信息），从而减少计算量。

为了实现这个层面上的优化，我们为每个层引入了参数 IsFeedbackOutput，表示在反向传播时是否需要计算输出梯度的信息。如果该值为 false，那么我们将省略这个层反向传播时输出梯度的计算。

通常来说，IsFeedbackOutput 并不需要用户手工设置。因为它的值与其他层是否需要参数更新相关，在第 8 章讨论复合层时我们将看到，可以通过元编程的方法自动推导出这个信息。

如果一个层的 IsFeedbackOutput 被设置为 false，那么我们还能获得额外的好处：很多情况下，我们就不再需要为该层引入存储中间结果的缓冲区以支持反向传播计算了。这样，正向传播的逻辑会得到简化。

7.1.7 输出梯度的形状检测

FeedBackward 会产生输出梯度并向前传递。输出梯度也会表现为运算模板的形式，其正确性决定了网络训练结果的正确性。MetaNN 中的层支持输出梯度的形状检测，从而为网络训练的正确性提供了一定程度的保障。

通常来说，网络的正向传播接收张量作为输入，产生张量作为输出。输入与输出张量均包含形状信息。在反向传播时，输入梯度需要与正向传播时输出张量的形状相同，而输出梯度需要与正向传播时输入张量的形状相同。

由于深度学习网络是由层组合起来的，一个层的输出梯度会作为另一个层的输入梯度，因此我们只需要检测输出梯度的形状是否正确。

MetaNN 会引入额外的空间来存储正向传播过程中输入参数的形状信息，在反向传播中构造完成表示输出梯度的运算模板后，会与输入参数的形状信息进行比较，确保输出梯度形状的正确性。

输出梯度的形状检测只是为了调试网络的训练过程而引入的，并不会影响训练结果，但它会引入额外的运行期计算成本。因此 MetaNN 引入了一个宏[①]来打开或关闭这项功能。如果我们能确保训练过程逻辑的正确性，就可以关闭该检测，从而进一步提升训练速度。

7.1.8 更新参数

在反向传播的过程中，如果层所包含的参数需要更新，那么层会保存相应的参数梯度数据，这些数据将在反向传播之后统一作用于相应的参数之上，完成更新。

注意，梯度的反向传播与参数的更新是两个过程。调用 FeedBackward 时只能记录参数梯度，不能同时使用该梯度更新参数。首先，如果参数被网络中的多个层共享，那么某个层在调用 FeedBackward 时更新了参数，就可能会影响另一个层的梯度计算。其次，一些更新算法会对反向传播过程中产生的参数梯度进行调整，而这种调整可能要在所获取的全部参数梯度的基础上进行，这就要求我们在整个网络的反向传播完成之后对参数进行统一更新。

统一进行参数更新的最后一个好处还是与计算速度相关：本质上，我们所保存的参数梯度是 DynamicData 类型的对象，我们只需要在更新参数梯度之前统一地对这种类型的对象进行求值——这有利于计算的合并，提升效率。

MetaNN 引入了 GradCollect 接口来汇总参数梯度，每个包含参数的层都需要提供这个接口，我们会在后文看到该接口的具体形式。

---

① 这是 MetaNN 所引入的少数宏之一。

7.1.9 导出参数

如果层中包含了参数，那么在完成训练后需要将参数保存起来供预测时使用。MetaNN 要求每个包含参数的层提供 SaveWeights 接口以导出相应的参数。当然，如果层中并不包含参数，那么它不需要提供这个接口。

7.1.10 层的中性检测

层对象可能需要保存正向传播时的中间结果，供反向传播计算使用。从中间结果的角度来说，正向传播与反向传播刚好构成了"生产者-消费者"的关系。在一轮训练过程中，正向传播所产出的中间结果应当刚好在反向传播中被完全消耗。同时，包含参数的层可能会在反向传播时保存参数梯度，并在 GradCollect 接口中返回参数梯度。从参数梯度的角度来说，反向传播与 GradCollect 接口同样构成了"生产者-消费者"的关系。在一次训练完成时，产生的梯度信息应被完全导出。

我们称"没有存储任何中间结果与参数梯度"的层为"中性"层。层在初始状态时应当是中性的；同时，每次调用完正向传播与反向传播，传递出相应的参数梯度后，层应当回归到中性状态。

MetaNN 中的层如果需要保存中间结果或参数梯度，就会提供一个 NeutralInvariant 接口来断言其处于中性状态。通常来说，可以进行完一次参数梯度收集后，调用这个函数。如果层不处于中性状态，那么该函数会抛出异常——表示系统的某些地方存在错误。

至此，我们已经了解了层的基本设计思想。从上面的分析中不难看出，层并不仅仅是对操作的封装，除此之外还包含很多的特性，正是这些特性才使得它的引入并不会过多地影响系统性能，同时更方便用户使用。在本章的后半部分，我们将深入层的实现细节，通过示例来说明如何在具体的代码中体现上述思想。

但在讨论层的具体实现之前，我们还需要实现一些辅助逻辑，比如供整个网络使用的初始化模块、输入类型映射表等。同时，我们需要为层引入一系列模板参数，用于控制其行为。这些内容作为层的辅助逻辑，将在 7.2 节讨论。

7.2 层的辅助逻辑

7.2.1 初始化模块

前文提到，为了实现初始化，我们为包含参数的层引入了 Init 接口，但仅仅引入这个接口是不够的。一个实际的深度学习模型可能会包含若干层，它们一起组成了一个网络。网络中的层会相互影响，而这就导致了实际的初始化与参数的加载过程可能会非常复杂，典型的情况如下。

- 我们可能希望为不同的参数引入不同的初始化方法，比如对某些层中包含的参数用正态分布初始化，而对另一些层中包含的参数用 0 初始化。
- 对于一些应用（如迁移学习）来说，网络中的某些层可能之前已经被训练过，需要加载之前训练好的参数，而另一些层则之前没有参与过训练，需要进行初始化。
- 某些层之间可能会共享参数，这意味着对某一层的参数的更新会影响到其他的层。初始化与参数加载必须确保这些层能够共享一套参数对象。
- 很多情况下，我们可能会在一个进程中构造多个网络的实例，而这些网络实例是否共享参数则要依据实际的情况而定。如果构造多个网络实例的目的是用于并行训练，那么这些网络实例通常不能共享参数，以防止某个网络实例的更新影响到其他网络实例[1]。但对于另一种情况，假定我们构造多个网络是为了进行并行预测，那么相应的网络中的参数不会被更新，因此多个网络通常可以共享参数，这样可以节约存储空间。初始化逻辑应当支持让用户自行选择是否在网络间共享参数。

从上面的分析不难看出，由于层与层之间、网络与网络之间会相互影响，因此初始化与模型加载并不能仅仅通过在层的内部引入 Init 接口来解决。我们需要引入一个网络级别的模块来维护初始化的逻辑。本节将讨论 MetaNN 中这个模块的实现方式。

1. 构造初始化模块

在构造初始化模块之前，我们需要首先考虑一下该如何定义模块的接口以支持前文所提到的几种场景。以下给出了 MetaNN 中初始化模块的使用方式：

```
1   Matrix<float, CPU> mat;
2
3   struct Gauss1; struct Gauss2;
4   auto initializer
5       = MakeInitializer<float>(
6           InitializerKV<Gauss1>(GaussianFiller{0, 1.5}),
7           InitializerKV<Gauss2>(GaussianFiller{0, 3.3}));
8   initializer.SetParam("param", mat);
9   initializer.AddToNameMap("root", "share");
10
11  LoadBuffer<float, CPU> loadBuffer;
12
13  auto layer = XXXLayer("root")
14  layer.Init(initializer, loadBuffer);
```

其中第 3～9 行构造了一个初始化模块的实例；第 11 行构造了一个保存中间结果的容器，用于支持参数共享；第 14 行将这二者传递给某个特定的层以实现初始化。

初始化模块的一个主要功能就是指定初始化器。初始化器表示某种具体的初始化方式。

---

[1] 假定我们在进程中构造了多个线程，每个线程包含一个网络实例，网络实例共享参数。在线程 A 更新网络参数的过程中，如果线程 B 在进行正向（反向）传播，那么 B 的结果显然是有问题的。

比如 GaussianFiller{0, 1.5}就是一个初始化器，它表示使用均值为 0、标准差为 1.5 的正态分布进行初始化。每个初始化器都会对应一个初始化标签（如上述代码中的 Gauss1），而初始化模块则会将每个初始化器与这个编译期的标签关联起来。以上述代码为例，我们引入了两个正态分布的初始化器，分别关联 Gauss1 与 Gauss2 标签。层在后续可以通过相应的标签访问初始化器以完成参数初始化。

除了设置初始化器之外，构造对象 initializer 还可以设置参数，比如代码的第 8 行就设置了名字为 param 的参数。

为了支持层间的参数共享，初始化器还提供了一个 AddToNameMap 接口，用来添加从层名称到参数名称的映射。比如上述代码的第 9 行就添加了这样一个映射，用于将层名称 root 映射为参数名称 share。

在此之后，代码的第 11 行构造了一个 LoadBuffer 类型的对象，用于保存已经初始化的参数。第 13 行构造一个名为 root 的层，并在第 14 行以 initializer、loadBuffer 为参数调用这个层的 Init 接口实现参数的初始化与加载。

2. 使用初始化模块

layer.Init 的实现步骤如下[①]。

（1）调用初始化模块对象的 LayerName2ParamName 接口，将层的名称转换为相应的参数名称。

（2）使用参数名称在 LoadBuffer 对象中搜索，查看其中是否包含了相应的参数。如果包含，那么直接从中获取即可——这表明它将与某个其他的层共享参数。

（3）查看初始化模块中是否包含了需要加载的参数，如果包含，那么从初始化模块中获取相应的参数，同时将加载的参数保存在 LoadBuffer 对象中——这表明当前的参数是显式加载的，其参数可以被其他同名参数共享。

（4）根据当前层的 policy 选择一个初始化器（比如本例中的 Gauss1）来初始化——这对应了显式的初始化过程。

步骤（2）与步骤（3）的核心差异在于：如果从 LoadBuffer 对象中获取参数，那么所获取的一定是与其他层所共享的参数；如果从初始化模块中获取参数，那么获取到的参数不会与已经初始化的其他参数共享。

基于初始化模块所提供的这些接口，我们看一下如何支持前文所讨论的几种初始化场景。

- 为了支持用不同的方法初始化不同的参数，初始化模块可以引入多个初始化器的实例，由具体的层选择合适的实例使用。
- 初始化模块可以在设置初始化器的同时读入参数，以支持初始化与参数加载同时出现的情况。

---

① 我们会在后文讨论具体层时给出相应的实现代码。

- 由于引入了 LoadBuffer 对象，因此位于网络中的后面加载参数的层可以与之前加载参数的层共享参数。
- 如果希望不同的网络实例共享参数，那么在对某个网络实例调用完 Init 接口后，使用初始化模块与 LoadBuffer 对象继续初始化其他网络实例即可。接下来初始化的网络实例会直接获取 LoadBuffer 对象中的参数，以实现参数共享。
- 如果不希望网络实例共享参数，那么在对某个网络实例调用完 Init 接口后，可以将 LoadBuffer 对象清空再初始化其他的网络实例。

在设计好初始化模块的使用接口后，接下来就让我们看一下如何实现吧！

1. MakeInitializer

MakeInitializer 是整个初始化模块的调用入口，它使用了第 3 章所提供的异类词典以保存初始化器。比如如下的代码：

```
1   struct Gauss1; struct Gauss2;
2   auto initializer
3       = MakeInitializer<float>(
4           InitializerKV<Gauss1>(GaussianFiller{0, 1.5}),
5           InitializerKV<Gauss2>(GaussianFiller{0, 3.3}));
```

其中 initializer 会在其内部构造一个异类词典的对象，包含两个键：Gauss1 与 Gauss2。二者分别对应了各自的初始化器。

InitializerKV 是一个函数，其定义如下：

```
1   template <typename TKey, typename TFiller>
2   struct Initializer
3   {
4       using KeyType = TKey;
5       TFiller m_filler;
6   };
7
8   template <typename TInitKey, typename TFiller>
9   auto InitializerKV(TFiller&& filler)
10  {
11      using RawFiller = RemConstRef<TFiller>;
12      return Initializer<TInitKey, RawFiller>{forward<TFiller>(filler)};
13  }
```

它会构造一个 Initializer 结构体并返回。Initializer 结构体包含两个元素：一个表示键的元数据域 KeyType；一个 TFiller 类型的对象 m_filler 用于存储初始化器的对象。

在引入了 Initalizer 结构体的基础上，MakeInitializer 的定义如下：

```
1   template <typename TElem, typename... TInitializers>
2   inline auto MakeInitializer(TInitializers&&... fillers)
3   {
4     using FillContType
5       = VarTypeDict<typename RemConstRef<TInitializers>::KeyType ...>;
6     auto fillCont
```

```
7              = CreateFillerCont(FillContType::Create(),
8                              forward<TInitializers>(fillers)...);
9
10     return ParamInitializer<TElem, decltype(fillCont)>(move(fillCont));
11   }
```

这个函数接收两个模板参数，其中第一个模板参数表示张量的计算单元，第二个可变长度模板参数以及相应的函数参数则表示 Initializer 序列。在函数内部，它首先定义了一个异类词典类型 FillContType，在此基础上调用 CreateFillerCont 将传入的 Initializer 序列填充到异类词典之中。最后，使用构造好的异类词典以及张量的计算单元类型构造 ParamInitializer 并返回。

关于这个函数有两点需要说明。为了声明异类词典，我们首先需要提供词典中包含的键的集合。MakeInitializer 使用包展开构造了这个键的集合（第 5 行）；其次，我们需要向异类词典中填充每个键所对应的值。MakeInitializer 通过 CreateFillerCont 来实现这个功能。CreateFillerCont 本质上是一个循环，一次填充一个初始化器的对象：

```
1    template <typename TCont>
2    auto CreateFillerCont(TCont&& cont)
3    {
4        return forward<TCont>(cont);
5    }
6
7    template <typename TCont, typename TCur, typename... TRemain>
8    auto CreateFillerCont(TCont&& cont, TCur&& cur, TRemain&&... remain)
9    {
10       using TKey = typename RemConstRef<TCur>::KeyType;
11       auto newCont
12         = forward<TCont>(cont).template Set<TKey>(cur.m_filler);
13       return CreateFillerCont(move(newCont), forward<TRemain>(remain)...);
14   }
```

其中第 7～14 行构成了循环的主体，它会获取当前要处理的 Initializer 对象 cur 的键与值，将其填充到容器 cont 中，并使用填充后的结果 newCont 递归调用 CreateFillerCont，处理下一个初始化器。当所有的初始化器都被填充完毕后，系统会调用第 1～5 行的代码来结束循环，返回填充的结果。

2. ParamInitializer 类模板

ParamInitializer 类模板包含了初始化模块的主体逻辑。其主要定义如下：

```
1    template <typename TElem, typename TFillers>
2    class ParamInitializer
3    {
4    public:
5        ParamInitializer(TFillers&& filler)
6            : m_filler(std::move(filler)) {}
7
8        // 初始化器的获取接口
```

```
9          template <typename TKey>
10         auto& GetFiller();
11
12         // 参数的设置与获取接口
13         template <typename TElem2, typename TDevice2, size_t uDim>
14         void SetParam(const std::string& name,
15                       const Tensor<TElem2, TDevice2, uDim>& param);
16
17         template <typename TElem2, typename TDevice2, size_t uDim>
18         void GetParam(const std::string& name,
19                       Tensor<TElem2, TDevice2, uDim>& res) const
20
21         template <typename TParamCate>
22         bool IsParamExist(const std::string& name) const;
23
24         // 层到参数名称转换表的接口
25         void AddToNameMap(const std::string& layerName,
26                           const std::string& paramName);
27
28         auto LayerName2ParamName(const std::string& layerName) const;
29
30   private:
31         TFillers m_filler;
32         WeightBuffer m_weightBuffer;
33         std::map<std::string, std::string> m_nameMap;
34   };
```

它包含 3 个数据成员：m_filler 为异类词典对象，包含初始化器的实例；m_weightBuffer 用于保存初始化模块中的参数；m_nameMap 则用于保存层与参数名称的映射关系。ParamInitializer 类模板所提供的接口也被划分成 3 组。

- GetFiller 用于给定初始化器的键，获取相应的初始化器对象。在其内部，它调用了异类词典的相关接口来实现相应的功能。
- SetParam / GetParam / IsParamExist 用于张量的设置与获取。SetParam 用于设置张量。在其内部，它会调用 MetaNN 的内建函数 DataCopy 复制输入的张量，将其转换成计算单元为 TElem、计算设备为 CPU 的张量并保存。GetParam 用于获取张量。在其内部，它同样会调用 DataCopy 函数，将其中保存的张量复制到 res 中并返回。IsParamExist 则给定参数的名称与类别，返回相应的参数是否存在。
- AddToNameMap / LayerName2ParamName 用于建立与获取层和参数名称的映射关系。通常来说，参数会以其所在层的名称命名。但为了支持参数共享，我们可能希望不同的层使用相同的参数。此时就需要为这些参数赋予相同的名称。AddToNameMap 用于设置某一层所对应的参数名称，而 LayerName2ParamName 则给定层的名称，获取相应的参数名称。

3. LoadBuffer 类模板

除了 ParamInitializer 类模板外，为了支持参数初始化，我们还需要提供 LoadBuffer 类模板来记录已经初始化的参数：

```
1    template <typename TElem, typename TDevice>
2    class LoadBuffer
3    {
4    public:
5        LoadBuffer() = default;
6
7        template <typename TCategory>
8        const auto* TryGet(const std::string& name) const;
9
10       template <typename TData>
11       void Set(const std::string& name, const TData& data);
12
13       void Clear();
14
15       template <typename TParamCate>
16       bool IsParamExist(const std::string& name) const;
17
18   private:
19       WeightBuffer m_weightBuffer;
20   };
```

这个类模板在其内部保存了 WeightBuffer 类型的对象 m_weightBuffer，用于存储张量信息。同时，这个类模板提供了如下的函数接口：

- Set 将张量保存到 LoadBuffer 中。
- TryGet 给定张量的名称与张量的类别，尝试获取相应的张量。如果能够获取，则返回相应的张量指针，否则返回 nullptr。
- Clear 清除当前 LoadBuffer 中的内容。
- IsParamExist 给定张量的名称与类别标签，返回一个 bool 值来表示该张量是否存在。

4. WeightBuffer 类

ParamInitializer 类模板与 LoadBuffer 类模板均用到了 WeightBuffer 类来保存张量信息。WeightBuffer 类的本质是一个映射，它可以使用字符串与张量的类别来索引张量对象。与一般映射的不同之处在于，WeightBuffer 类可以保存任意类型的张量。这里简单说明一下它的实现方法。

不同的张量具有不同类型的签名。为了能够以统一的形式保存张量，MetaNN 引入了如下的构造：

```
1    struct BaseCont {
2        virtual ~BaseCont() = default;
3    };
4
5    template <typename T>
6    struct Cont : BaseCont {
7        unordered_map<string, T> data;
8    };
```

其中 Cont<T>类模板派生自 BaseCont，用于保存从字符串到类型为 T 的数据之间的映射。在此基础上，WeightBuffer 类中声明了如下的数据域来保存所有的张量：

```
1 │ unordered_map<size_t, unique_ptr<BaseCont>> m_params;
```

其中 m_params 是一个映射，其键为一个整数，表示某种张量类型；值为 BaseCont 的智能指针，指向存储了相应张量的 Cont<T> 对象。在 WeightBuffer 类的内部搜索张量时，这个类首先将要查询的数据类型转换为表示该类型的唯一的整数值，之后在 m_params 中搜索对应的 Cont<T> 对象。在找到了相应的 Cont<T>对象后，再使用该对象中提供的 data 映射进一步查找张量名称。

　　最后需要说明的一点是如何构造类型与整数值的映射。MetaNN 引入了 TypeID 函数来实现这一功能：

```
1  │ size_t GenTypeID()
2  │ {
3  │     static std::atomic<size_t> m_counter = 0;
4  │     return m_counter.fetch_add(1);
5  │ }
6  │
7  │ template <typename T>
8  │ size_t TypeID()
9  │ {
10 │     static size_t id = NSTypeID::GenTypeID();
11 │     return id;
12 │ }
```

　　GenTypeID 会确保每次调用时返回一个新的整数值。TypeID 是一个函数模板，其中包含了一个静态数据成员 id。系统会保证对于相同的模板参数，TypeID 中包含的 id 只会被初始化一次。而 id 会被初始化为 GenTypeID 的返回值。这就保证了对于相同的类型，多次调用 TypeID 会得到相同的返回值；对于不同的类型，调用 TypeID 会得到不同的返回值。

5. 初始化器类模板

　　初始化器在 MetaNN 中表示为类模板。目前，MetaNN 实现了如下几个初始化器的类模板。

- ConstantFiller 将张量的内容初始化为某个常量。
- GaussianFiller 使用正态分布初始化张量参数。
- UniformFiller 使用均匀分布初始化张量参数。
- VarScaleFiller 实现了 TensorFlow 中的 variance_scaling_filler，并由此构造出了 XavierFiller 与 MSRAFiller。

　　初始化器的具体实现并非本章讨论的重点，限于篇幅，就不在这里详细展开了。代码留待有兴趣的读者自行阅读。

7.2.2　接口相关辅助逻辑

1. 接口集合

MetaNN 中的每个层都会指定两个集合来表示其输入、输出接口。这个接口保存在一个专门的编译期数组 LayerPortSet 中。比如，MetaNN 提供了 MultiplyLayer 以支持张量相乘。在这个层中包含如下的声明：

```
1   template <typename TInputs, typename TPolicies>
2   class MultiplyLayer
3   {
4       using InputPortSet = LayerPortSet<struct LeftOperand,
5                                         struct RightOperand>;
6       using OutputPortSet = LayerPortSet<struct LayerOutput>;
7
8       ...
9   };
```

这表示这个层会接收两个输入，分别命名为 LeftOperand 与 RightOperand；它会产生一个输出结果，命名为 LayerOutput。

注意代码第 4～6 行的 3 个 struct 关键字，它们表示如果 LeftOperand、RightOperand 或者 LayerOutput 在此之前不存在，那么编译器会将第 4～6 行视为这 3 个结构体的首次声明。同时，根据 C++ 标准，这个声明在 MultiplyLayer 外可见。因此，上述代码等价于：

```
1   struct LeftOperand; struct RightOperand; struct LayerOutput;
2
3   template <typename TInputs, typename TPolicies>
4   class MultiplyLayer
5   {
6       using InputPortSet = LayerPortSet<LeftOperand, RightOperand>;
7       using OutputPortSet = LayerPortSet<LayerOutput>;
8
9       ...
10  };
```

但显然，第一种写法更加紧凑。

2. 输入类型映射表

在规定了层的输入、输出接口后，MetaNN 引入了输入类型映射表 LayerInMap 以进一步设置每个输入数据的类型。输入类型映射表本质上是一个编译期的映射。我们在第 2 章讨论过编译期映射的实现。LayerInMap 的实现就采用了其中的技术。其定义如下：

```
1   template <typename TKey, typename TValue>
2   struct LayerKV : KVBinder<TKey, RemConstRef<TValue>> {};
3
```

```
4    template <typename... TLayerKVs>
5    struct LayerInMap {
6        template <typename TKey>
7        using Find = Find<LayerInMap, TKey, NullParameter>;
8    };
```

LayerKV 接收两个参数，分别表示输入的名称与相应的类型。它派生自 KVBinder，同时使用 RemConstRef 去掉输入类型中可能存在的引用与常量限定符。

LayerInMap 本质上就是我们在第 2 章讨论的编译期映射，只不过它在其内部通过一个元方法重新实现了 Find 逻辑。同时，如果在没有查找到相应的键时，它会返回 NullParameter。由于引入了这个元方法，我们在后期就可以通过如下的方式来进行查找：

```
1    LayerInMap<...>::Find<Key>;
```

而不需要将查找代码写为：

```
1    Find<LayerInMap<...>, Key, NullParameter>;
```

熟悉面向对象编程的读者可能更能接收第一种调用方式，这种调用方式也更加紧凑。

3. 空输入类型映射表

前文提到过，输入类型映射表会提供输入类型信息，供训练使用。如果层只是用于预测，那么不需要提供输入类型信息。MetaNN 提供了若干函数以支持空输入类型映射表的构造与处理：

```
1    template <typename TLayerPorts>
2    struct EmptyLayerInMap_;
3
4    template <typename... TKeys>
5    struct EmptyLayerInMap_<LayerPortSet<TKeys...>>
6    {
7        using type = LayerInMap<LayerKV<TKeys, NullParameter>...>;
8    };
```

其中 EmptyLayerInMap_ 接收一个 LayerPortSet 数组（其中包含了层的所有输入键），使用其构造一个 LayerInMap——其中的每个输入对应的类型均为 NullParameter。

```
1    template <typename TInMap>
2    struct IsEmptyLayerInMap_;
3
4    template <typename... TKVs>
5    struct IsEmptyLayerInMap_<LayerInMap<TKVs...>>
6    {
7        constexpr static bool value
8            = (is_same_v<typename TKVs::ValueType, NullParameter> && ...);
9    };
10
11   template <typename TInMap>
12   constexpr bool IsEmptyLayerInMap = IsEmptyLayerInMap_<TInMap>::value;
```

其中 IsEmptyLayerInMap 以一个 LayerInMap 为输入，返回 bool 值来表示其是否为空。

4.CheckInputMapAvailable_

CheckInputMapAvailable_接收输入类型集合与输入类型映射表，检测二者是否匹配：

```
1    template <typename TInputMap, typename TKeySet>
2    struct CheckInputMapAvailable_;
3
4    template <typename... TKVs, typename TKeySet>
5    struct CheckInputMapAvailable_<LayerInMap<TKVs...>, TKeySet>
6    {
7        constexpr static bool value1
8            = (sizeof...(TKVs) == Sequential::Size<TKeySet>);
9        constexpr static bool value2
10           = (Set::HasKey<TKeySet, typename TKVs::KeyType> && ...);
11       constexpr static bool value = value1 && value2;
12   };
```

其中的 value1 检测输入类型映射表与输入类型集合中包含的元素个数是否相同，value2 检测输入类型映射表中的每个键都在输入类型集合中。如果这两点均满足，那么说明输入类型映射表与输入类型集合是匹配的，元函数返回 true。

5. 容器辅助逻辑

层会使用异类词典作为 FeedForward 与 FeedBackward 的参数。要构造异类词典以保存数据，就需要在编译期给出词典之中包含的键名集合。以 MultiplyLayer 为例，要构造合法的数据传递给其 FeedForward 接口，就需要通过如下的代码来实现：

```
1    auto input
2      = VarTypeDict<LeftOperand, RightOperand>::Create()
3          .Set<LeftOperand>(...)
4          .Set<RightOperand>(...);
```

使用这种方式构造，LeftOperand 与 RightOperand 需要重复两次，比较麻烦。

MetaNN 的每个层都需要提供 InputPortSet 与 OutputPortSet 以表示该层所使用的输入、输出集合。在此基础上，MetaNN 提供了 LayerInputCont 与 LayerOutputCont 元函数来构造异类词典容器：

```
1    template <typename TSet>
2    struct LayerContainer_;
3
4    template <typename... TPorts>
5    struct LayerContainer_<LayerPortSet<TPorts...>>
6    {
7        using type = VarTypeDict<TPorts ...>;
8    };
9
10   template <typename TLayer>
11   auto LayerInputCont()
```

```
12   {
13       using TPorts = typename TLayer::InputPortSet;
14       using TCont = typename LayerContainer_<TPorts>::type;
15       return TCont::Create();
16   }
17
18   template <typename TLayer>
19   auto LayerOutputCont() {...}
```

其中 LayerContainer_ 以 LayerPortSet 数组为输入，构造相应的 VarTypeDict 类型。在此基础上，LayerInputCont 接收层的类型为输入，提取出 InputPortSet 信息，构造相应的异类词典容器，调用其 Create 接口并返回。

基于 LayerInputCont，我们就可以这样写：

```
1   using MyLayer = MultiplyLayer<...>;
2
3   auto input = LayerInputCont<MyLayer>()
4                   .Set<LeftOperand>(...)
5                   .Set<RightOperand>(...);
```

这样会简化用户的使用。

LayerOutputCont 的逻辑与之类似，只不过是使用层的 OutputPortSet 来构造相应的异类词典容器并返回，这里就不赘述了。

7.2.3 GradPolicy

如前文所述，MetaNN 会使用 policy 对象控制层的行为。有些控制行为的 policy 对象是特定层所独有的，有些则会被很多层用到。其中 GradPolicy 中包含的 policy 对象会被几乎所有的层使用，其定义如下：

```
1   struct GradPolicy
2   {
3       using MajorClass = GradPolicy;
4
5       struct IsUpdateValueCate;
6       struct IsFeedbackOutputValueCate;
7
8       static constexpr bool IsUpdate = false;
9       static constexpr bool IsFeedbackOutput = false;
10  };
11  ValuePolicyObj(PUpdate, GradPolicy, IsUpdate, true);
12  ValuePolicyObj(PNoUpdate, GradPolicy, IsUpdate, false);
13  ValuePolicyObj(PFeedbackOutput, GradPolicy, IsFeedbackOutput, true);
14  ValuePolicyObj(PFeedbackNoOutput, GradPolicy, IsFeedbackOutput, false);
```

它包含了两个成员：IsUpdate 表示是否要对某个层的参数进行更新；IsFeedbackOutput 表示该层是否需要计算输出梯度。PUpdate 等定义则表示具体的 policy 对象。

需要说明的是，虽然我们在这里引入了 IsFeedbackOutput 来设置层是否需要计算输出梯度，但根据前文的讨论，这个信息通常无须显式设置：它与其前驱层的 IsUpdate 取值相关。

我们会在第 8 章讨论如何使用前驱层的信息推断并修改当前层的 IsFeedbackOutput 参数。

7.2.4 MakeInferLayer 与 MakeTrainLayer

MetaNN 提供了 MakeInferLayer 与 MakeTrainLayer 元函数以构造用于预测或用于训练的层。
MakeInferLayer 的定义如下：

```
1   template<template <typename, typename> class T, typename...TPolicies>
2   struct MakeInferLayer_
3   {
4       using type = T<NullParameter,
5                      PolicyContainer<TPolicies...>>;
6       static_assert(!type::IsFeedbackOutput);
7       static_assert(!type::IsUpdate);
8   };
9
10  template<template <typename, typename> class T, typename...TPolicies>
11  struct MakeInferLayer_<T, PolicyContainer<TPolicies...>>
12      : MakeInferLayer_<T, TPolicies...> {};
13
14  template<template <typename, typename> class T, typename...TPolicies>
15  using MakeInferLayer = typename MakeInferLayer_<T, TPolicies...>::type;
```

MakeInferLayer 包含两个模板参数，第一个模板参数 T 为要实例化层的类模板，第二
个（可变长度）模板参数 TPolicies 为该层所包含的 policy 信息，它可以是一组 policy，也
可以是一个 PolicyContainer 容器。MakeInferLayer 会调用 MakeInferLayer_ 以完成预测层的
类型推导。

如果 TPolicies 对应了一组 policy，那么 MakeInferLayer_ 会以 NullParameter 作为层的
输入类型映射表，同时构造相应的 PolicyContainer 容器来存放层所需要的 policy——将这
二者传递给表示层的类模板以实例化出相应的类型（代码第 4~5 行）。在此之后，它会检
测这个层的元数据域，确保该层不会产生输出梯度，不会更新其内部参数（这是预测层应
当具有的行为）。

如果 TPolicies 本身就是一个 PolicyContainer 容器，那么 MakeInferLayer_ 将获取该容器
中的 policy 序列并重复上述行为——这是通过结构体的派生来实现的（见代码的第 10~12
行）。

MakeTrainLayer 的定义如下：

```
1   template<template <typename, typename> class T,
2            typename TInputMap, typename...TPolicies>
3   struct MakeTrainLayer_ {
4       using type = T<TInputMap, PolicyContainer<TPolicies...>>;
5   };
6
7   template<template <typename, typename> class T,
8            typename TInputMap, typename...TPolicies>
9   struct MakeTrainLayer_<T, TInputMap, PolicyContainer<TPolicies...>>
10      : MakeTrainLayer_<T, TInputMap, TPolicies...> {};
```

```
11
12    template<template <typename, typename> class T,
13            typename TInputMap, typename...TPolicies>
14    using MakeTrainLayer
15        = typename MakeTrainLayer_<T, TInputMap, TPolicies...>::type;
```

它包含 3 个模板参数，分别表示要实例化的层、输入类型映射表以及 policy 信息。与
MakeInferLayer 类似，MakeTrainLayer 的第 3 个模板参数可以是一个 PolicyContainer 容器，
也可以是一组 policy。

MakeTrainLayer 会调用 MakeTrainLayer_ 以实例化用于训练的层。MakeTrainLayer_ 的
实现很简单：它会使用传入的输入类型映射表与 policy 信息构造层的实例并返回。

在引入了 MakeInferLayer 与 MakeTrainLayer 后，用户可以按照如下的方式来构造用于
预测或训练的层：

```
1    using Layer1 = MakeInferLayer<MultiplyLayer>;
2
3    using InputMap
4        = LayerInMap<LayerKV<LeftOperand, Matrix<float, CPU>>,
5                    LayerKV<RightOperand, Matrix<float, CPU>>>;
6    using Layer2
7        = MakeTrainLayer<MultiplyLayer, InputMap, PFeedbackOutput>;
```

其中，Layer1 为一个预测层，采用默认的 policy 行为，而 Layer2 为一个训练层，其输入为
Matrix<float, CPU>，会在反向传播时产生输出梯度。

7.2.5 通用操作函数

在前文中我们提到过，所有的层都需要提供 FeedForward 与 FeedBackward 的接口，用
于正向传播与反向传播。但并不是所有的层都需要支持参数加载等功能——只有包含了参
数的层才需要提供相应的接口——这样设计可以避免在层中引入很多不必要的接口函数。
但这样也就增大了用户的使用难度，用户可能会对某个不支持参数初始化的层调用 Init 接
口进行初始化，从而导致程序编译错误。

为了解决这个问题，MetaNN 引入了一系列的通用操作函数：

```
1    // 参数初始化与加载
2    template <typename TLayer, typename TInitializer, typename TBuffer>
3    void LayerInit(TLayer& layer, TInitializer& initializer,
4                   TBuffer& loadBuffer);
5
6    // 收集参数梯度
7    template <typename TLayer, typename TGradCollector>
8    void LayerGradCollect(TLayer& layer, TGradCollector& gc);
9
10   // 保存参数
11   template <typename TLayer, typename TSave>
12   void LayerSaveWeights(const TLayer& layer, TSave& saver);
13
```

```
14      // 中性检测
15      template <typename TLayer>
16      void LayerNeutralInvariant(TLayer& layer);
17
18      // 正向传播
19      template <typename TLayer, typename TIn>
20      auto LayerFeedForward(TLayer& layer, TIn&& p_in);
21
22      // 反向传播
23      template <typename TLayer, typename TGrad>
24      auto LayerFeedBackward(TLayer& layer, TGrad&& p_grad);
```

这些函数的第一个参数都是层对象，用户可以使用它们调用层的具体接口。比如，假定 A 是一个层对象，那么可以通过 LayerInit(A, ...)来调用初始化操作。

正向传播与反向传播是每个层都必须支持的，因此 LayerFeedForward 与 LayerFeedBackward 会直接调用层对象的相应函数来实现。其他的接口则不是每个层都必须支持的，如果输入的层对象不支持某项操作，那么相应的接口不会做任何事，否则调用该层所对应的函数来实现相应的逻辑。

我们以 LayerNeutralInvariant 为例，来看一下通用操作函数的实现方式：

```
1       template <typename L>
2       std::true_type NeutralInvariantTest(decltype(&L::NeutralInvariant));
3
4       template <typename L>
5       std::false_type NeutralInvariantTest(...);
6
7       template <typename TLayer>
8       void LayerNeutralInvariant(TLayer& layer)
9       {
10        if constexpr (decltype(NeutralInvariantTest<TLayer>(nullptr))::value)
11          layer.NeutralInvariant();
12      }
```

其中 NeutralInvariantTest 有两个重载版本，其中的一个接收 decltype(&L::NeutralInvariant) 为参数，返回 std::true_type。如果层的实现类模板中包含了 NeutralInvariant 成员函数，那么编译器会匹配这个版本，否则编译器将匹配以 "..." 为参数的版本并推断出其返回值类型为 std::false_type。

在 LayerNeutralInvariant 中的 decltype 调用将触发编译器选择两个重载版本之一，并获取返回类型中的常量 value。只有在匹配了第一个重载版本时，if constexpr 中的求值结果才为 true，这会导致系统执行 layer.NeutralInvariant。否则 LayerNeutralInvariant 将不进行任何操作，直接返回。

7.2.6   其他辅助逻辑

1. 存储中间结果

MetaNN 提供了 LayerInternalBuf 以保存正向传播时的结果，供反向传播时使用：

```
1    template <typename TStoreType, bool store>
2    using LayerInternalBuf
3        = conditional_t<store, stack<TStoreType>, NullParameter>;
```

这个元函数接收两个参数，TStoreType 表示要存储的数据类型，store 表示是否存储信息。如果 store 为 true，那么返回 stack<TStoreType>，否则返回 NullParameter。在层的内部，可以通过其构造缓冲区以存储中间结果。

这里有两点需要说明。首先，层是否存储中间结果需要由其 policy 决定。如果 policy 表明层不需要计算梯度，那么它不需要存储中间结果，此时可以将 LayerInternalBuf 的第二个参数设置为 false。

其次，如果层要存储中间结果，那么用以存储中间结果的缓冲区类型是 stack<TStoreType>。它是一个栈，而非 TStoreType 类型本身。之所以要使用栈，一方面，是因为一个层可能在网络中被多次使用（比如循环层），它需要在每次调用时存储中间结果。另一方面，中间结果是供反向传播使用的，而反向传播与正向传播的处理顺序正好相反，这符合栈的后进先出逻辑——中间结果在正向传播时入栈，在反向传播时以后进先出的顺序出栈，从而确保按照正确的顺序计算梯度。

2. 输出梯度的形状检测

MetaNN 在层中提供了输出梯度的形状检测功能，以在一定程度上保证计算的正确性。如果层要在反向传播时输出梯度，那么梯度的形状应当与正向传播时输入数据的形状相同。MetaNN 引入了 ShapeChecker 在正向传播时记录输入数据的形状，并在反向传播时与输出梯度的形状进行比较。ShapeChecker 及其辅助类的定义如下：

```
1    template <typename TShape, bool bTrigger>
2    class ShapeChecker_ {
3    public:
4        template <typename TData>
5        void PushDataShape(const TData&);
6
7        template <typename TData>
8        void CheckDataShape(const TData&);
9
10       void AssertEmpty() const;
11
12       void Pop();
13   };
14
15   template <typename TShape>
16   class ShapeChecker_<TShape, true> { ... };
17
18   template <typename TData, bool bTrigger>
19   struct DataToShape_ {
20       using type = ShapeChecker_<void, false>;
21   };
22
```

```
23    #ifdef METANN_CHECKSHAPE
24      template <typename TData>
25      struct DataToShape_<TData, true> {
26          using type = ShapeChecker_<ShapeType<TData>, true>;
27      };
28    #endif
29
30    template <typename TData, bool bTrigger>
31    using ShapeChecker
32        = typename DataToShape_<TData,
33                      bTrigger && (IsValidCategoryTag<TData>)>::type;
```

MetaNN 首先定义了 ShapeChecker_ 类模板，这个模板提供了如下的接口。

- PushDataShape：传入一个张量对象，将该对象的形状信息保存在 ShapeChecker_ 对象中。通常来说，这个接口会在正向传播时被调用，以保存输入数据的形状。
- CheckDataShape：传入一个张量对象，将该对象的形状信息与 ShapeChecker_ 对象中的形状信息相比较，如果不匹配，则触发断言。通常来说，这个接口会在反向传播时被调用，用于确保输出梯度形状的正确性。
- AssertEmpty：在其内部进行断言，确保 ShapeChecker_ 对象中没有保存任何输入数据的形状信息。
- Pop：弹出之前保存的形状信息。

ShapeChecker_ 类模板包含两个模板参数，第一个模板参数表示其中保存的形状，而第二个模板参数则表明上述接口是否产生实际作用。如果第二个模板参数为 false，那么上述接口实际上什么也不做；反之，如果其值为 true，那么 ShapeChecker_ 类模板会在其内部引入一个栈来保存传入的形状信息[1]，并进行实际的形状匹配。

在此基础上，MetaNN 引入了元函数 DataToShape_ 以构造 ShapeChecker_ 类型。这个元函数接收两个参数，第一个参数表示输入数据的类型，第二个参数则表示是否进行实际的形状检测。DataToShape_ 的基础版本直接返回 ShapeChecker_<void, false>——不会进行实际的形状检测操作。只有当第二个参数为 true，同时 METANN_CHECKSHAPE 宏被定义时，DataToShape_ 才会返回进行形状检测的 ShapeChecker_ 类型。相应地，用户可以通过 METANN_CHECKSHAPE 来控制是否真的进行形状检测。

ShapeChecker 基于 DataToShape_ 实现。它接收两个模板参数，分别表示输入参数的类型以及是否触发形状检测。只有其第二个模板参数为 true，同时输入的参数类型为合法的张量时，才会调用 DataToShape_ 并将第二个模板参数设置为 true。

我们之所以引入这 3 层结构，是因为希望从多个角度控制是否开启输出梯度的形状检测功能。输出梯度的形状检测并不是网络必不可少的一项功能，如果我们能确保网络计算是正确的，那么完全可以不需要这项功能。同时，这项功能会占用运行期的计算资源，因此只有在必要时才需要开启。特别地：

---

① 使用栈的原因与在 LayerInternalBuf 中引入栈的原因相同。

- 如果输入的数据并非张量，那么不存在形状检测的问题；
- 即使输入类型为张量，但如果层不需要构造输出梯度，那么也不存在输出梯度的形状检测问题；
- 即使输入类型为张量，同时层需要计算输出梯度，但如果我们能确保网络的行为是正确的，那么也不需要对输出梯度进行形状检测。

正是由于这 3 方面的影响，ShapeChecker 引入了 3 层结构，并允许用户通过宏 METANN_CHECKSHAPE 来开启或关闭输出梯度的形状检测功能。

3. 层的中性断言

如前文所述，如果层中存储了中间结果，那么我们会希望正向传播过程中所产生的中间结果均可以在反向传播中被完全消耗。我们称没有存储中间结果的层为中性的。层的中性断言就是在进行完一次正向传播、一次反向传播后，确保层处于中性的状态。

MetaNN 引入了如下的辅助函数来断言存储中间结果的缓冲区中不包含任何信息：

```
1   template <typename T>
2   void CheckStackEmptyHelper(const std::stack<T>& stack)
3   { ... }
4
5   template <typename TShape, bool bTrigger>
6   void CheckStackEmptyHelper(const ShapeChecker_<TShape, bTrigger>& stack)
7   { ... }
8
9   template <typename... TDataStacks>
10  void CheckStackEmpty(const TDataStacks&... stacks)
11  {
12      (CheckStackEmptyHelper(stacks), ...);
13  }
```

为了实现梯度计算以及形状检测而存储的信息都属于中间结果。CheckStackEmpty-Helper 分别针对这两类信息进行了断言，确保相应的缓冲区中不包含任何内容。在此基础上，CheckStackEmpty 会调用 CheckStackEmptyHelper 一次性完成对多个缓冲区的断言。

以上，我们讨论了构造层所需的大部分辅助逻辑。还有一些辅助逻辑，是与层的实现密切相关的，我们将在后文讨论层的具体实现时进行说明。

7.3 层的具体实现

本节将通过一些层的代码示例，来说明如何基于前文所讨论的辅助逻辑构造表示基本层的类模板。层根据其特性不同，对这些辅助逻辑的使用情况也不相同。我们将从相对简单的层开始讨论。

7.3.1 AddLayer

AddLayer 是 MetaNN 所实现的一个相对简单的层,它接收两个张量或者一个张量和一个数值,将二者相加并返回相加的结果。

1. 基本框架

AddLayer 的类模板定义如下:

```cpp
template <typename TInputs, typename TPolicies>
class AddLayer
{
    static_assert(IsPolicyContainer<TPolicies>);
    using CurLayerPolicy = PlainPolicy<TPolicies>;

public:
    static constexpr bool IsFeedbackOutput
        = PolicySelect<GradPolicy, CurLayerPolicy>::IsFeedbackOutput;
    static constexpr bool IsUpdate = false;

    using InputPortSet
        = LayerPortSet<struct LeftOperand, struct RightOperand>;
    using OutputPortSet = LayerPortSet<struct LayerOutput>;
    using InputMap
        = typename conditional_t<is_same_v<TInputs, NullParameter>,
                                 EmptyLayerInMap_<InputPortSet>,
                                 Identity_<TInputs>>::type;
    static_assert(CheckInputMapAvailable_<InputMap, InputPortSet>::value);

private:
    using TLeftOperandFP = typename InputMap::template Find<LeftOperand>;
    using TRightOperandFP = typename InputMap::template Find<RightOperand>;

public:
    AddLayer(std::string name)
        : m_name(std::move(name)) {}

    template <typename TIn>
    auto FeedForward(TIn&& p_in);

    template <typename TGrad>
    auto FeedBackward(TGrad&& p_grad);

    void NeutralInvariant() const;

private:
    std::string m_name;

    ShapeChecker<TLeftOperandFP, IsFeedbackOutput> m_inputShapeChecker1;
    ShapeChecker<TRightOperandFP, IsFeedbackOutput> m_inputShapeChecker2;
};
```

它接收两个模板参数:TInputs 为输入类型映射表;TPolicies 为 policy 数组。TPolicies

必须是一个 PolicyContainer 容器列表[①]。在此基础上，系统使用 PlainPolicy 对参数进行过滤，获得当前层所对应的平凡参数列表 CurLayerPolicy（代码第 4～5 行）。

PlainPolicy 是一个元函数，引入的主要目的与复合层相关。我们会在第 8 章介绍这个元函数。目前，读者只需要理解：PlainPolicy 的输出也是一个 PolicyContainer 容器列表，同时对于基础层来说，PlainPolicy 的输入与输出相同。

在获得了 CurLayerPolicy 后，下一步就可以从中获取一些 policy 信息了，比如第 8～9 行就获取了 IsFeedbackOutput 的值，表示该层是否需要输出梯度。AddLayer 只需要这个信息，它内部并不包含参数。因此这里引入了 IsUpdate 值并将其设置为 false，表示该层不需要进行参数更新。

需要说明的是，虽然 AddLayer 不需要进行参数更新，但我们还是要求其提供 IsUpdate 的值。事实上，这个值连同 IsFeedbackOutput 是每个层都需要提供的信息——在第 8 章中，我们需要调整层的 IsFeedbackOutput 值，而为了调整它，我们就必须知道网络中其他层的 IsUpdate 与 IsFeedbackOutput。

除了这两个信息外，AddLayer 还需要提供如下的信息。

- InputPortSet：定义了层所接收的输入参数集合。AddLayer 接收两个输入参数，分别为 LeftOperand 与 RightOperand。
- OutputPortSet：定义了输出结果中包含的内容。AddLayer 会产生一个输出结果，名称为 LayerOutput。
- InputMap：输入类型映射表。对于训练层而言，InputMap 就是 TInputs；对于预测层而言，由于层所传入的 TInputs 为 NullParameter，因此系统会调用元函数 EmptyLayerInMap_ 根据输入参数集合构造一个空的映射表。而在随后的第 19 行，系统通过 CheckInputMapAvailable_ 来确保输入类型映射表与输入参数集合是相容的。

在构造了 InputMap 后，第 22～23 行使用其 Find 元方法获取 LeftOperand 与 RightOperand 所对应的类型，分别保存在 TLeftOperandFP 与 TRightOperandFP 之中——它们会在第 40～41 行构造相应的 ShapeChecker 时使用。

AddLayer 的构造函数接收一个字符串，表示该层的名称，这个信息会被保存在数据域 m_name 中。除了构造函数外，AddLayer 还提供了 FeedForward、FeedBackward 与 NeutralInvariant 函数，分别用于正向传播、反向传播与中性断言。下面，让我们看一下这 3 个函数的实现。

2. 正向传播

AddLayer 的正向传播实现如下：

```
1    template <typename TIn>
2    auto FeedForward(TIn&& p_in)
```

---

① 使用 IsPolicyContainer 元函数断言。

```
3      {
4          const auto& input1
5              = PickItemFromCont<InputMap, LeftOperand>(forward<TIn>(p_in));
6          const auto& input2
7              = PickItemFromCont<InputMap, RightOperand>(forward<TIn>(p_in));
8
9          if constexpr (IsFeedbackOutput)
10         {
11             m_inputShapeChecker1.PushDataShape(input1);
12             m_inputShapeChecker2.PushDataShape(input2);
13         }
14
15         return LayerOutputCont<AddLayer>()
16                 .template Set<LayerOutput>(input1 + input2);
17     }
```

它首先通过PickItemFromCont获取输入参数,并保存在input1 与 input2 中。PickItemFromCont是一个辅助模板函数,主要接收两个模板参数:输入类型映射表与要获取的数据的键。它还接收一个函数参数,为异类词典的实例。这个函数会首先通过键在异类词典中获取相应的数据,之后尝试将数据转换成输入类型映射表中定义的数据类型并返回。如果无法完成转换,那么这个函数会产生编译期错误。

对于 AddLayer 来说,只有在其 IsFeedbackOutput 为 true 时才会在反向传播时产生输出梯度。因此,只有在这种情况下,才可能需要进行梯度的形状检测。因此,在代码第 9～13 行引入了一个 if constexpr 语句,调用了 ShapeChecker 对象的 PushDataShape 接口将两个输入数据的形状信息记录下来。

在此之后,第 15～16 行调用 LayerOutputCont 构造保存输出结果的容器,并将 input1 与 input2 的和保存在容器的 LayerOutput 端口(port)中并返回——而这也就完成了整个正向传播的过程。

3. 反向传播

AddLayer 的反向传播实现如下:

```
1      template <typename TGrad>
2      auto FeedBackward(TGrad&& p_grad)
3      {
4        if constexpr (!IsFeedbackOutput ||
5                     RemConstRef<TGrad>::template IsValueEmpty<LayerOutput>)
6        {
7          if constexpr (IsFeedbackOutput)
8          {
9              PopoutFromStack(m_inputShapeChecker1, m_inputShapeChecker2);
10         }
11         return LayerInputCont<AddLayer>();
12        }
13       else
14       {
15         auto grad = forward<TGrad>(p_grad).template Get<LayerOutput>();
```

```
16
17          auto res1 = Collapse<TLeftOperandFP>(grad);
18          auto res2 = Collapse<TRightOperandFP>(grad);
19
20          m_inputShapeChecker1.CheckDataShape(res1);
21          m_inputShapeChecker2.CheckDataShape(res2);
22          PopoutFromStack(m_inputShapeChecker1, m_inputShapeChecker2);
23
24          return LayerInputCont<AddLayer>()
25                      .template Set<LeftOperand>(move(res1))
26                      .template Set<RightOperand>(move(res2));
27      }
28  }
```

反向传播的代码稍显复杂，其原因在于我们需要处理不产生输出梯度的情况。AddLayer 会在两种情况下不产生任何输出梯度：IsFeedbackOutput 为 false，或者输入梯度的 LayerOutput 端口数据为空[①]。这两种情况无论哪一种发生，都不需要构造输出梯度，直接调用 LayerInputCont 返回一个空的输入容器即可（代码第 11 行）。

但这里有一个细节需要处理：当 IsFeedbackOutput 为 true，但输入梯度为空时，在正向传播时会将输入参数的形状信息记录在 ShapeChecker 对象中。为了保证程序行为的正确性，我们需要在这里弹出之前记录的形状信息（第 9 行），PopoutFromStack 实现了这一功能。这个函数会接收可变数目的 ShapeChecker 对象或 stack 对象，依次调用每个对象的出栈接口。

如果需要构造输出梯度，那么程序会执行第 15～26 行的代码。这段代码首先获取参数容器中 LayerOutput 端口所对应的梯度信息，之后调用 Collapse 将获取到的梯度信息转换成输入所对应的维度（第 17～18 行）。注意，MetaNN 支持不同维度的张量相加，其结果的维度与较高的张量维度相同。由于输入梯度的维度应与输出结果的维度相同，因此输入梯度的维度可能比某个输入参数的维度高。对于这种情形，我们需要使用 Collapse 对输入梯度降维。Collapse 会在其内部调用 ReduceSum 以实现降维，读者可以参考相应的代码来了解其实现细节。

Collapse 的处理结果会被保存在 res1 与 res2 中，而第 20～22 行会检测 res1 与 res2 的形状是否满足要求。最后，第 24～26 行会调用 LayerInputCont 构造输入容器，将 res1 与 res2 作为输出梯度保存在其中并返回。

4. 中性检测

AddLayer 包含了两个 ShapeChecker 对象以记录输入数据的形状信息。在中性检测中，我们需要确保这两个对象中的内容为空：

```
1   void NeutralInvariant() const
2   {
3       if constexpr(IsFeedbackOutput)
```

[①] 事实上，可能存在 IsFeedbackOutput 为 true 但输入梯度的 LayerOutput 端口的数据为空的情况。我们会在第 8 章讨论复合层时说明这种情况的成因。

```
4          {
5              CheckStackEmpty(m_inputShapeChecker1, m_inputShapeChecker2);
6          }
7      }
```

其中，只有在 IsFeedbackOutput 为 true 时才需要进行检测。此时，我们调用了 CheckStackEmpty，传入两个 ShapeChecker 对象以断言其中的内容为空。

以上就是 AddLayer 的主体实现代码。由于它不会在其内部维护参数，同时也无须维护中间结果来辅助其进行反向传播，因此它不需要引入 Init 等接口。从这个角度上来说，它是一个相对简单的层。

7.3.2　MultiplyLayer

MultiplyLayer 接收两个张量或者一个张量和一个数值，将二者相乘后产生新的张量并输出。

MultiplyLayer 与 AddLayer 很相似，只不过前者是进行元素相乘，后者是进行元素相加。由于 MultiplyLayer 进行元素相乘，因此在计算输出梯度时需要正向传播时的输入。具体来说，如果正向传播输入的参数分别为 A 与 B，反向传播的输入梯度为 G，那么对应参数 A 的输出梯度为 $G \circ B$（$\circ$ 表示元素对应相乘），对应参数 B 的输出梯度为 $G \circ A$。从这个分析中不难看出：我们需要在正向传播时记录输入信息，以供反向传播计算梯度使用。

1. 记录中间结果

为了计算输出梯度，我们需要在层中保存正向传播的输入作为中间结果。但需要注意的是，这些中间结果只是在"需要计算输出梯度"时才有保存的意义。MultiplyLayer 的主体代码如下所示（这里省略了一些在 AddLayer 中已经讨论过的相似逻辑）：

```
1   template <typename TInputs, typename TPolicies>
2   class MultiplyLayer
3   {
4       ...
5   public:
6       template <typename TIn>
7       auto FeedForward(const TIn& p_in);
8
9       template <typename TGrad>
10      auto FeedBackward(const TGrad& p_grad);
11
12  private:
13      LayerInternalBuf<TLeftOperandFP, IsFeedbackOutput> m_input1;
14      LayerInternalBuf<TRightOperandFP, IsFeedbackOutput> m_input2;
15  };
```

这里定义了两个 LayerInternalBuf，分别命名为 m_input1 与 m_input2，其中存储了类型为 TLeftOperandFP 与 TRightOperandFP 的数据。这些数据是后续计算输出梯度时使用的。

如果不需要向外输出梯度（IsFeedbackOutput 为 false），那么 LayerInternalBuf 将返回 NullParameter 类型——它只是起到了占位的作用，并不会实际参与计算。反之，如果需要向外输出梯度，那么 LayerInternalBuf 会构造出 stack<TLeftOperandFP>、stack<TRightOperandFP> 的数据类型。

2. 正向传播与反向传播

在引入了这些变量之后，接下来就是在正向传播与反向传播中使用它们了。首先来看一下正向传播的主体代码：

```
 1   template <typename TIn>
 2   auto FeedForward(const TIn& p_in)
 3   {
 4       const auto& input1
 5           = PickItemFromCont<InputMap, LeftOperand>(forward<TIn>(p_in));
 6       const auto& input2
 7           = PickItemFromCont<InputMap, RightOperand>(forward<TIn>(p_in));
 8
 9       if constexpr (IsFeedbackOutput)
10       {
11           m_input1.push(input1);
12           m_input2.push(input2);
13           // ... 保存输入参数形状信息，省略
14       }
15
16       return LayerOutputCont<MultiplyLayer>()
17           .template Set<LayerOutput>(input1 * input2);
18   }
```

与 AddLayer 类似，这里首先获取了容器中的两个输入参数。之后，如果需要在反向传播时输出梯度，那么输入的参数会被保存在 m_input1 与 m_input2 中。最终，FeedForward 构造了输出容器并将两个输入参数相乘的结果保存在该容器中并返回。

反向传播的实现也不困难：

```
 1   template <typename TGrad>
 2   auto FeedBackward(const TGrad& p_grad)
 3   {
 4     if constexpr (!IsFeedbackOutput ||
 5                   RemConstRef<TGrad>::template IsValueEmpty<LayerOutput>)
 6     { ... }
 7     else
 8     {
 9       if ((m_input1.empty()) || (m_input2.empty())) {
10         throw std::runtime_error("Cannot feed back in MultiplyLayer");
11       }
12       auto input1 = m_input1.top();
13       auto input2 = m_input2.top();
14
15       auto grad = forward<TGrad>(p_grad).template Get<LayerOutput>();
16
```

```
17        auto grad1 = grad * input1;
18        auto grad2 = grad * input2;
19        auto res1 = Collapse<TLeftOperandFP>(grad2);
20        auto res2 = Collapse<TRightOperandFP>(grad1);
21
22        // ... 输出梯度形状检测，省略
23
24        return LayerInputCont<MultiplyLayer>()
25            .template Set<LeftOperand>(std::move(res1))
26            .template Set<RightOperand>(std::move(res2));
27    }
28 }
```

其整体结构与 AddLayer::FeedBackward 很相似：如果不需要产生输出梯度，则直接返回一个空的容器（代码第 4～6 行）；否则从 m_input1 与 m_input2 中获取之前保存的输入参数，将其与梯度相乘后使用 Collapse 修改计算结果的维度信息。修改后的张量会被保存在容器中并返回。

以上就是 MultiplyLayer 的主体逻辑。可以看出，为了支持在反向传播时输出梯度，我们需要在层中引入额外的数据域以记录中间结果。事实上，除了支持反向传播输出梯度的计算之外，中间结果还有另外一种用途：保存参数梯度。我们之前所看到的两个层都不包含参数，因此也就不涉及参数更新的问题。接下来，我们将看到包含参数的层是如何通过中间变量来保存参数梯度的。

7.3.3　ParamSourceLayer

ParamSourceLayer 与 ValueSourceLayer 是 MetaNN 现有的两个可以存储参数的层。这两个层中，ParamSourceLayer 可以保存张量，而 ValueSourceLayer 可以保存数值。本节将讨论 ParamSourceLayer 的具体实现。ValueSourceLayer 的实现相对简单（其中保存的数值不涉及梯度计算与更新），留给读者自行分析。

1. 基本框架

ParamSourceLayer 的基本框架如下所示：

```
1  template <typename TInputs, typename TPolicies>
2  class ParamSourceLayer
3  {
4      static_assert(IsPolicyContainer<TPolicies>);
5      using CurLayerPolicy = PlainPolicy<TPolicies>;
6
7  public:
8      using ParamType
9          = typename PolicySelect<ParamPolicy, CurLayerPolicy>::ParamType;
10     static_assert(!is_same_v<ParamType, NullParameter>,
11                   "Use PParamTypeIs<> to set parameter type.");
12
```

```
13   private:
14       using ParamCategory = typename ParamType::CategoryTag;
15       using ElementType = typename ParamType::ElementType;
16       using DeviceType = typename ParamType::DeviceType;
17       constexpr static bool IsPrincipal =
18           is_same_v<PrincipalDataType<ParamCategory, ElementType, DeviceType>,
19                       ParamType>;
20
21   public:
22       static constexpr bool IsFeedbackOutput = false;
23       static constexpr bool IsUpdate =
24           IsPrincipal && PolicySelect<GradPolicy, CurLayerPolicy>::IsUpdate;
25
26   public:
27       using InputPortSet = LayerPortSet<>;
28       using OutputPortSet = LayerPortSet<struct LayerOutput>;
29       using InputMap = typename EmptyLayerInMap_<InputPortSet>::type;
30
31   public:
32       template <typename... TParams>
33       ParamSourceLayer(std::string name, TParams&&... p_params);
34
35       template <typename TInitializer, typename TBuffer>
36       void Init(TInitializer& initializer, TBuffer& loadBuffer);
37
38       template <typename TSave>
39       void SaveWeights(TSave& saver) const;
40
41       template <typename TGradCollector>
42       void GradCollect(TGradCollector& col);
43
44       auto FeedForward(const VarTypeDict<>::Values<>&);
45
46       template <typename TGrad>
47       auto FeedBackward(TGrad&& p_grad);
48
49       void NeutralInvariant() const;
50
51   private:
52       std::string m_name;
53       std::string m_paramName;
54       Shape<ParamCategory::DimNum> m_dataShape;
55       ParamType m_data;
56
57       using AimGradType
58           = DynamicData<ElementType, DeviceType, ParamCategory>;
59       LayerInternalBuf<AimGradType, IsUpdate> m_paramGradStack;
60   };
```

这个层包含了若干数据成员,其中 m_name 与 m_paramName 分别表示层与参数的名称;m_dataShape 与 m_data 分别存储了张量的形状与张量本身;m_paramGradStack 则用于保存张量的梯度信息。

这个层需要接收一个名为 ParamType 的 policy——它表示模板中所保存的张量的类型。如果该 policy 没有被显式设置,那么将触发编译期的静态断言,产生编译错误(代码第 8~

11 行）。在此基础上，第 14～18 行会获取该类型的类别标签、计算单元、计算设备，同时推断出该数据是否为主体类型。这个层不会产生输出梯度，但如果其中保存的数据是主体类型，同时传入的 policy 表明 IsUpdate 为 true 时，ParamSourceLayer 中保存的张量会在训练时进行更新（第 22～24 行）。

ParamSourceLayer 实现了层可能会提供的全部接口。它包含了构造函数、参数的初始化与导出接口、获取参数梯度的接口、正向传播与反向传播接口以及层的中性检测接口。接下来，让我们逐一了解这些接口的实现逻辑。

2．构造函数

ParamSourceLayer 的构造函数实现如下：

```
1   template <typename... TParams>
2   ParamSourceLayer(string name, TParams&&... p_params)
3       : m_name(std::move(name))
4   {
5     if constexpr (IsPrincipal)
6     {
7       m_dataShape
8         = Shape<ParamCategory::DimNum>(forward<TParams>(p_params)...);
9     }
10    else
11    {
12      m_data = ParamType(forward<TParams>(p_params)...);
13    }
14  }
```

这个构造函数接收层的名称与一个可变长度参数。它会将层的名称存储到 m_name 中。如果层中保存的是主体类型，那么可变长度参数将用于构造数据所对应的形状信息并将其保存到 m_dataShape 中，否则可变长度参数将用于构造张量并将其保存到 m_data 中。

3．参数初始化与加载

ParamSourceLayer 通过 Init 接口实现了其内部参数的初始化与加载：

```
1    template <typename TInitializer, typename TBuffer>
2    void Init(TInitializer& initializer, TBuffer& loadBuffer)
3    {
4        if constexpr (IsPrincipal)
5        {
6            m_paramName = initializer.LayerName2ParamName(m_name);
7            if (auto matPtr
8                    = loadBuffer.template TryGet<ParamCategory>(m_paramName);
9                matPtr)
10           {
11               if (matPtr->Shape() != m_dataShape)
12                   throw std::runtime_error(...);
13
14               m_data = *matPtr;
15               return;
```

```
16    |         }
17    |
18    |         m_data = ParamType(m_dataShape);
19    |         if (initializer.template IsParamExist<ParamCategory>(m_paramName))
20    |         {
21    |             initializer.GetParam(m_paramName, m_data);
22    |         }
23    |         else
24    |         {
25    |             using InitializerName
26    |                 = typename PolicySelect<ParamPolicy, CurLayerPolicy>::Initializer;
27    |             if constexpr (!std::is_same_v<InitializerName, NullParameter>)
28    |             {
29    |                 auto& cur_init
30    |                     = initializer.template GetFiller<InitializerName>();
31    |                 cur_init.Fill(m_data);
32    |             }
33    |             else
34    |             {
35    |                 throw runtime_error(...);
36    |             }
37    |         }
38    |         loadBuffer.Set(m_paramName, m_data);
39    |     }
40    | }
```

由于要同时处理初始化与加载，因此 Init 接口的声明相对会复杂一些。它接收如下内容。

- TInitializer& initializer：初始化模块的实例。
- TBuffer& loadBuffer：存储其他层已经初始化过的参数。

这个接口只会尝试初始化主体类型的张量（对于非主体类型来说，相应的初始化逻辑在构造函数中就已经完成了）。它会首先调用 LayerName2ParamName 基于层的名称获取相应的参数名称。在此基础上，它会依次尝试使用 3 个途径来初始化/加载参数。

（1）如果 loadBuffer 中存在同名的参数，那么将其复制到 m_data 之中（代码第 7～16 行），这使得当前层与网络中的其他层共享参数。

（2）否则，如果 initializer 存在与 m_paramName 同名的张量，那么将该张量的值加载到 m_data 中（第 19～22 行）。

（3）否则，首先通过层的 policy 获取初始化器的名称，之后使用该名称从 initializer 中获取初始化器的实例，最后使用该初始化器的实例来初始化张量（第 23～37 行）。

在初始化完毕后，需要将张量保存到 loadBuffer 中（第 38 行），从而使得后续的层有机会共享该张量。

4. 参数的导出

ParamSourceLayer 使用 SaveWeights 来导出参数：

```
1    | template <typename TSave>
2    | void SaveWeights(TSave& saver) const
3    | {
```

```
4          if constexpr (IsPrincipal)
5          {
6              auto matPtr = saver.template TryGet<ParamCategory>(m_paramName);
7              if (matPtr && (*matPtr != m_data))
8              {
9                  throw std::runtime_error(...);
10             }
11             saver.Set(m_paramName, m_data);
12         }
13     }
```

它接收一个 saver 对象作为参数。saver 也是一个词典，保存了名称与参数的对应关系。只有主体类型的参数才会被导出。在导出时，系统首先在词典中搜索是否出现同名参数。如果出现，那么有可能是因为多个层共享参数所产生的，否则可能是网络出现了错误。我们使用 *matPtr != m_data 来判断两个张量是否指向了不同的内存，如果它返回 true，那么系统将抛出相应的异常信息。

5．正向传播与反向传播

ParamSourceLayer 用于正向传播的代码非常简单：

```
1    auto FeedForward(const VarTypeDict<>::Values<>&)
2    {
3        return LayerOutputCont<ParamSourceLayer>()
4                .template Set<LayerOutput>(m_data);
5    }
```

与一般的正向传播接口不同，这个层的正向传播接口并非模板成员函数。因为这个层不需要接收任何输入数据就可以完成正向传播，它只是接收一个空的容器 VarTypeDict<>::Values<> 以与其他层的正向传播接口保持一致。在其内部，FeedForward 只是构造了层的输出容器并将 m_data 保存在其中且传递出来即可。

对于反向传播来说，则需要引入相应的逻辑以记录更新参数所需的梯度：

```
1    template <typename TGrad>
2    auto FeedBackward(TGrad&& p_grad)
3    {
4        if constexpr (IsUpdate &&
5            (!RemConstRef<TGrad>::template IsValueEmpty<LayerOutput>))
6        {
7            auto grad
8                = std::forward<TGrad>(p_grad).template Get<LayerOutput>();
9            if (grad.Shape() != m_data.Shape())
10           {
11               throw std::runtime_error(...);
12           }
13           m_paramGradStack.push(MakeDynamic(grad));
14       }
15       return LayerInputCont<ParamSourceLayer>();
16   }
```

其中，只有在 IsUpdate 为 true，同时输入梯度容器中包含有效的梯度信息时，系统才会记录该梯度信息到 m_paramGradStack 之中。同时，这个函数会返回一个空的容器——它不会产生输出梯度。

6. 收集参数梯度

ParamSourceLayer 在其内部维护了参数，因此需要提供接口在反向传播完成后收集参数梯度，用于后续的参数更新。ParamSourceLayer 提供了 GradCollect 来收集参数梯度：

```
1    template <typename TGradCollector>
2    void GradCollect(TGradCollector& col)
3    {
4        if constexpr (IsUpdate)
5            ParamGradCollect(m_paramName, m_data, m_paramGradStack, col);
6    }
```

其中 ParamGradCollect 是一个辅助函数，接收参数名、张量参数、相应的梯度以及 TGradCollector 类型的对象，在其内部会调用 TGradCollector 所提供的 Collect 接口，将张量与梯度相关的信息保存在 TGradCollector 对象之中。

7. 中性检测

由于 ParamSourceLayer 中引入了中间变量，因此也需要提供中性检测的接口：

```
1    void NeutralInvariant() const
2    {
3        if constexpr (IsUpdate)
4        {
5            LayerTraits::CheckStackEmpty(m_paramGradStack);
6        }
7    }
```

该接口的实现与 AddLayer 中的同名函数基本一致。主要的差异是这里只有在 IsUpdate 为 true 时才会执行中性检测。

引入 ParamSourceLayer

ParamSourceLayer 从功能上讲非常平凡：它不会引入任何实际上的计算，也不会构造运算模板。那么，为什么要引入这个层呢？

事实上，早期的 MetaNN 版本中并不包含这个层，而早期的 MetaNN 版本不得不实现多个功能相似的层。比如 AddLayer 与 BiasLayer，它们都会实现加法操作。只不过前者会将两个张量相加，而后者会将输入与其内部存储的参数相加。

这并不是一种很好的设计：我们可能会引入大量功能相似的层，只是为了区别数据的来源是输入还是某个网络内部的参数。ParamSourceLayer 的引入解决了这个问题，现在，我们无须再引入像 BiasLayer 这样的基本层了。事实上，我们可以通过一个复合层来实现 BiasLayer 的功能——只需要将 AddLayer 的输入之一设置为 ParamSourceLayer 的输出。我们会在第 8 章讨论复合层时给出 BiasLayer 的具体实现。

7.4 小结

本章讨论了 MetaNN 中的基本层。

一方面，层首先是运算的封装，它将正反向传播所需要的运算关联起来，放到一个类模板中。另一方面，层并不局限于运算的封装，它可以通过 policy 对象修改其行为，从而提供更灵活的使用方式。

这种灵活性是有代价的。在本章中我们已经看到，为了灵活而高效地支持不同的行为，我们需要引入大量的编译期分支操作（比如基于是否要更新参数而引入不同的分支）。通常来说，这种分支都是在函数内部引入的：根据编译期参数的不同，选择不同的行为。对于这种情况，使用 C++ 17 中的 if constexpr 可以很好地组织相应的代码，不需要求诸于模板特化等相对复杂的分支实现方式。

总的来说，层还是一种不错的数据结构：它对用户友好，便于使用。虽然本章是基于很基本的层来讨论开发技术的，但同样的技术也可以用于实现更复杂的层。

是的，从理论上来说，我们可以用本章讨论的技术来开发很复杂的层，但从实践上来说，这通常并不是什么好主意。随着层复杂度的增长，其编写难度以及出错的可能性也会增加。我们将在第 8 章看到，通过引入专门的组件，我们可以对基本层进行方便的组合，从而构造出复杂的层，降低编写的难度与出错的可能性。

7.5 练习

1. 在 7.1.5 小节中，我们提到了 MetaNN 的层会在其中保存正向传播的信息作为中间结果，供反向传播使用。事实上，还有一种设计方案：我们并不在层中保存中间结果，而仅仅由正向传播所构造的运算模板自动推导出反向传播的运算模板。这确实是可行的，分析与 MetaNN 现有的设计方案相比，采用这种设计方案有什么好处、什么坏处。

2. 当前 MetaNN 为每个层引入了输入类型映射表，考虑如果 MetaNN 为层同时引入了输入梯度映射表，会带来什么好处、什么坏处。

3. ParamSourceLayer::Init 的实现代码在没有找到合适的初始化器时，会抛出异常。是否可以将该逻辑修改为 static_assert 断言？尝试这样修改，看看系统的行为是否符合你的预期。

4. 限于篇幅，本章只重点讨论了层的设计方案，并没有逐一讨论 MetaNN 中已经实现的层。请仔细阅读 MetaNN 中与基本层相关的代码，确保理解其实现细节。

第8章

复合层

第 7 章讨论了基本层的编写方法，同时定义了 MetaNN 中的层所需要实现的接口集合。理论上，我们可以使用第 7 章所讨论的方法来实现深度学习系统中的大部分网络结构。但在实际使用中，如果层的逻辑比较复杂，那么直接使用第 7 章所讨论的方法来实现则比较困难，容易出错。

一个复杂的层通常会包含若干操作，它们可能以某种形式相互影响。在这种情况下，编写出正确的正向传播代码就可能是一件比较困难的事了，而编写出正确的反向传播代码则将更加复杂。我们说深度学习系统是复杂的，很大程度上就是因为在网络变得复杂时，能写出正确的正向、反向传播代码是一件相对困难的事。进一步，当深度学习系统变得复杂时，如果层中的逻辑出现了错误，那么希望通过调试来找出这样的错误将会十分困难。

开发复杂的层还有另一方面的问题：我们需要通过 policy 对象来调整层的行为。但如果层变得复杂了，其中可调整的东西就会变多。采用第 7 章所讨论的 policy 加分支的方式，引入相对较少的行为分支逻辑是可能的，而处理复杂的行为调整会使得代码难以维护——这些都是需要解决的问题。

针对这些问题，MetaNN 引入了复合层的概念。复合层是基本层的组合，是一种典型的组合模式。复合层内部的基本层构成了有向无环图的结构。复合层会根据其内部的图结构自动推导出要如何进行正向传播与反向传播等操作。使用复合层最大的好处在于：我们可以将原本复杂的计算逻辑拆分成相对简单的计算逻辑的序列，从而简化代码的编写与维护。一方面，复合层是由基本层组合而成的，为了确保复合层的逻辑正确性，我们要确保其中包含的每个基本层的逻辑是正确的，但与前者相比，确保后者会容易很多。另一方面，为了确保复合层工作正确，我们还需要保证复合层内部所推导的正向、反向传播等逻辑是正确的。这会相对困难一些，但这部分逻辑的可复用性很强，只要花费一定的时间，将这部分的逻辑编写正确，那么可以将其复用到所有复合层的实例之中。

复合层是基本层的组合。为了构造复杂的深度学习网络，大部分深度学习框架都提供了某种方式对较基本的组件进行整合。与其他深度学习框架相比，MetaNN 中的复合层的一个最大的不同之处在于：其中的很多操作（如基于图结构推导出正向、反向传播的逻辑）

是在编译期完成的。这一点与 MetaNN 的整体设计一脉相承。我们希望尽可能地利用元编程与编译期计算，来简化运行期的相关逻辑，为系统优化提供可能。

本章会讨论复合层的构造。与 MetaNN 中的其他组件类似，我们首先需要设计复合层的接口，讨论用户需要怎么使用相关的组件。基于已经设计好的接口，我们将讨论具体的实现方案。

8.1　复合层的接口与设计理念

8.1.1　基本结构

首先，复合层是一种典型的组合模式，它对外的接口应该满足 MetaNN 对"层"的基本要求。而对于一个层来说，其最基础的两个操作是正向传播与反向传播，复合层也需要提供这两个接口。

复合层是基本层的组合，但复合层中并不一定只包含基本层，它也可以包含其他的复合层，从而形成更加复杂的结构。为了后续讨论方便，我们将一个复合层所包含的层统一称为其"子层"。子层可以是基本层，也可以是另一个复合层。在第 7 章中，我们提到了 MetaNN 为正向传播与反向传播引入了输入容器与输出容器的概念。正向传播接收输入容器对象，返回输出容器对象。反向传播接收输出容器对象，返回输入容器对象。复合层的正向传播与反向传播接口也需要配置相应的输入容器与输出容器。这些容器应该能被连接到复合层所包含的子层之中。子层接收复合层所传入的参数后，计算并产生输出。产生的输出可能会连接到其他的子层，也可能会作为复合层的整体输出。

图 8.1 从正向传播的角度，展示了一个典型的复合层内部结构。在图 8.1 中，我们用实线框表示层；用虚线框表示层所对应的输入、输出容器；用空心圆表示输入容器中的元素，用实心圆表示输出容器中的元素。

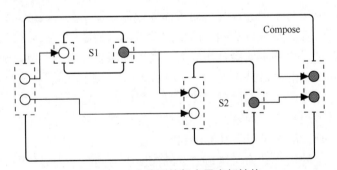

图 8.1　一个典型的复合层内部结构

图 8.1 所展示的复合层内部结构不算复杂，但足够说明问题。复合层 Compose 包含两

个子层 S1 与 S2。Compose 的输入元素之一会传递到 S1 的输入容器中。S1 的输出结果与 Compose 的另一个输入一起作为 S2 的输入。S2 的输出将作为 Compose 的输出元素之一。Compose 的另一个输出来自 S1 的输出。

8.1.2 结构描述语法

由图 8.1 不难看出，除了定义输入容器与输出容器之外，为了描述一个复合层，我们还需要提供 4 类信息。

- 定义复合层中包含了哪些子层。
- 定义某些子层的输入来自复合层的输入。
- 定义某些子层的输出组成了复合层的输出。
- 定义某些子层的输出将是另一些子层的输入。

MetaNN 引入了 4 个类模板作为这 4 类信息的载体。

- Sublayer<TLayerName, TLayer>定义了子层。这个类模板将子层的名称（TLayerName）与子层的类型（TLayer）关联起来。比如 AddLayer 就是一个子层类型，表示该层用于张量求和。一个复合层中可能存在多个类型相同的子层，但每个子层都有独立的名称。这个名称将用于引用具体的层对象。
- InConnect<TInPort, TInLayerName, TInLayerPort> 用于将复合层输入容器中的某个元素与其子层输入容器中的某个元素关联起来。我们将索引元素的键也称为端口。其中 TInPort 表示复合层输入容器中的某个元素，而 TInLayerPort 则对应子层输入容器中的某个元素。
- OutConnect<TOutLayerName, TOutLayerPort, TOutPort> 用于将复合层输出容器中的某个元素与其子层输出容器中的某个元素关联起来。其中 TOutPort 表示复合层输出容器中的某个元素，而 TOutLayerPort 则对应子层输出容器中的某个元素。
- InternalConnect<TOutLayerName, TOutPort, TInLayerName, TInPort>用于将复合层中的两个子层“连接”起来，表明某个子层输出容器中的元素将作为另一个子层输入容器中的元素。

还是以图 8.1 为例，假定复合层的输入容器中包含两个元素 Input1 与 Input2，输出容器中包含两个元素 Output1 与 Output2。同时 S1 与 S2 的类型分别为 SigmoidLayer 与 AddLayer。那么可以通过如下的方式来描述复合层：

```
1   using ComposeIn = VarTypeDict<struct Input1, struct Input2>;
2   using ComposeOutput = VarTypeDict<struct Output1, struct Output2>;
3
4   Sublayer<S1, SigmoidLayer>
5   Sublayer<S2, AddLayer>
6   InConnect<Input1, S1, LayerInput>
7   InConnect<Input2, S2, RightOperand>
8   InternalConnect<S1, LayerOutput, S2, LeftOperand>
```

```
9   OutConnect<S1, LayerOutput, Output1>
10  OutConnect<S2, LayerOutput, Output2>
```

其中 ComposeIn 与 ComposeOutput 分别表示复合层的输入容器与输出容器。在此基础上，代码第 4～5 行定义了两个子层；第 6～7 行声明了复合层的输入元素与子层的连接方式；第 8 行表示 S1 的输出要连接到 S2 的 LeftOperand 上；最后两行则说明了 S1 与 S2 的输出将作为复合层本身的输出。

复合层的内部结构包含了构造复合层所需要的大部分信息。在此基础上，我们可以进一步调整复合层的行为细节。MetaNN 中，对层的行为的指定主要通过 policy 实现，复合层也不例外。但与基本层不同的是，复合层存在包含与被包含的关系，相应的对行为的指定也就会复杂一些。接下来，让我们看一下如何对原有 policy 模板机制进行扩展，从而方便地指定复合层的行为细节。

8.1.3　policy 的继承

基础层可以组成复合层，而复合层与基础层可以进一步组合，形成更加复杂的结构。随着层的结构越来越复杂，其行为细节可以调整的方面也就越来越多。对于基础层来说，我们可以通过为其引入相应的 policy 对象来指定其行为细节。而对于复合层来说，很难为其所包含的每个子层依次指定行为细节——一个复合层中可能直接或间接地包含上百个基础层，在这种状态下，为每个基础层一一指定行为细节将是一件无意义而且容易出错的事。

修改 policy 往往出于两种情况。一种情况是，通常来说 MetaNN 中的每个层都有其默认的行为——这也对应了 policy 的默认值。如果我们希望改变某个行为细节，往往需要改变的是复合层中所有子层的相应细节。比如，默认情况下，每一层都不会更新其中包含的参数（IsUpdate 为 false）。我们可能希望复合层中所有的子层都会对其参数进行更新——将 IsUpdate 修改为 true。

另一种情况是，复合层中大部分子层的行为都是满足要求的，仅有少部分子层所对应的 policy 需要调整。比如，我们希望大部分子层在训练阶段更新其中的参数，但某几层不更新其中包含的参数。事实上，为复合层设置 policy 时，只需处理好这两种情况，就能解决大部分问题。

复合层与其子层是一种包含与被包含的关系。基于这样的结构，对于上述问题一种很自然的解决方案是：我们可以为复合层指定 policy，复合层中的 policy 将应用到其所包含的所有子层上。同时，子层也可以指定其自身的行为。子层指定的 policy 可以覆盖复合层指定的 policy。假定存在两个 policy 对象 P1 与 P2，我们希望复合层中的大部分子层具有 P1 所指定的行为，而子层 SubX 具有 P2 所指定的行为，那么可以按照如下的方式声明复合层的 policy：

```
1   PolicyContainer<P1, SubPolicyContainer<SubX, P2>>
```

其中 SubPolicyContainer 是 MetaNN 中的一个容器，用于为子层赋予相应的 policy 对象。使用上面的代码作为复合层的模板参数时，SubX 之外的子层对应的 policy 将是 PolicyContainer<P1>，而 SubX 子层所对应的 policy 则是 PolicyContainer<P1, P2>或者 PolicyContainer<P2>。具体是哪一种，则取决于 P1 与 P2 是否相冲突（它们的主要类别与次要类别是否相同）。如果 P1 与 P2 不冲突，那么 SubX 所对应的 policy 是 PolicyContainer<P1, P2>——可以视为 SubX 从其父容器中"继承"了相应的行为；反之，如果二者产生了冲突，那么 SubX 所对应的 policy 是 PolicyContainer<P2>，这表示 SubX 指定的行为"覆盖"了复合层的 policy 所指定的行为。

我们将这种 policy 的扩展称为 policy 继承。policy 继承可以被进一步推广。比如 SubX 中还包含一个子层 SubY，为了对其指定额外的 policy（P3），我们可以这样写：

```
1   PolicyContainer<P1,
2               SubPolicyContainer<SubX, P2,
3                       SubPolicyContainer<SubY, P3>>>
```

这种结构以一种相对简单的语法指定了复合层中每个子层所对应的 policy。我们将在本章的后面看到如何实现 policy 继承。

8.1.4　policy 的修正

复合层中还会涉及 policy 的修正逻辑。在第 7 章我们引入了 Policy：IsFeedbackOutput，它表示某一层是否需要计算输出梯度。通常来说，这个信息需要由层之间的关系推导得出。具体到复合层中，这就涉及 policy 的修正。

深度学习框架将最终构造出一个由若干层组成的网络。从正向传播的角度上来看，有些层会被先使用，有些层则会利用其他层的结果继续处理。如果一个层 A 直接或间接地利用了某个层 B 的结果作为输入，那么我们将 B 称前趋层，将 A 称为后继层。在反向传播时，后继层的反向传播接口会被首先调用，之后才是前趋层。这就产生了一个问题：如果前趋层需要进行参数更新，那么其用于计算梯度的信息就要由它的后继层所提供。换句话说，如果 B 需要更新参数，那么 A 必须计算输出梯度。

假定 A 与 B 位于一个复合层之中，同时 A 的 policy 并没有要求其计算输出梯度，那么复合层需要根据 A 与 B 的关系，对 A 的 policy 进行修正，使得它计算输出梯度并向外传递。

8.1.5　输入类型映射表的推导

MetaNN 的每个层通常来说包含了两个模板参数，除了表示 policy 的模板参数外，还有一个表示输入类型映射表的模板参数，它规定了正向传播时每个输入数据的类型。这个信息将用于构造对象保存中间结果，作为反向传播时梯度计算的输入。

随着网络复杂度的增加，手工指定每一层的输入类型映射表也就变成一项非常麻烦的工作。在 MetaNN 中，我们可以使用复合层来描述一个深度学习网络，复合层中可能包含很多子层，但我们不能要求用户手工地指定每一个子层的输入类型信息，而需要通过类型推导来"计算"出这些信息——用户需要给出的只是复合层本身的输入类型。

还是以图 8.1 为例，假定 S1 与 S2 分别对应了 SigmoidLayer 与 AddLayer。如果我们指定了复合层的输入类型分别为 I1 与 I2，那么 S1 的输出类型为 Operation<Sigmoid, I1>，而相应地，我们也可以推导出 S2 的输入类型分别为 Operation<Sigmoid, I1>与 I2。

整个推导过程是可以在编译期完成的。一旦我们知道了某一层的输入类型，我们就应该可以推导出其输出类型，而前趋层的输出类型也正是后继层的输入类型。所以，在给定整个复合层的输入类型的前提下，如果能按照正向传播的数据流动顺序依次处理每一层，就可以推导出每一层的输入类型信息。我们将在本章后续的内容中讨论这部分逻辑的实现。

8.1.6　复合层的构造函数

复合层的基本结构与 policy 是在编译期指定的，但要构造复合层的实例，还有一些信息要在运行期指定。比如，我们需要调用每个子层的构造函数，传入构造所需的信息（如层的名称、其中包含的参数尺寸等）。为此，我们还需要为每个复合层引入专门的构造函数。

接下来，我们将以一个具体的例子来说明复合层的完整构造方式，并在其中展示复合层的构造函数的编写方法。

8.1.7　一个完整的复合层构造示例

考虑如下的例子。在第 7 章，我们引入了基本层 AddLayer 与 ParamSourceLayer，现在我们希望基于这二者构造出复合层 BiasLayer。这个复合层的输入会传递给 AddLayer 子层，而 AddLayer 还会接收 ParamSourceLayer 的输出作为另一个输入，将二者相加输出。为了构造这个复合层，我们首先需要定义其内部结构：

```
1    struct ParamSublayer;
2    struct AddSublayer;
3
4    using Topology
5        = ComposeTopology<Sublayer<ParamSublayer, ParamSourceLayer>,
6                          Sublayer<AddSublayer, AddLayer>,
7                          InConnect<LayerInput, AddSublayer, LeftOperand>,
8                          InternalConnect<ParamSublayer, LayerOutput,
9                                          AddSublayer, RightOperand>,
10                         OutConnect<AddSublayer, LayerOutput, LayerOutput>>;
11
12   template <typename TInputMap, typename TPolicies>
13   using Base
14       = ComposeKernel<LayerPortSet<LayerInput>, LayerPortSet<LayerOutput>,
15                       TInputMap, TPolicies, Topology>;
```

其中 ComposeTopology 在其内部整合了复合层所需要的大部分结构信息。这也是本章将讨论的重点。在此基础上，我们使用 ComposeKernel 引入了一个类模板 Base。ComposeKernel 中定义了复合层的输入端口集合与输出端口集合，分别为 LayerPortSet<LayerInput>与 LayerPortSet<LayerOutput>；其子层结构为之前定义的 Topology 实例。Base 类模板可以接收一个输入类型映射表与一个 policy 数组，以指定复合层本身的输入数据类型，并传入 policy 来修改该层的行为细节（我们也会在本章讨论 ComposeKernel 的实现细节）。

需要说明的一点是，ComposeTopology 中语句的顺序是可以任意调换的。换句话说，如果按照如下的方式书写：

```
1    using Topology
2      = ComposeTopology<InConnect<LayerInput, AddSublayer, LeftOperand>,
3                        Sublayer<AddSublayer, AddLayer>,
4                        OutConnect<AddSublayer, LayerOutput, LayerOutput>,
5                        Sublayer<ParamSublayer, ParamSourceLayer>,
6                        InternalConnect<ParamSublayer, LayerOutput,
7                                        AddSublayer, RightOperand>>;
```

程序的行为不会发生任何改变。

有了这两步之后，如前文所述，我们还需要为复合层引入一个合理的构造函数，传入构造运行期对象所需的参数信息。为了实现这一点，我们需要引入继承：

```
1    template <typename TInputs, typename TPolicies>
2    class BiasLayer : public Base<TInputs, TPolicies>
3    {
4      using TBase = NSBiasLayer::Base<TInputs, TPolicies>;
5    public:
6      template <typename... TShapeParams>
7      BiasLayer(const std::string& p_name, TShapeParams&&... shapeParams)
8        : TBase(TBase::CreateSublayers()
9                .template Set<ParamSublayer>(p_name + "/param",
10                                  std::forward<TShapeParams>(shapeParams)...)
11                .template Set<AddSublayer>(p_name + "/add"))
12      { }
13    };
```

其中 CreateSublayers 是 ComposeKernel 所提供的辅助函数，我们可以使用其为每个子层指定相应的参数。比如，如果 BiasLayer 中传入的参数是"root"、10、3，那么这个复合层会在其内部构造两个子层，分别命名为 root/param 与 root/add，同时前者将包含一个 10×3 的矩阵作为网络参数。

对于复合层的用户来说，这就是全部的工作了——这里无须显式地引入正向传播、反向传播、参数初始化等操作。这些操作完全是由 ComposeTopology 与 ComposeKernel 在其内部实现的。本章的重点在于讨论如何实现这两个模块。但在此之前，让我们首先讨论 policy 继承与修正的实现——ComposeKernel 会调用 policy 的继承与修正接口，推导出子层的 policy。

8.2　policy 继承与修正逻辑的实现

8.2.1　policy 继承逻辑的实现

1．SubPolicyContainer 容器与相关的元函数

为了实现前文所述的 policy 继承，我们首先需要引入能存储子层 policy 的容器：

```
1    template <typename TLayerName, typename...TPolicies>
2    struct SubPolicyContainer;
3
4    template <typename T>
5    constexpr bool IsSubPolicyContainer = false;
6
7    template <typename TLayer, typename...T>
8    constexpr bool
9    IsSubPolicyContainer<SubPolicyContainer<TLayer, T...>> = true;
```

其中 SubPolicyContainer 的声明并没有什么特别之处，它的模板参数包含两部分：TLayerName 表示子层的名称，而 TPolicies 则对应要为该层所设置的 policy。

我们同时引入了元函数 IsSubPolicyContainer，判断输入类型是否为 SubPolicyContainer 的实例——这个元函数会在后续实现 policy 相关逻辑时简化代码的编写。

在引入了上述容器后，我们规定 PolicyContainer 中可以包含一般的 policy 对象，也可以包含 SubPolicyContainer。

2．PlainPolicy 的实现

引入 SubPolicyContainer 相当于放宽了 PolicyContainer 能包含的内容。这对于复合层以及 policy 继承是有利的。但新的 PolicyContainer 将无法直接用于 PolicySelect。为了解决这个问题，我们引入了元函数 PlainPolicy，用于去除 PolicyContainer 中所有子层相关的 policy。其基本行为是：遍历 PolicyContainer 中的所有元素，如果它是一个 policy 对象就保留下来，否则丢弃。比如，对于以下的 policy 容器：

```
1    using Ori = PolicyContainer<P1,
2                               SubPolicyContainer<...>,
3                               P2,
4                               SubPolicyContainer<...>>;
```

调用 PlainPolicy<Ori>后将构造出 PolicyContainer<P1, P2>。

在第 7 章中，我们看到对于一个基本层，在获取 policy 之前会首先调用 PlainPolicy：

```
1    template <typename TPolicies>
2    class AddLayer
3    {
```

```
4          static_assert(IsPolicyContainer<TPolicies>,
5                        "TPolicies is not a policy container.");
6      using CurLayerPolicy = PlainPolicy<TPolicies>;
7      ...
8  };
```

这也正是希望将不必要的子层设置信息滤除，避免它影响后续的 PolicySelect 调用。

我们通过在第 2 章讨论的 Fold 元算法实现了 PlainPolicy 的逻辑。其逻辑本身并不复杂，相关的代码就留待读者自行分析。

3. SubPolicyPicker 元函数

SubPolicyPicker 元函数的定义如下：

```
1  template <typename TPolicyContainer, typename TLayerName>
2  using SubPolicyPicker
3      = typename SubPolicyPicker_<TPolicyContainer, TLayerName>::type;
```

它接收两个模板参数，分别表示复合层的 policy 容器，以及要获取子层的标签。SubPolicyPicker 将基于这二者构造出子层的 policy 容器。例如，假定复合层 policy 容器中的内容是：

```
1  using PC =
2    PolicyContainer<P1,
3                    SubPolicyContainer<SubX, P2,
4                                       SubPolicyContainer<SubY, P3>>>;
```

那么调用 SubPolicyPicker<PC, SubX>将构造出如下的容器[①]：

```
1  PolicyContainer<P2,
2                  SubPolicyContainer<SubY, P3>,
3                  P1>
```

上述 policy 容器包含了我们希望赋予 SubX 这个子层的全部 policy。

这里有几点需要说明。

- 根据第 3 章的讨论，我们不难发现，policy 对象在 policy 容器中的位置不会影响其行为。为了简化实现逻辑，我们在这里将 P1 放到整个 policy 容器的后端。

- SubPolicyPicker 只支持单层解析。对于上面的例子，如果要获取的是 SubY 的 policy，那么必须调用两次 SubPolicyPicker。

```
1  using T1 = SubPolicyPicker<PC, SubX>;
2  using T2 = SubPolicyPicker<T1, SubY>;      //获取 SubY 的 policy
```

- 上例展示了 P1 与 P2 不存在冲突的情况。如果二者存在冲突，那么生成的 policy 容器应当是 PolicyContainer<P2, SubPolicyContainer<SubY, P3>>。

---

① 这里假定 P1 与 P2 不存在冲突。

- 复合层中可能包含多个子层，一些子层并不会设置单独的 policy。比如，假定复合层中除了 SubX 外，还包含 SubZ，那么 SubPolicyPicker<PC, SubZ>会返回 PolicyContainer<P1>，表示该层的 policy 与复合层一致。

在仔细分析上述示例与说明的基础上，不难给出 SubPolicyPicker 实现的基本方案：遍历所有的 SubPolicyContainer，查看其中是否包含了要提取的子层相关容器。如果不包含，那么说明要返回的是复合层所设置的 policy；如果出现了某个 SubPolicyContainer，其第一个模板参数与要提取的层同名，那么需要基于其构造相应的 policy 容器并返回。在构造新的容器时，需要考虑到原有容器中的 policy 对象，判断它是否与当前容器中的对象存在冲突。如果不冲突，就要将其加入新的容器中。

SubPolicyPicker 将其实现代理给 SubPolicyPicker_完成，而后者正是实现了与前文所述类似的逻辑。为了使代码更加简洁，SubPolicyPicker_对上述处理步骤进行了少许调整，如下：

```
1   template <typename TLayerName>
2   struct imp_
3   {
4       template <typename TState, typename TInput>
5       struct apply
6       {
7           using type = TState;
8       };
9
10      template <typename...TProcessed, typename... TAdded>
11      struct apply<PolicyContainer<TProcessed...>,
12                   SubPolicyContainer<TLayerName, TAdded...>>
13      {
14          using type = PolicyContainer<TProcessed..., TAdded...>;
15      };
16  };
17
18  template <typename TPolicyContainer, typename TLayerName>
19  struct SubPolicyPicker_
20  {
21      using tmp = Fold<PolicyContainer<>, TPolicyContainer,
22                       imp_<TLayerName>::template apply>;
23      using type = PolicyDerive<tmp, PlainPolicy<TPolicyContainer>>;
24  };
```

它也是通过 Fold 元算法来实现核心逻辑。Fold 元算法会传入 3 个参数，分别表示初始状态（这里是一个空的 PolicyContainer 容器）、要处理的元数据容器（TPolicyContainer）以及处理算法（imp_<TLayerName>::template apply）。处理算法会依次遍历 TPolicyContainer 中的每个元素，如果该元素是一个 SubPolicyContainer，同时其中存储的层的名称与当前要获取 policy 的子层名称相同，那么它将 SubPolicyContainer 中的 policy 对象添加到保存结果的 PolicyContainer 中。

这里有一点需要说明：Fold 要求其处理算法接收两个参数，分别对应输入状态与要处理的元素。但对于这个应用场景来说，我们需要传入一个额外的参数以表示子层的名称。

为了实现这一点,我们引入了 imp_类模板,使用其模板参数保存子层的名称。在 imp_类模板内部使用 apply 时就可以获取 imp_类模板的模板参数以进行相应的处理了。

Fold 的处理结果会被保存在 tmp 中。在 Fold 处理完毕后,tmp 保存了所有原始保存在相应的 SubPolicyContainer 中的 policy。在此基础上,我们还需要将其与复合层的 PlainPolicy 合并,从而形成该子层最终的 policy。这里是通过 PolicyDerive 来实现这个合并操作的。PolicyDerive 会确保只有不冲突的 policy 对象才会被添加。

8.2.2 policy 修正逻辑的实现

MetaNN 中引入了元函数 ChangePolicy 来修改 policy 容器中的对象。前文提到过,为了计算某一层的参数梯度,我们可能需要修改其后继层的梯度输出 policy。ChangePolicy 将用于相应的 policy 修改。但 ChangePolicy 并不局限于修改梯度输出 policy,而是设计得更加通用:

```
1   template <typename TNewPolicy, typename TOriContainer>
2   using ChangePolicy
3       = typename ChangePolicy_<TNewPolicy, TOriContainer>::type;
```

它接收两个模板参数:第一个模板参数是希望修改后引入的 policy 对象,第二个模板参数是原有的 policy 容器。它会使用 Fold 元算法来遍历 policy 容器中的每个元素,去除与希望引入的 policy 对象相冲突的 policy 对象,并将希望引入的 policy 对象添加到新构造容器的尾部。限于篇幅,这里就不罗列这个元函数的具体实现代码了。有兴趣的读者可以自行阅读。

在实现了 policy 的继承与修正逻辑的基础上,我们就可以使用它们来实现复合层的核心逻辑了。接下来,我们将讨论复合层核心逻辑的实现。如前文所述,复合层的核心逻辑被封装在 ComposeTopology 与 ComposeKernel 两个模板之中。ComposeTopology 会解析前文所讨论的"结构描述语法",根据层与层之间的关系对复合层中的子层进行排序,排序结果将指导正向传播与反向传播。而 ComposeKernel 则基于前者的结果实现了层所需要提供的接口:包括正向传播、反向传播、参数初始化与加载等。我们将首先讨论 ComposeTopology 相关的实现,并在此基础上讨论 ComposeKernel 的实现。

8.3 ComposeTopology 的实现

8.3.1 功能简述

ComposeTopology 是一个类模板,主要用于解析前文所引入的"结构描述语法",并由此分析出层的调用先后顺序。在此基础上,这个类模板还提供了一个元函数,用于传入 policy 容器,对复合层所包含的子层进行实例化。

ComposeTopology 的输入是结构描述语法，它由 4 种子句构成，描述了复合层所包含的子层，以及子层之间、子层与复合层之间的输入、输出连接关系。MetaNN 假定这些复杂的连接所描述的本质是一个有向无环图，图中的结点表示子层，而结点之间的连接关系则刻画了正向传播时数据在子层间的走向。复合层内部的子层组成一个图结构，在实际进行正向、反向的数据传播时，数据还是会按照某种顺序依次流经每一个层。这种顺序不能搞错，否则将会产生逻辑上的错误。

以图 8.1 为例，复合层中包含了 S1 与 S2 两个子层。在正向传播时，传入复合层的数据只能首先通过 S1，再通过 S2。如果将这个顺序反过来，那么由于 S2 的输入依赖于 S1 的输出，因此在 S1 没有产生正确的输出时就调用 S2 的正向传播接口，自然无法得到正确的结果。反向传播与之类似，输入复合层的梯度信息必须要先通过 S2，再通过 S1。推导出这种传播顺序是确保复合层具有正确行为的基础，也是 ComposeTopology 最重要的任务之一。

该怎么将图的结构转化成这种顺序信息呢？如果读者熟悉数据结构与算法，可能已经想到了解决方案：拓扑排序（topological sorting）。事实上，这是一个经典的拓扑排序问题。而 ComposeTopology 命名的来源也在于它本质上实现了复合层内子层的拓扑排序。

ComposeTopology 所给出的拓扑排序结果反映了在正向传播时数据应该依次经过的层的顺序。相应地，在反向传播时，我们只需要按照与正向传播完全相反的顺序历经各层，就可以实现梯度的自动计算了。当然，对于正向传播与反向传播来说，还存在很多的实现细节。这些细节会在本章后续进行讨论。

与通常的拓扑排序实现不同，ComposeTopology 的拓扑排序是在编译期进行的，它完全利用元编程的技术实现整个算法。实现 ComposeTopology 是对元编程技术的一次综合性应用。可以说，如果读者能够完全理解拓扑排序的实现代码，那么可以比较熟练地使用元编程的各种基本方法。接下来，让我们首先回顾一下拓扑排序的算法，之后再深入 ComposeTopology 的实现细节之中。

8.3.2 拓扑排序算法概述

拓扑排序的输入是有向无环图，输出是一个序列。序列中包含了有向无环图中的所有结点。如果在原有的图中，存在一条边由结点 A 指向结点 B，那么在输出的序列中，A 一定位于 B 的前面。对于同样的输入来说，满足上述要求的序列可能不只一个。通常来说，我们给出众多合法序列中的一个即可。同时注意，这个算法只对有向无环图有效——有向图指出了结点的先后顺序；而图必须是无环的，否则一定无法构造出满足上述要求的序列。

这个算法的思想并不复杂。首先构造一个空的队列 L 来保存输出结果。接下来处理输入的图：既然是有向无环图，那么一定能找到一个或若干个没有入弧的结点。将这些结点放到 L 之中（入队），然后从原有的图中删除这些结点以及这些结点的出弧。这相当于基于原有的图构造了一个子图。对子图重复上述操作，能够在 L 中引入更多的结点，同时将图逐步缩小。直到图中不再包含任何一个结点时，将 L 输出——L 就是我们希望得到的返回结果。

如果输入的图是有环的，那么在算法的执行过程中，会出现 L 中并不包含输入图中所有的结点，但已经无法向 L 中添加任何一个结点的情况。此时，算法需要报错。

接下来，我们将在编译期实现这个算法。

8.3.3 ComposeTopology 包含的主要步骤

ComposeTopology 实现了拓扑排序算法。为了能够实现这个算法，它首先要对输入的"结构描述语法"进行解析，从而在概念上"构造"出一个有向无环图的结构。与此同时，ComposeTopology 也会产生一些解析的中间结果，这些结果可以供后续 ComposeKernel 使用。

ComposeTopology 的处理流程大致可以分成如下几步。

（1）对"结构描述语法"中表示 4 种信息的子句进行划分，每一种放到相应的容器中，从而方便后续的单独处理。

（2）基于步骤（1）的结果，检查所构成的图的合法性：对于非法的情况，给出断言，产生编译期错误信息。

（3）在确保了输入信息是合法的前提下，进行拓扑排序操作。

（4）基于拓扑排序的结果，提供元函数 Instances，在给定 policy 的基础上实例化每个子层。

让我们依次看一下每一步的实现。

8.3.4 结构描述子句与其划分

我们在前文引入了"结构描述语法"用于描述复合层的内部结构。这个语法实际上包含了 4 种子句，每一种子句都是一个类模板。可以将这 4 种子句看成 4 个元函数，它们允许使用者通过特定的接口来获取其中包含的信息。让我们首先看一下这 4 个元函数的定义。

- Sublayer<TLayerName, TLayer>接收两个模板参数，分别表示子层的名称（TLayerName）以及子层的类型（TLayer）。其内部包含两个声明，用于获取 TLayerName 与 TLayer 的信息：

```
template <typename TLayerName, template<typename,
          typename> class TLayer>
struct Sublayer
{
    using LayerName = TLayerName;
    template <typename TInputs, typename TPolicies>
    using LayerType = TLayer<TInputs, TPolicies>;
};
```

注意，TLayer 与 Sublayer::LayerType 都是类模板。这是因为在用户输入这个子句时无须指定输入类型映射表与 policy 信息。比如 Sublayer<S1, SigmoidLayer> 中，TLayer 对应的是 SigmoidLayer 这个类模板，只有后续以具体的输入类型映射表及

policy 容器作为 SigmoidLayer 类模板的模板参数输入时，SigmoidLayer 类模板才能被真正实例化成一个类型。

- InConnect<TInPort, TInLayerName, TInLayerPort> 接收 3 个模板参数，表示复合层与子层的输入容器的连接方式。MetaNN 中的层以第 3 章讨论的异类词典作为输入、输出容器。异类词典可以包含多个不同类型的数据，每个数据都对应了一个键名以便于索引。InConnect 中的 TInPort 与 TInLayerPort 分别表示复合层与子层输入容器中端口的名称，而 TInLayerName 则表示子层的名称。在 InConnect 的内部同样提供了若干接口来访问其所包含的信息：

```
1  template <typename TInPort,
2            typename TInLayerName, typename TInLayerPort>
3  struct InConnect
4  {
5      using InPort = TInPort;
6      using InLayerName = TInLayerName;
7      using InLayerPort = TInLayerPort;
8  };
```

- OutConnect<TOutLayerName, TOutLayerPort, TOutPort> 表示复合层与子层的输出容器的连接方式，其定义与 InConnect 类似。只不过在这里，TOutLayerPort 与 TOutPort 分别对应子层与复合层输出容器中的键名。

```
1  template <typename TOutLayerName, typename TOutLayerPort,
2            typename TOutPort>
3  struct OutConnect
4  {
5      using OutLayerName = TOutLayerName;
6      using OutLayerPort = TOutLayerPort;
7      using OutPort = TOutPort;
8  };
```

- InternalConnect<TOutLayerName, TOutPort, TInLayerName, TInPort> 则描述了复合层内部子层之间的连接关系：在正向传播过程中，TOutLayerName 子层的输出信息中 TOutPort 键所对应的内容将被传递到 TInLayerName 层的输入容器的 TInPort 键所对应的元素中。

```
1  template <typename TOutLayerName, typename TOutPort,
2            typename TInLayerName, typename TInPort>
3  struct InternalConnect
4  {
5      using OutLayer = TOutLayerName;
6      using OutPort = TOutPort;
7      using InLayer = TInLayerName;
8      using InPort = TInPort;
9  };
```

在描述复合层的结构时，上述子句可能是混杂在一起的。为了便于后续处理，ComposeTopology 所做的第一件事就是将它们按照不同的类别进行划分。

ComposeTopology 首先引入了一个容器, 用于存储划分后的 4 种子句:

```
1 | template <typename...T> struct ClauseSeq;
```

在此基础上, MetaNN 引入了 SeparateClauses_ 元函数以完成子句的划分:

```
1  | template <typename...TParameters>
2  | struct SeparateClauses_
3  | {
4  |     // 辅助逻辑
5  |
6  |     using SublayerRes = ... // Sublayer 数组
7  |     using InterConnectRes = ... // InternalConnect 数组
8  |     using InConnectRes = ... // InConnect 数组
9  |     using OutConnectRes = ... // OutConnect 数组
10 | };
```

SeparateClauses_ 元函数本质上是对输入的参数 (包含若干子句的结构描述) 进行循环处理, 将处理的结果放到 SublayerRes 等成员中。ComposeTopology 会调用 SeparateClauses_ 元函数, 获取相应的结果:

```
1  | template <typename...TComposeClauses>
2  | struct ComposeTopology
3  | {
4  |     using SubLayers
5  |         = typename SeparateClauses_<TComposeClauses...>::SublayerRes;
6  |     using InterConnects = ...
7  |     using InputConnects = ...
8  |     using OutputConnects = ...
9  |
10 |     // ...
11 | };
```

在此基础上, ComposeTopology 会进一步构造如下的一些辅助容器。

- SublayerNameSet: 一个集合, 包含了所有子层的名称标签。
- InternalFMap: 一个编译期的多重映射, 其键为子层名称, 对应的值为以该子层作为输出层的 InternalConnect 子句。
- InternalBMap: 一个编译期的多重映射, 其键为子层名称, 对应的值为以该子层作为输入层的 InternalConnect 子句。

8.3.5 结构合法性检查

划分完结构描述子句后, 下一步就是对其合法性进行检查。从本质上来说, 结构描述子句所构造的是一个有向无环图: 图中弧的有向性由结构描述子句的语义来保证, 拓扑排序算法本身可以用于检测图中不存在环。除了这两方面之外, 具体到复合层这个应用上来说, 还有一些其他的内容需要检查。目前, MetaNN 一共引入了 6 项检查, 这里将一一概述。读者可以思考一下，是否还存在其他需要检测的内容。

- 复合层中应包含一个或一个以上的子层。即 ComposeTopology::Sublayers 不能为空。
- 位于同一个复合层中的每个子层都需要具有不同的名称。注意，不同的子层可以具有相同的类型（比如都是 AddLayer），但其名称（Sublayer 的第一个参数）不能相同。因为名称将用于描述子层的连接关系。如果出现了同名，那么层与层之间的连接关系将无法准确描述。
- 在正向传播过程中，子层的每个端口都只能有唯一的输入来源：这个输入要么来源于复合层的输入（此时会使用 InConnect 描述）；要么来源于另一个子层的输出（此时会使用 InternalConnect 描述）。但无论具体来源是什么，它一定都是唯一的。
- 与上一项类似，复合层的输出端口也只能有唯一的数据来源。复合层的输出信息由 OutConnect 描述。这就要求了 OutConnect 中不能存在两条或者两条以上 TOutPort 相同的子句。
- InternalConnect、InConnect、OutConnect 中出现的子层名称在 Sublayer 中必须存在相应的定义，否则我们将无法知道该层的具体类型。
- 位于 Sublayer 中定义的子层必须出现在 InternalConnect、InConnect、OutConnect 中，否则该层是没有被使用的。

MetaNN 使用了 static_assert 来进行编译期断言，以确保上述每个检查都得到满足。比如对于第二条，MetaNN 引入了如下的编译期断言：

```
1 | static_assert(Sequential::Size<Sublayers> ==
2 |               Sequential::Size<SublayerNameSet>);
```

其中 Sublayers 是之前提取的包含所有子层子句的数组，而 SublayerNameSet 则是包含了所有层的名称的集合。只有在二者的长度相等（包含元素个数相同）时，才满足第二个合法性检查。

限于篇幅，这里就不对每项检查一一分析了。读者可以自行分析相关的代码。

8.3.6 拓扑排序的实现

MetaNN 引入了元函数 TopologicalOrdering_以封装拓扑排序的核心逻辑。这个元函数的主体框架如下：

```
1 | template <typename TSublayerClause, typename TInterClause>
2 | struct TopologicalOrdering_;
3 |
4 | template <typename...TSublayers, typename TInterClause>
5 | struct TopologicalOrdering_<ClauseSeq<TSublayers...>, TInterClause>
6 | {
7 |     using SublayerPreRes =
8 |         SublayerPreprocess_<InternalLayerSet<TInterClause>,
9 |                             ClauseSeq<>, ClauseSeq<>, TSublayers...>;
```

```
10
11          using type = typename MainLoop<typename SublayerPreRes::Ordered,
12                                          typename SublayerPreRes::Unordered,
13                                          TInterClause>::type;
14      };
```

它接收两个模板参数，分别表示 Sublayer 数组与 InternalConnect 数组。在其内部，它首先调用了 SublayerPreprocess_ 元函数，将在 Sublayer 数组中出现过，但没有在 Internal 数组中出现过的层过滤；之后调用 MainLoop 进行实际的拓扑排序。

1. 拓扑排序的预处理

TopologicalOrdering_ 首先调用了 SublayerPreprocess_ 元函数对输入的子层进行预处理：去除 InterConnectContainer 中不包含的层。

复合层可以表示为有向无环图，但我们并不要求图中的每个子结点都有边与其他结点相连接。比如，完全可以定义一个复合层来表示层的聚合关系：

```
1   SubLayer<S1, SigmoidLayer>
2   SubLayer<S2, AddLayer>
3   InConnect<Input1, S1, LayerInput>
4   InConnect<Input2, S2, LeftOperand>
5   InConnect<Input3, S2, RightOperand>
6   OutConnect<S1, LayerOutput, Output1>
7   OutConnect<S2, LayerOutput, Output2>
```

上述语句所定义的复合层包含两个子层，分别用于计算 Sigmoid 与求和。这两个子层之间并不存在前趋与后继的关系——它们只是简单的聚合。对应到有向无环图上，这两个子层就相当于图中的两个孤立的结点——不与其他结点（子层）相连。

这种子层有一个特点：它会包含在 Subalyer 子句中，但不包含在 InterConnect 子句中（不与其他子层连接）。SublayerPreprocess_ 元函数遍历所有的子层，找到具有上述特点的子层，直接将其添加到拓扑排序的结果队列中。

SublayerPreprocess_ 元函数本身是一个循环，限于篇幅，其内部逻辑就不在这里分析了。它会产生两个结果：Ordered 与 Unordered。它们都包含了 Sublayer 子句，分别表示了预处理后已经排好序的子层，以及有待进一步排序的子层。

2. 主体逻辑

拓扑排序的算法本身是在 MainLoop 元函数中实现的。MainLoop 的声明如下：

```
1   template <typename TOrderedSublayers, typename TUnorderedSublayers,
2             typename TCheckInternals>
3   struct MainLoop
```

它接收 3 个模板参数：分别表示当前已经排好序的子层（TOrderedSublayers）、有待排序的子层（TUnorderedSublayers），以及子层内部的连接关系（TCheckInternals）。

如果 TCheckInternals 不为空，那么 MainLoop 进行如下的处理。

- 调用 InternalLayerPrune 元函数，遍历 TCheckInternals 中的元素，从中找到没有任何前趋层信息的子层，将这些子层放在 InternalLayerPrune::PostTags 队列中。同时，如果 InternalLayerPrune::PostTags 中引入了一个新的层，那么 InternalLayerPrune 会删除 TCheckInternals 中该层所对应的连接关系。最终，InternalLayerPrune 将构造出一个新的 InterConnect 容器——作为 InternalLayerPrune::RemainIters 返回。
- 通过序列算法 Cascade 将 PostTags 中的子层附加到 TOrderedSublayers 中；通过集合算法 Erase_ 将 PostTags 所包含的子层从 TUnorderedSublayers 数组中删除。
- 递归调用 MainLoop，以新排好序的队列与新的连接关系作为输入，进行拓扑排序的下一个循环。

MainLoop 每次调用 InternalLayerPrune 后，都会判断 InternalLayerPrune::RemainIters 是原始的连接关系的真子集——这表明当前的拓扑排序消耗了一部分连接关系。如果这一点不能满足，那么说明复合层所对应的图中存在环。如果是这样，那么编译器会抛出异常，表示出现了错误。

这部分逻辑所对应的主体代码如下：

```
1   template <typename TOrderedSublayers, typename TUnorderedSublayers,
2           typename TIC, typename...TI>
3   struct MainLoop<TOrderedSublayers,
4                   TUnorderedSublayers,
5                   ClauseSeq<TIC, TI...>>
6   {
7       using InternalLayerPruneRes =
8           InternalLayerPrune<InternalInLayerSet<ClauseSeq<TIC, TI...>>,
9                           ClauseSeq<>,
10                          ClauseSeq<>, TIC, TI...>;
11
12      // 调用 InternalLayerPrune 获取入弧为空的层，构造 PostTags
13      // 将这些层从有向无环图中去除，构造 NewInter
14      using NewInter = typename InternalLayerPruneRes::RemainIters;
15      using PostTags = typename InternalLayerPruneRes::PostTags;
16
17      // 断言复合层中不存在环
18      static_assert(Sequential::Size<NewInter> <
19                      Sequential::Size<ClauseSeq<TIC, TI...>>);
20
21      // 将 PostTags 中的内容从未排序的容器中去除，添加到排好序的容器中
22      using NewOrdered = Sequential::Cascade<TOrderedSublayers, PostTags>;
23      using NewUnordered = Sequential::Fold<TUnorderedSublayers, PostTags,
24                                          Set::Erase_>;
25
26      // 递归调用 MainLoop
27      using type = typename MainLoop<NewOrdered, NewUnordered, NewInter>::type;
28  };
```

反之，如果 TCheckInternals 为空，则循环终止——此时，拓扑排序的主体逻辑就完成了：

```
1   template <typename TOrderedSublayers, typename TUnorderedSublayers,
2             typename TCheckInternals>
3   struct MainLoop
4   {
5       static_assert(Sequential::Size<TCheckInternals> == 0);
6       using type = Sequential::Cascade<TOrderedSublayers,
7                                        TUnorderedSublayers>;
8   };
```

当输入的子层间内部连接关系为空时，MainLoop 就会触发循环的终止分支。但此时并非所有的子层结点都已经添加到拓扑排序的结果队列之中。在 MainLoop 循环结束时，没有后继层但有前趋层的子层并没有被加入结果队列之中。MainLoop 会调用 Cascade 元函数，将剩余的子层添加到拓扑排序结果队列的末尾。

拓扑排序的结果会被保存在 ComposeTopology::TopologicalOrdering 中——这同样是一个 ClauseSeq 类型的容器。容器中的元素是拓扑排序后的子层序列。

8.3.7　子层实例化元函数

ComposeTopology 的主要功能是拓扑排序。但除此之外，它也提供了一个元函数来进行子层的实例化：

```
1   template <typename...TComposeKernelInfo>
2   struct ComposeTopology
3   {
4     // 拓扑排序结果
5     using TopologicalOrdering = ...;
6
7     template <typename TInputMap, typename TPolicyCont>
8     using Instances
9       = typename SublayerInstantiation_<TInputMap,
10                                         TPolicyCont,
11                                         TopologicalOrdering,
12                                         Sublayers,
13                                         InputConnects,
14                                         InterConnects,
15                                         OutputConnects>::type;
16  };
```

这个元函数接收两个模板参数：分别对应了复合层的输入映射表与 policy 信息。它会使用这两个模板参数按照拓扑排序的结果依次推导出每个子层的输入映射表与 policy 信息，并使用推导结果实例化出每个子层。

在给定了复合层的输入类型映射表以及其子层的连接关系之后，我们就可以按照拓扑排序的顺序依次推导出每一层的输入类型映射表。使用前文所讨论的 SubPolicyPicker 元函数，我们也可以获取每个子层的 policy 信息。此外，SublayerInstantiation_ 还需要对每个子层的 policy 信息进行修正：假定复合层中包含了 A 与 B 两个子层，其中 A 的后继层为 B，那么如果 A 需要更新内部参数，就一定要确保 B 的 IsFeedbackOutput 为 true。

SublayerInstantiation_ 用了 4 步实现上述逻辑：计算每个子层的 policy、policy 的初步调整、policy 的逐层调整、子层实例化。

1. 计算每个子层的 policy

SublayerInstantiation_ 使用了 Transform 元函数来计算每个子层的 policy：

```
1    template <typename TPolicyCont, typename OrderedSublayers,
2             typename InterConnects>
3    struct SublayerInstantiation_
4    {
5        using SublayerPolicy1
6            = Transform<OrderedSublayers,
7                        GetSublayerPolicy_<TPolicies>::template apply,
8                        std::tuple>;
9        // ...
10   }
```

Transform 本质上是一个循环，它会依次获取 OrderedSublayers 中的每个元素，将核心处理逻辑 GetSublayerPolicy_ 应用于其上，计算相应的结果并保存在 std::tuple 数组中。整个操作的核心就是 GetSublayerPolicy_，这个元函数的实现如下：

```
1    template <typename TPolicy>
2    struct GetSublayerPolicy_
3    {
4      template <typename TSublayerName>
5      struct apply {
6        using type = KVBinder<TSublayerName,
7                              SubPolicyPicker<TPolicy, TSublayerName>>;
8      };
9    };
```

关于这个元函数有两点需要说明，首先，与 SubPolicyPicker 元函数的实现类似，我们需要引入一个双层结构，在外层保存 policy 信息，在内层（apply）提供实际的计算逻辑。

其次，可以看出 apply 返回的是一个 KVBinder 结构体。这样，在 Transform 结束后，系统将返回一个 tuple 数组，数组中的每个元素是一个 KVBinder：分别记录了层的名称与相应的 policy。

Transform 的返回结果保存在 SublayerPolicy1 中。回顾第 2 章的内容，就不难发现，这里的 Transform 虽然是一个序列算法，但 SublayerPolicy1 也可视为一个映射。接下来，我们就可以调用映射的索引元算法来高效获取 SublayerPolicy1 中记录的每个子层所对应的 policy 了。

2. policy 的初步调整

在获取了每个子层的原始 policy 之后，接下来的一步是对其进行初步调整。

如果复合层设置 IsFeedbackOutput 为 true，那么表示复合层本身需要在反向传播时产生输出梯度。为了达到这一目标，我们首先需要调整与复合层的输入端口相连接的子层的policy，要求其 IsFeedbackOutput 应设置为 true，这个过程称为 policy 的初步调整：

```
1   template <typename TPolicyCont, typename OrderedSublayers,
2             typename InterConnects>
3   struct SublayerInstantiation_
4   {
5       // ...
6
7       using PlainPolicies = PlainPolicy<TPolicyCont>;
8       constexpr static bool IsPlainPolicyFeedbackOut
9           = PolicySelect<FeedbackPolicy,
10                          PlainPolicies>::IsFeedbackOutput;
11      using SublayerPolicy2
12          =typename conditional_t<!IsPlainPolicyFeedbackOut,
13              Identity_<SublayerPolicy1>,
14              FbSetByInConnection_<SublayerPolicy1,
15                                   OrderedSublayers,
16                                   InputLayerSet<InConnects>>>::type;
17
18      // ...
19  };
```

其中第 7～10 行首先获取了复合层的 IsFeedbackOutput 数值，接下来将使用该数值进行初步调整并将调整结果保存在 SublayerPolicy2 中。

这里引入了 conditional_t 来实现相应的分支逻辑：如果复合层的 IsFeedbackOutput 为false，那么不需要进行相应 policy 的调整，此时系统会选择第 13 行的分支；否则，系统会调用 FbSetByInConnection_ 来进行实际的调整。FbSetByInConnection_的实现如下：

```
1   template <typename TInputPolicyCont, typename SublayerNameSeq,
2             typename TInconnects>
3   struct FbSetByInConnection_ {
4       using type = TInputPolicyCont;
5   };
6
7   template <typename TInputPolicyCont, typename SublayerNameSeq,
8             template<typename...> class TInCont,
9             typename TCur, typename... TItems>
10  struct FbSetByInConnection_<TInputPolicyCont, SublayerNameSeq,
11                             TInCont<TCur, TItems...>> {
12      constexpr static size_t pos
13        = Sequential::Order<SublayerNameSeq, TCur>;
14
15      using OriType = Sequential::At<TInputPolicyCont, pos>;
16      using NewPolicy = ChangePolicy<PFeedbackOutput,
17                                     typename OriType::ValueType>;
18
19      using NewInputPolicyCont
20          = Sequential::Set<TInputPolicyCont, pos,
21                  KVBinder<typename OriType::KeyType, NewPolicy>>;
```

```
22          using type
23              = typename FbSetByInConnection_<NewInputPolicyCont,
24                                               SublayerNameSeq,
25                                               TInCont<TItems...>>::type;
26      };
```

它接收 3 个模板参数，分别表示每个子层的 policy 数组、拓扑排序后的子层名称序列，以及要处理的子层集合。其中第 3 个模板参数是使用 InputLayerSet 从 InConnects 子句中获取的。InputLayerSet 的实现逻辑就交由读者自行分析。

FbSetByInConnection_本质上是一个循环，会依次处理每一个要调整的 policy 的子层。其循环主体位于第 7～26 行。

（1）使用 SublayerNameSeq 获取要处理的子层在拓扑排序结果序列中的位置（第 12～13 行）。

（2）使用序列算法获取该子层所对应的原始 policy，并调用 ChangePolicy 来调整其 policy，将调整结果保存在 NewPolicy 之中（第 15～17 行）。

（3）通过序列算法用 NewPolicy 替换 TInputPolicyCont 中原始的 policy，形成新的子层 policy 容器（第 18～21 行）。

（4）递归处理下一个子层（第 22～25 行）。

第 1～5 行是循环的终止逻辑：直接返回 TInputPolicyCont。

policy 的初步调整的结果会被保存在 SublayerPolicy2 中。

3．policy 的逐层调整

policy 的初步调整只涉及与复合层输入端口相连的子层。在此之后，我们要通过逐层调整来修改其他子层的 policy。

在复合层中，如果前趋层需要计算输出梯度[1]或者需要计算参数梯度以进行参数更新[2]，那么其后继层必须输出梯度。SublayerInstantiation_调用 FbSetByInternalConnection_元函数，基于这个原则对 SublayerPolicy2 进行 policy 修正：

```
1       template <typename TPolicyCont, typename OrderedSublayers,
2               typename InterConnects>
3       struct SublayerInstantiation_
4       {
5           // ...
6
7           using SublayerPolicyFinal =
8               typename FbSetByInternalConnection_<
9                           std::tuple<>,
10                          SublayerPolicy2,
11                          InternalFMap<InterConnects>>::type;
12          // ...
13      };
```

---

① 也即该层的 IsFeedbackOutput 为 true。

② 也即该层的 IsUpdate 为 true。

而 FbSetByInternalConnection_ 的定义如下：

```
 1  template <typename TProcessed, typename TRemain,
 2           typename InterFMap>
 3  struct FbSetByInternalConnection_ {
 4      using type = TProcessed;
 5  };
 6
 7  template <typename TProcessed, typename TCur,
 8           typename...TInstElements, typename InterFMap>
 9  struct FbSetByInternalConnection_<TProcessed,
10                                    std::tuple<TCur, TInstElements...>,
11                                    InterFMap>
12  {
13      using CurPolicy = typename TCur::ValueType;
14      constexpr static bool isPolUpdate =
15          PolicySelect<GradPolicy, CurPolicy>::IsFeedbackOutput ||
16          PolicySelect<GradPolicy, CurPolicy>::IsUpdate;
17
18      constexpr static isUpdate =
19          isPolUpdate && (sizeof...(TInstElements) != 0);
20      using NewRemain =
21          typename conditional_t<isUpdate,
22              UpdatePolicyThroughInterMap_<typename TCur::KeyType,
23                                           tuple<TInstElements...>,
24                                           InterFMap>,
25              Identity_<tuple<TInstElements...>>>::type;
26
27      using NewProcessed = Sequential::PushBack<TProcessed, TCur>;
28
29      using type =
30          typename FbSetByInternalConnection_<NewProcessed, NewRemain,
31                                              InterFMap>::type;
32  };
```

这个元函数接收 3 个模板参数：TProcessed 表示已经处理过的层；TRemain 表示有待处理的层；InterFMap 是一个多重映射，其键为层的名称，而值为 InternalConnect 子句，满足子句的 OutLayer（输出层）为键所表示的层。

FbSetByInternalConnection_ 是一个典型的循环结构，其循环主体是第 7～31 行。它首先获取当前要处理的层，判断该层是否需要更新参数或输出梯度（第 13～16 行）。如果需要，那么需要调整其直接后继层：如果该层在拓扑排序中并非处于最后一个位置，那么它可能存在后继层，此时系统会尝试调整其后继层的 policy，并将调整后的结果保存在 NewRemain 之中[①]。在调整完成后，对当前层的处理也就结束了。此时可以将当前层放入已处理的数组中，并递归调用 FbSetByInternalConnection_ 以处理下一层。当所有的层均完成处理后，整个循环逻辑结束。

[①] 调整的核心逻辑位于 UpdatePolicyThroughInterMap_ 之中，其基本思想就是通过 InterFMap 获得当前层的所有后继层，并依次调整之。

4．子层实例化

在修正了每个子层的 policy 之后，接下来就可以进行实例化了——使用每个子层修正后的 policy 信息构造出实际的类型。这也是 SublayerInstantiation_元函数的最后一项任务：

```
1    template <typename TPolicyCont, typename OrderedSublayers,
2              typename InterConnects>
3    struct SublayerInstantiation_ {
4        // ...
5        using type = typename conditional_t<IsEmptyLayerInMap<TInputs>,
6               TrivialInst_<OrderedSublayers,TSublayerClauses,
7                            SublayerPolicyFinal>,
8               NontrivialInst_<TInputs, OrderedSublayers,
9                            TSublayerClauses, InConnects,
10                           InterConnects, SublayerPolicyFinal>>::type;
11   };
```

为了进行子层实例化，我们除了要提供每个子层的 policy 之外，还需要提供子层的输入类型映射表。而这里又分成了两种情况。如果复合层是用于预测的，那么复合层本身以及每个子层的输入类型映射表都是平凡的，可以使用一个 NullParameter 来表示；如果复合层是用于训练的，那么其输入类型映射表是非平凡的，记录了每个输入元素的类型。相应地，我们也要推导出子层的每个输入元素的类型。

SublayerInstantiation_在其内部通过一个 conditional_t 实现了上述分支选择，并使用 TrivialInst_ 与 NontrivialInst_分别处理不同分支所对应的情况。TrivialInst_比较简单，它本质上是使用了一个 Transform 元方法，以 NullParameter 作为映射表，以计算出的 policy 作为子层的 policy 来实例化相应的子层。NontrivialInst_则复杂一些：简而言之，它会按照拓扑排序的顺序依次处理每个子层。

- 如果子层的某个输入元素直接连接到复合层的某个输入元素，那么使用复合层的该元素类型来设置子层相应元素的类型。
- 如果子层的某个输入元素连接到另一个子层的输出元素上，那么计算出相应前趋层的输出元素类型并关联到该输入元素上。

注意，由于我们是按照拓扑排序的顺序依次处理每个子层的，因此可以确保在处理某个子层时，其前趋层已经完成了实例化，相应地，我们就可以通过元函数来准确地获得前趋层输出容器中每个元素的类型。这个信息将辅助我们设置当前层的输入元素类型。

限于篇幅，这里就不对 NontrivialInst_的实现进行具体分析了，读者可以参考源码来了解其实现细节。

复合层实现的衍化

可以说，复合层是 MetaNN 中最复杂的组件之一了。现有的复合层实现逻辑使用了大量的元数据结构与元方法（比如映射、Transform 等）。相比之下，原有的 MetaNN 复合层并没有使用此类元数据结构与元方法，实现起来就会困难很多。

同时，为了提升系统性能，MetaNN 在层中引入了输入类型映射表的概念，这个概念在早期的 MetaNN 版本中并不存在。而由于引入了这一概念，因此子层在实例化时变得复杂了很多（我们需要为每个子层推导相应的输入类型映射表）。事实上，在 MetaNN 的某个中间版本中还引入了输入梯度映射表的概念，而这就进一步增大了复合层实现的复杂度。最终，MetaNN 经过权衡，保留了输入类型映射表而去掉了输入梯度映射表，从而形成了现有的版本。

8.4 ComposeKernel 的实现

在 ComposeTopology 的基础上，ComposeKernel 实现了子层对象的管理、初始化与加载、正反向传播等功能。相应地，从 ComposeKernel 派生的类可以直接使用这些功能实现复合层的主体逻辑。

本节将逐一探讨这个类模板所提供的功能。

8.4.1 类模板的声明

ComposeKernel 是一个类模板，其声明如下：

```
1   template <typename TInputPortSet,      // 复合层输入端口集合
2             typename TOutputPortSet,     // 复合层输出端口集合
3             typename TInputMap,          // 复合层输入类型映射表
4             typename TPolicyCont,        // 复合层的 Polciy
5             typename TKernelTopo>        // ComposeTopology 实例
6   class ComposeKernel;
```

与一般的层的声明相比，这个类模板包含了更多的模板参数：我们要为其指定输入与输出的容器信息、policy 相关的信息，以及 ComposeTopology 的实例。

ComposeKernel 可以视为一个元函数，使用它可以构造出表示复合层的类模板。比如，一个线性层包含 4 个子层，其中两个子层提供相应的参数信息，另两个子层则用于张量的相乘与相加。我们可以使用 ComposeKernel 引入如下的声明：

```
1    struct WeightParamSublayer;
2    struct BiasParamSublayer;
3  3 struct AddSublayer;
4    struct DotSublayer;
5
6    using Topology
7      = ComposeTopology<Sublayer<WeightParamSublayer, ParamSourceLayer>,
8                        Sublayer<BiasParamSublayer, ParamSourceLayer>,
9                        Sublayer<AddSublayer, AddLayer>,
10                       Sublayer<DotSublayer, DotLayer>,
11                       InConnect<LayerInput, DotSublayer, LeftOperand>,
```

```
12                          InternalConnect<WeightParamSublayer, LayerOutput,
13                                          DotSublayer, RightOperand>,
14                          InternalConnect<DotSublayer, LayerOutput,
15                                          AddSublayer, LeftOperand>,
16                          InternalConnect<BiasParamSublayer, LayerOutput,
17                                          AddSublayer, RightOperand>,
18                          OutConnect<AddSublayer, LayerOutput, LayerOutput>>;
19
20      template <typename TInputMap, typename TPolicies>
21      using Base = ComposeKernel<LayerPortSet<LayerInput>,
22                                 LayerPortSet<LayerOutput>,
23                                 TInputMap, TPolicies, Topology>;
```

其中第 1～4 行定义了复合层所包含的子层名称，第 6～18 行定义了子层间的连接关系。第
20～23 行调用 ComposeKernel 元函数构造了 Base 模板，这个模板对应了一个复合层。该
复合层的输入容器中包含名称为 LayerInput 的元素，而输出容器中包含名称为 LayerOutput
的元素。同时，Base 模板包含两个模板参数，用于指定复合层的输入类型映射表与 policy。
如果为其引入相应的模板参数，就能实例化出一个包含了大部分复合层处理逻辑的类——
其中包含了正向传播、反向传播等主体逻辑[1]。

8.4.2　子层对象管理

　　ComposeKernel 在其内部维护了一个 SublayerArray 类型的对象。顾名思义，这个对象
是一个数组，包含了所有的子层对象。

```
1       template <typename TInputPortSet, typename TOutputPortSet,
2                 typename TInputMap, typename TPolicyCont,
3                 typename TKernelTopo>
4       class ComposeKernel
5       {
6       private:
7         using TOrderedSublayerSeq =
8           typename TKernelTopo::TopologicalOrdering;
9
10        using TSublayerInstCont =
11          typename TKernelTopo::template Instances<InputMap, TPolicyCont>;
12
13        using SublayerArray =
14          = typename SublayerArrayMaker<TOrderedSublayerSeq,
15                                        TSublayerInstCont>::SublayerArray;
16
17        // ...
18      private:
19          SublayerArray sublayers;
20      };
```

其中第 7～8 行获取了拓扑排序的结果并将其保存在 TOrderedSublayerSeq 中；第 10～11 行

---

① 注意，实例化出的类中并没有包含子层的初始化逻辑。因此严格来说，实例化出的类包含了复合层所需要的大部分逻辑，但并
　非全部的逻辑。

则调用了 ComposeTopology 的 Instances 元函数，传入输入类型映射表与 policy，构造出相应的子层实例并保存在 TSublayerInstCont 中。TSublayerInstCont 实际上是一个 std::tuple 类型的容器，其中按照拓扑排序的结果顺序放置了每个子层实例化所产生的具体类型。

在此基础上，第 13～15 行调用 SublayerArrayMaker 元函数构造了 SublayerArray 类型，这个类型同样是一个 std::tuple 类型的容器，只不过其中的每个元素都是一个 std::shared_ptr<Layer> 类型的对象——Layer 表示了子层的具体类型。

SublayerArray 维护了子层对象的指针，但 ComposeKernel 并没有提供接口来调用子层的构造函数，完成子层对象的构造。MetaNN 并没有对层的构造函数引入限制，层构造函数的签名可能是各种各样的。相应地，也就不存在一个"统一"的构造函数调用方法供 ComposeKernel 使用。为了完成子层的构造，ComposeKernel 还要借助于 SublayerArrayMaker 的其他接口。

除了可以构造 SublayerArray 类型之外，SublayerArrayMaker 还提供了接口，用于初始化 SublayerArray 中的元素：

```
1   template <typename TSublayerTuple>
2   struct SublayerArrayMaker
3   {
4   public:
5       using SublayerArray = ...
6
7       template <typename TTag, typename...TParams>
8       auto Set(TParams&&... params);
9
10      operator SublayerArray() const { return m_tuple; }
11  private:
12      SublayerArray m_tuple;
13  };
```

其中 Set 模板函数接收的第一个模板参数表示要设置的子层名称，其余的模板参数则表示调用相应子层的构造函数所需要的参数类型。Set模板函数会返回SublayerArrayMaker对象，因此可以连续调用多次 Set 以依次构造每个子层。在此之后，可以利用 SublayerArrayMaker 的转换操作获取其底层所保存的 SublayerArray 对象。

同时，ComposeKernel 引入了 SublayerType 元方法：给定子层的名称，返回子层所对应的类型。它还提供了辅助函数 CreateSublayers 来构造 SublayerArrayMaker 类型的对象：

```
1   template <typename TInputType, typename TOutputType,
2             typename TPolicyCont, typename TKernelTopo>
3   class ComposeKernel
4   {
5   public:
6       template <typename TSublayerName>
7       using SublayerType =
8           typename Sequential::At<TSublayerInstCont,
9                                   Sequential::Order<TOrderedSublayerSeq,
10                                                    TSublayerName>>;
```

```
11
12        static auto CreateSublayers()
13        {
14            return SublayerArrayMaker<TOrderedSublayerSeq,
15                                      TSublayerInstCont>();
16        }
17    };
```

这些辅助逻辑协同工作，以完成子层对象的构造。以前文所讨论的线性层为例，我们可以按照如下的方式构造该复合层中的子层对象：

```
1    // 声明 Base 模板
2    template <typename TInputMap, typename TPolicies>
3    using Base = ComposeKernel<LayerPortSet<LayerInput>,
4                               LayerPortSet<LayerOutput>,
5                               TInputMap, TPolicies, Topology>;
6
7    // InputMapInst 与 PolicyInst 分别定义了输入类型映射表与 policy
8    SublayerArray sublayers =
9        Base<InputMapInst, PolicyInst>::CreateSubLayers()
10           .template Set<WeightParamSublayer>(子层构造参数)
11           .template Set<BiasParamSublayer>(子层构造参数)
12           .template Set<AddSublayer>(子层构造参数)
13           .template Set<DotSublayer>(子层构造参数);
```

进一步，我们可以引入一个类（派生自 Base 模板），并将构造子层的逻辑封装在这个类的构造函数中：

```
1    template <typename TInputs, typename TPolicies>
2    class LinearLayer : public Base<TInputs, TPolicies>
3    {
4      using TBase = Base<TInputs, TPolicies>;
5      // ...
6
7    public:
8      LinearLayer(const std::string& p_name,
9                  WeightParamShapeType weightShape,
10                 BiasParamShapeType biasShape)
11       : TBase(TBase::CreateSublayers()
12           .template Set<WeightParamSublayer>(p_name + "/weight",
13                                              std::move(weightShape))
14           .template Set<BiasParamSublayer>(p_name + "/bias",
15                                            std::move(biasShape))
16           .template Set<AddSublayer>(p_name + "/add")
17           .template Set<DotSublayer>(p_name + "/dot")) { }
18    };
```

这也是随书代码中 LinearLayer 的实现方式。

8.4.3　参数初始化、参数获取、参数梯度收集与中性检测

在第 7 章中我们提到：如果一个层包含了参数，那么需要提供 Init 接口进行参数初始

化与加载, 提供 SaveWeights 接口以获取参数, 提供 GradCollect 接口以收集参数梯度, 提供 NeutralInvariant 接口以检测其是否处于中性状态。同时, 每个层都必须提供 FeedForward 与 FeedBackward 接口进行正向传播、反向传播。复合层也是层的一种, 因此也必须满足这些要求。这些接口的实现都被封装在 ComposeKernel 内部。接下来, 我们将讨论 ComposeKernel 中上述接口的实现。

虽然在 MetaNN 中, 我们规定了如果层中不包含参数, 那么不需要实现 Init 等接口, 但这项规定只是为了简化层的编写, 并非硬性要求。换句话说, 如果层中并不包含参数, 那么也可以实现 Init 等接口, 只不过这些接口不需要包含任何实质性的操作。

判断一个复合层是否包含参数, 本质上是判断其中的每个子层是否包含参数——这相对麻烦一些。为了简化代码编写, ComposeKernel 实现了 Init 等接口。只不过如果复合层的子层并不包含相应的接口, 那么 Init 等接口本质上不会引入任何额外的操作。

本着先易后难的原则, 本小节将讨论 Init、SaveWeights、GradCollect 与 NeutralInvariant 接口的实现, 之后将讨论正向传播与反向传播的实现。

这几个接口在复合层中的实现很相似, 这里以 SaveWeights 为例进行讨论。ComposeKernel 中 SaveWeights 的定义如下:

```
1   template <size_t N, typename TSave, typename TSublayers>
2   void SaveWeights(TSave& saver, const TSublayers& sublayers)
3   {
4       if constexpr (N != Sequential::Size<TSublayers>)
5       {
6           auto& layer = std::get<N>(sublayers);
7           LayerSaveWeights(*layer, saver);
8           SaveWeights<N + 1>(saver, sublayers);
9       }
10  }
11
12  template <...>
13  class ComposeKernel
14  {
15      // ...
16      template <typename TSave>
17      void SaveWeights(TSave& saver) const
18      {
19          SaveWeights<0>(saver, sublayers);
20      }
21  private:
22      SublayerArray sublayers;
23  };
```

其中 ComposeKernel::SaveWeights 会调用同名函数模板 SaveWeights<N, TSave, TSublayers> 以获取每个子层所包含的参数。这个函数模板接收两个参数, 分别表示存储参数的容器 (saver) 与复合层中所包含的子层(sublayers)。在其内部, SaveWeights<N, TSave, TSublayers> 通过 if constexpr 引入循环, 依次遍历每个子层, 使用层的通用接口 LayerSaveWeights 尝试调用子层的 SaveWeights 接口。第 7 章提到过,LayerSaveWeights 会自动判断所传入的层是否包含 SaveWeights 接口,如果不包含就不进行任何操作,因此这里的调用是安全的。

ComposeKernel 还用类似的方式引入了 Init、GradCollect 与 NeutralInvariant 接口。它们本质上同样是依次访问复合层中的每个子层,通过层的通用接口尝试对每个子层调用参数初始化、参数梯度收集与中性断言的操作。限于篇幅,这里就不列出相应的代码了。

8.4.4　正向传播

层最重要的职责就是进行正向传播与反向传播。与 Init 等接口相比,复合层的正向传播与反向传播逻辑要复杂很多。造成这种复杂性的主要原因是:为了能够自动进行正向传播与反向传播,ComposeKernel 需要在其内部维护容器来保存子层产生的中间结果;同时还需要引入相应的机制对子层的输入、输出进行重组,以供后续使用。

考虑图 8.1 所描述的复合层,这个复合层在进行正向传播时,除了要按照子层的拓扑顺序调用每个子层的 FeedForward 接口之外,还需要完成如下的工作:

- 取出复合层输入容器中的相应元素,以构造 S1 的输入容器,调用 S1 的正向传播函数;
- 保存 S1 的输出结果;
- 取出复合层输入容器中的相应元素,以及 S1 的输出结果,以构造 S2 的输入容器,调用 S2 的正向传播函数;
- 保存 S2 的输出结果;
- 从 S1 与 S2 的输出结果中获取相应的元素,填充复合层的输出容器。

整个过程涉及很多容器的相关操作,也正是这些操作导致了正向传播代码的复杂性。

1. ComposeKernel::FeedForward 接口

ComposeKernel::FeedForward 接口实现如下:

```
template <...>
class ComposeKernel
{
    // ...
    using InternalRes = InternalResult<TOrderedSublayerSeq>;

    template <typename TIn>
    auto FeedForward(const TIn& p_in)
    {
        auto inInternal
            = CreateInputInternalBuf<...>(InternalRes::Create());
        auto outInternal
            = CreateOutputInternalBuf<...>(InternalRes::Create());

        auto inputs = FillInput<...>(p_in, std::move(inInternal));
        auto outputs = FeedForward<...>(sublayers, std::move(inputs),
```

```
17                                             std::move(outInternal));
18              return FillOutput<...>(outputs,
19                                     LayerOutputCont<ComposeKernel>());
20      }
21   };
```

整个正向传播操作分成几步进行：首先通过 InternalResult 函数构造容器类型 InternalRes
（第 5 行）；之后使用该类型构造可以保存每个子层输入、输出的容器 inInternal 与 outInternal
（第 10～13 行）；接下来通过 FillInput 将复合层的输入数据填充到子层输入容器中，并构造
返回结果 inputs（第 15 行）；再调用全局函数 FeedForward 进行实际的正向传播并填充输出
容器，返回 outputs（第 16 行）；最后调用 FillOutput，根据正向传播的结果构造复合层的输
出结果并返回（第 18～19 行）。接下来，让我们依次看一下每一步的具体行为。

2. InternalResult 元函数

复合层的每个子层在进行正向传播与反向传播时，其输入与输出都存储在相关的容器
中，而复合层需要构造新的容器来保存每个子层的输入、输出信息。这个新的容器与子层
输入、输出容器之间的关系如图 8.2 所示。其中外围的线框表示复合层所构造的新的容器，
用以存储子层的相关信息。其中的每个元素本身也是容器，即子层输入、输出容器，包含
了子层的输入或者输出的数据。

图 8.2　存储子层信息的容器

InternalResult 元函数用于构造相应的外层容器，它会为每个子层保留一个相应的位置，
用于存储输入、输出信息：

```
1   template <typename TSublayers>
2   struct InternalResult;
3
4   template <typename... TSublayers>
5   struct InternalResult<ClauseSeq<TSublayers...>>
6       : public VarTypeDict<TSublayers...> {};
```

这个元函数接收一个模板参数，其唯一的特化版本表明：它所接收的模板参数需要是
Sublayers 子句的序列。事实上，传入其中的是经过拓扑排序的子层序列，而 InternalResult
派生自 VarTypeDict，表明它是一个异类词典，其键对应了复合层中的子层名称。

3. 构造容器保存子层输入、输出

InternalResult 的结果将保存在 InternalRes 之中。在此基础上，我们就可以进一步为每
个子层构造相应的内层容器，以保存其输入、输出。

FeedForward 使用 CreateInputInternalBuf 构造保存子层输入的容器。这个函数的定义如下：

```
template <size_t N, typename TLayerNames,
          typename TLayerInst, typename TInput>
auto CreateInputInternalBuf(TInput&& m_input)
{
    if constexpr (N == Sequential::Size<TLayerInst>)
    {
        return std::forward<TInput>(m_input);
    }
    else
    {
        using TCurName = Sequential::At<TLayerNames, N>;
        using TCurInst = Sequential::At<TLayerInst, N>;
        auto inputCont = LayerInputCont<TCurInst>();
        auto newInput = std::move(m_input).
            template Set<TCurName>(std::move(inputCont));
        return CreateInputInternalBuf<N + 1, TLayerNames,
                                      TLayerInst>(std::move(newInput));
    }
}
```

它接收 4 个模板参数，分别表示当前所处理的子层索引、子层的名字序列、子层实例化后的类型序列，以及外层容器的类型。它接收一个函数参数，即外层容器的实例。在其内部，它实际上构造了一个循环以依次处理每个子层：首先根据当前的索引取出子层的名称与具体类型（第 11～12 行），之后通过 LayerInputCont 元函数[①]构造保存该子层输入信息的容器（第 13 行），接下来将该容器插入传入的外层容器之中（第 14～15 行），最后递归处理下一个子层。当所有的子层均处理完成后，系统返回构造好的容器（第 7 行）。

CreateOutputInternalBuf 用来构造保存子层输出结果的容器，它与 CreateInputInternalBuf 非常类似，只不过在其内部调用的是 LayerOutputCont 而非 LayerInputCont。限于篇幅，这里就不赘述了。

4．将复合层的输入数据填充到子层

在构造好了用于存储子层输入、输出数据的容器后，接下来系统调用 FillInput 向输入容器中填充子层的输入数据：

```
template <size_t N, typename TInputClauses,
         typename TIn, typename TInternal>
auto FillInput(const TIn& p_in, TInternal&& p_internal)
{
  if constexpr (N == Sequential::Size<TInputClauses>)
  {
    return std::move(p_internal);
  }
```

---

① LayerInputCont 在讨论基本层时有过介绍。

```
9       else
10      {
11        using TCur = Sequential::At<TInputClauses, N>;
12        auto source = p_in.template Get<typename TCur::InPort>();
13        auto dest = p_internal.template Get<typename TCur::InLayerName>();
14
15        auto fillRes = std::move(dest).
16            template Set<typename TCur::InLayerPort>(std::move(source));
17
18        auto newInternal = std::move(p_internal).
19            template Set<typename TCur::InLayerName>(std::move(fillRes));
20
21        return FillInput<N + 1, TInputClauses>(p_in, std::move(newInternal));
22      }
23    }
```

这个函数同样接收 4 个模板参数，分别表示当前所处理的索引值、保存复合层全部 InConnect 子句的容器、复合层所接收的正向传播数据容器，以及上一步构造的保存每个子层输入的容器。它的工作就是将复合层所接收的用于正向传播的数据分发到相应的子层中，分发的依据就是 InConnect 子句所提供的连接信息。

FillInput 本身也是一个循环，每次处理一条 InConnect 子句。对于每一条 InConnect 子句，我们可以获取相应的复合层端口（第 12 行）、目标子层（第 13 行）与目标端口（第 16 行）。通过这些信息，我们就可以将数据从复合层的输入容器中提取出来，放到子层的输入容器中（第 12～16 行）。在此之后，我们需要更新包含所有子层输入的外围容器（第 18～19 行），并递归调用 FillInput 处理下一条 InConnect 子句。

当所有的 InConnect 子句均被处理完毕后，我们就完成了将复合层输入数据填充到子层输入容器中的工作。此时系统将返回填充好的容器 p_internal，并使用其进行下一步的工作：调用每个子层的正向传播逻辑。

5. 调用子层的正向传播逻辑

FeedForward 通过一个同名的函数来调用每个子层的正向传播逻辑。这个函数的定义如下：

```
1     template <size_t N, typename TLayerInfo, typename TFMap,
2               typename TSublayers, typename TInput, typename TOutput>
3     auto FeedForward(TSublayers&& sublayers,
4                      TInput&& p_input, TOutput&& m_output)
5     {
6       if constexpr (N == Sequential::Size<TLayerInfo>)
7       {
8         return std::move(m_output);
9       }
10      else
11      {
12        using TCurLayerName = Sequential::At<TLayerInfo, N>;
13        auto source =
14            std::forward<TInput>(p_input).template Get<TCurLayerName>();
15        auto forwardRes =
```

```
16 │        std::get<N>(sublayers)->FeedForward(std::move(source));
17 │
18 │    using ItemsFromMap = MultiMap::Find<TFMap, TCurLayerName>;
19 │
20 │    auto newInput = ForwardFillInternal<0, ItemsFromMap>
21 │                            (forwardRes, std::move(p_input));
22 │    auto newOutput =
23 │        std::move(m_output).template Set<TCurLayerName>(forwardRes);
24 │
25 │    return FeedForward<N+1, TLayerInfo, TFMap>(sublayers,
26 │                                               std::move(newInput),
27 │                                               std::move(newOutput));
28 │    }
29 │ }
```

这个函数接收 6 个模板参数，分别表示当前处理的子层索引、子层的实例化类型序列、子层内部的连接关系、子层的拓扑排序结果、保存子层输入与输出信息的容器。它会按照拓扑排序的顺序依次处理每个子层：从输入容器中获取当前子层的输入信息并调用该子层的 FeedFoward 函数获取正向传播的结果（第 12~16 行）；接下来，根据子层内部的连接关系调用 ForwardFillInternal 将输出结果填充到其后继层的输入端口中（第 18~21 行）；将子层的正向传播结果保存在子层的输出容器中（第 22~23 行）；最后递归处理下一个子层。

当所有子层均处理完毕后，系统返回保存了每个子层输出结果的容器（第 8 行）。

关于上述代码，有一点需要说明：子层之间的连接关系是通过 TFMap 传入的。TFMap 并非 InterConnect 的序列，而是一个多重映射：可以通过子层的名称搜索到所有输出层为当前子层的 InterConnect 子句。第 18 行就获取了与当前子层相关的全部 InterConnect 子句，并调用 ForwardFillInternal，依据这些子句填充后继层的输入容器。ForwardFillInternal 的内部逻辑并不复杂，限于篇幅，这里就不展开讨论了。

6. 构造复合层的正向传播结果

在调用了每个子层的 FeedForward 函数后，子层的输出容器也就被完全填充了。接下来，我们就需要依据 OutConnect 中的信息从子层的输入容器中挑选我们需要的数据，将其放置到复合层的输出容器中。

这项操作是通过 FillOutput 完成的。FillOutput 的定义与 FillInput 非常类似，它们一个用于构造复合层的输出，一个用于构造子层的输入，都只是根据连接关系进行数据的移动而已。因此 FillOutput 的代码就交由读者自行分析了。FillOutput 的结果也将作为复合层正向传播的结果返回。

8.4.5　反向传播

ComposeKernel 提供了接口 FeedBackward 以进行反向传播：

```
1    template <...>
2    class ComposeKernel
3    {
4      // ...
5      using InternalRes = InternalResult<TOrderedSublayerSeq>;
6
7      template <typename TGrad>
8      auto FeedBackward(const TGrad& p_grad)
9      {
10       if constexpr ((!IsFeedbackOutput) && (!IsUpdate))
11       {
12         return LayerInputCont<ComposeKernel>();
13       }
14       else
15       {
16       auto inInternal
17           = CreateInputInternalBuf<...>(InternalRes::Create());
18       auto outInternal
19           = CreateOutputInternalBuf<...>(InternalRes::Create());
20
21       auto inputGrads
22            = FillInputGrad<...>(p_grad, std::move(outInternal));
23
24       auto outputs = FeedBackward<...>(sublayers,
25                                        std::move(inputGrads),
26                                        std::move(inInternal));
27       if constexpr (IsFeedbackOutput)
28       {
29            return FillOutputGrad<...>(outputs,
30                                       LayerInputCont<ComposeKernel>());
31       }
32       else
33       {
34            return LayerInputCont<ComposeKernel>();
35       }
36     }
37    }
38  };
```

首先, 如果复合层不需要计算输出梯度或者更新参数, 那么它就不需要引入实质的反向传播逻辑, 直接返回一个空的输出即可 (第 12 行); 否则, 它就需要调用子层的反向传播逻辑计算输出梯度。

与正向传播的代码很相似, 反向传播的梯度计算过程也是先建立用于保存子层输入、输出信息的容器; 之后调用 FillInputGrad 将输入梯度保存在子层的输出容器中[①]; 在此之后, 会通过同名的函数 FeedBackward 依次调用每个子层的反向传播逻辑。

在调用完子层的反向传播接口后, 如果复合层需要输出反向传播梯度, 那么系统就会使用辅助函数 FillOutputGrad 从子层的反向传播输出中挑选需要的信息, 将其填充到复合层的输入容器中并返回, 否则就直接返回空的输出 (第 27~35 行)。

---

① 注意, 子层的输出容器既用于保存正向传播的输出结果, 也用于保存反向传播的输入梯度。

反向传播所使用的辅助函数与正向传播十分类似，限于篇幅，我们并不会在这里讨论每个函数的实现细节。这里主要说明反向传播代码与正向传播代码的差异。

首先，正向传播时，我们按照拓扑排序的结果，从前到后处理复合层中的每个子层。反向传播时子层的处理顺序与正向传播时刚好相反。因此在反向传播时应按照与拓扑排序的结果相反的顺序，从后到前处理每个子层。

其次，反向传播的输入梯度会保存在层的输出容器之中，输出结果则保存在层的输入容器之中。保存在输出容器中的输入梯度信息可能有多个数据来源。考虑图 8.1 的示例，其中 S1 的输出容器会在正向传播时被传递给复合层的输出容器以及 S2 的输入容器之中。相应地，在反向传播时，S1 的输出容器要分别从复合层的输出容器与 S2 的输入容器中获取数据[1]。此时，我们需要将多个数据源的信息求和后作为反向传播的输入。

最后，反向传播时可能存在部分输入梯度为空的情况。比如，我们可以使用复合层来表示长短期记忆（Long Short-Term Memory，LSTM）结构。标准的 LSTM 结构可以输出名为 cell 的计算结果。LSTM 结构的使用者可以选择使用或者不使用这个计算结果作为后继层的输入。通常来说，无论 LSTM 结构的使用者是否会使用名为 cell 的计算结果，标准的 LSTM 复合层都会在输出容器中提供相应的端口。但如果用户并没有使用这个端口中的数据，在反向传播时这个端口中所对应的输入梯度就为空。在反向传播时如果出现了部分输入梯度为空的情形，系统就需要自动忽略来自该端口的信息。

8.5 复合层实现示例

至此，我们基本完成了 ComposeTopology 与 ComposeKernel 的讨论。使用这两个组件，可以比较容易地组合基本层，从而构造出复杂的网络结构。作为示例，MetaNN 中包含了几个复合层，本节将对它们进行简单讨论。

需要说明的是，这些复合层只是 ComposeTopology 与 ComposeKernel 的使用示例，其代码相对简单，在 MetaNN 中也远不如其他组件重要。读者完全可以通过阅读它们的定义方式，来了解复合层的构造流程，从而实现类似的复合层。

1. BiasLayer

BiasLayer 将 ParamSourceLayer 与 AddLayer 进行组合。它接收一个张量输入，在其内部将张量与 ParamSourceLayer 提供的数据相加并输出。

2. WeightLayer

WeightLayer 将 ParamSourceLayer 与 DotLayer 进行组合。它接收一个张量输入，在其

---

[1] 注意，这种情况并不会在正向传播时出现，因为正向传播时，每个层的输入容器的数据来源是唯一的。

内部将张量与 ParamSourceLayer 提供的张量点乘并输出。

3. LinearLayer

LinearLayer 可以视为 WeightLayer 与 BiasLayer 的组合。它的内部包含两个参数矩阵 W 与 b。对于输入向量 x，它执行 $Y = Wx + b$ 的动作并返回。

4. SingleLayerPerceptron

SingleLayerPerceptron 会对输入的向量进行非线性变换并返回。其具体的计算行为取决于传入其中的 policy。

- 默认情况下，SingleLayerPerceptron 中包含偏置层，即对于输入向量 x，它执行 $Y = $ fun$(Wx + b)$ 的动作并返回。其中 fun 表示非线性操作，W 与 b 是其内部参数矩阵。但如果设置了 policy 为 PBiasNotInvolved，那么它只会执行 $Y = $ fun(Wx) ——没有引入偏置层。
- SingleLayerPerceptron 可以通过 PActFuncIs 这个 policy 对象模板来设置相应的非线性变换类型。比如，如果设置了 PActFuncIs<SigmoidLayer>，那么相应的非线性操作将为 Sigmoid；如果设置了 PActFuncIs<TanhLayer>，那么相应的非线性操作是 tanh。

事实上，除了上述两个复合层外，MetaNN 还实现了另一个复合层 GruStep。这个复合层本身又是循环层的一个基本组件。我们将在第 9 章讨论循环层的实现，同时在第 9 章给出 GruStep 的具体定义。

8.6 小结

与前几章相比，本章的内容相对较难。一方面，这是因为限于篇幅，笔者不得不过滤掉一些相对次要的内容（如果对复合层所涉及的每一方面都做深入而细致的讨论，本章的篇幅至少要翻上一番）；另一方面，复合层的实现也使用了到目前为止本书所讨论的大部分元编程技术——可以说，复合层的实现是元编程技术的一次综合性的应用。

在本章中，我们通过元编程引入了 ComposeTopology 与 ComposeKernel，这两个组件一起实现了正向传播、反向传播的自动化。ComposeTopology 与 ComposeKernel 是本书中最复杂的组件，笔者花费了很大的力气来实现这两个类，但其效果也是很显著的。如果读者阅读了 MetaNN 中 LinearLayer 的实现代码，就可以发现，由于引入了这两个类，因此像 LinearLayer 这样的复合层实现起来就非常简单了。

复合层是一种典型的组合模式，它在其内部可以包含若干子层，其正向传播与反向传播本质上是调用了子层的相应功能来实现的。在第 9 章中我们将讨论循环层，循环层在其内部也会包含子层，但循环层只会包含一个子层。它会将正向传播的数据进行拆分，多次调用同一子层以实现循环神经网络的相应逻辑。

8.7 练习

1. 限于篇幅, 本章省略了很多关于元函数实现细节的讨论。读者可结合本书的讨论逻辑阅读相关源码, 确保明晰源码的实现细节。

2. 在讨论 SubPolicyPicker 的实现时, 我们给出了一个例子——假定复合层的 policy 形式如下:

```
1  using oriPC =
2    PolicyContainer<P1,
3                SubPolicyContainer<SubX, P2,
4                            SubPolicyContainer<SubY, P3>>>
```

现在调用 SubPolicyPicker<oriPC, SubX>, 这个元函数会返回: PolicyContainer<P2, SubPolicy Container<SubY, P3>, P1>。能否让这个元函数返回 PolicyContainer<P2, P1>。为什么?

3. 在讨论 SubPolicyPicker 的实现时, 我们给出了一个例子——假定复合层的 policy 形式如下:

```
1  using oriPC =
2    PolicyContainer<P1,
3                SubPolicyContainer<SubX, P2,
4                            SubPolicyContainer<SubY, P3>>>
```

现在调用 SubPolicyPicker<oriPC, SubZ>, 这个元函数会返回 PolicyContainer<P1>。能否让这个元函数直接返回 oriPC? 为什么?

4. 本章讨论了 MetaNN 所引入的 6 项检查, 以判断结果描述语法的正确性。思考一下, 是否还存在其他需要检查的内容。

5. 在子类实例化时, 我们讨论了为每个子类推导相应的输入类型映射表的逻辑。在 MetaNN 的早期版本中, 我们会为子类同时引入输入梯度映射表。考虑一下, 如果子类中包含了输入梯度映射表, 那么应该引入什么样的逻辑来进行子类实例化(提示: 子类的输入梯度取决于其后继层的输出梯度, 而子类的输出梯度取决于其输入梯度与输入类型)。

6. SublayerInstantiation_接收拓扑排序的结果作为输入, 对每个子层进行实例化。能否使用拓扑排序之前的子层容器作为其输入呢? 为什么?

7. 本章采用了大量的元算法来实现复合层的相关逻辑。在 MetaNN 的早期版本中, 并没有引入元算法, 这会导致复合层的相关逻辑实现起来非常麻烦。考虑不使用元算法, 实现复合层的正向传播逻辑, 对比现有的实现, 体会元算法在实现过程中所具有的优势。

第9章

循环层

第 8 章我们讨论了复合层的构造。与复合层类似，本章讨论的循环层同样包含子层并调用子层的相应接口来实现正向传播、反向传播等操作。但与复合层中可能包含多个子层不同的是，循环层只会包含一个子层。它会在一次正向（反向）传播过程中多次调用同一子层的正向（反向）传播逻辑。

我们在第 4 章讨论过循环神经网络。在一次正向传播过程中，循环神经网络会多次调用其子层，每次调用形式如下（这里的 t 表示调用次数）：

$$h_1^t, h_2^t, ..., h_n^t = F(h_1^{t-1}, h_2^{t-1}, ..., h_n^{t-1}, x_1^t, ..., x_m^t)$$

其中 F 为子层的正向传播接口。它接收的输入信息可以被划分成两部分：$h_1^{t-1}, h_2^{t-1}, ..., h_n^{t-1}$ 为上次调用产生的输出，$x_1^t, ..., x_m^t$ 为本次调用的输入信息。它的输出 $h_1^t, h_2^t, ..., h_n^t$ 在向后继层传递的同时会反馈到下一次 F 的调用上。

循环层的输入也会被相应地划分成两部分：一部分用来表示 $h_1^0, ..., h_n^0$，而另一部分则表示 $x_1^{1 \sim T}, ..., x_m^{1 \sim T}$。注意，这里的每个 x 都是一个序列（我们将 x 称为序列输入，将 h 称为非序列输入）；T 为总共执行的步数。循环层会首先从每个 x 中提取出 $x_1^1, ..., x_m^1$，同时将 $h_1^0, ..., h_n^0$ 传递到子层中进行正向传播；并在下一步提取出 $x_1^2, ..., x_m^2$，与正向传播的结果 $h_1^1, ..., h_n^1$ 作为输入再次调用子层的正向传播逻辑，以此类推。

典型的循环层包括 GRU(Gated Recurrent Unit)、LSTM 等。在 MetaNN 中，我们将循环层的实现拆分成两步进行：首先通过复合层实现子层的计算逻辑 F；在此基础上实现一个通用的循环逻辑，调用子层来完成计算。循环逻辑只需要实现一次，在此之后，通过引入不同的子层，就相当于实现了不同的神经网络结构。

9.1 设计理念

9.1.1 子层的容器接口

通过前文的分析我们不难看出，循环层子层的上一步的输出将会作为下一步的输入。

为了将输入与输出关联起来，MetaNN 引入了如下的类模板声明：

```
1   template <typename TPort>
2   struct Previous;
```

在此基础上，我们就可以使用 Previous 来显式地描述子层容器输入与输出之间的关系了。比如，我们可以将某个子层的输入与输出端口分别命名为：

```
1   LayerPortSet<I1, Previous<O1>, Previous<O2>>;    // 输入端口
2   LayerPortSet<O1, O2>;                            // 输出端口
```

这就将该层的两个输出 O1 与 O2 分别关联到了其输入容器的 Previous<O1>与 Previous<O2>端口之上。

这里有一个小问题：对于已经存在的层，其输入、输出端口的名称可能并不满足上述形式。对于这种情况，我们可以引入一个复合层来修改当前子层的容器端口名称。比如，假设我们希望将一个 AddLayer 作为循环层的子层。AddLayer 的输入容器端口名称为 LeftOperand、RightOperand，其输出容器端口名称为 LayerOutput。此时，我们就可以引入如下的复合层拓扑结构：

```
1   ComposeTopology<Sublayer<AddSublayer, AddLayer>,
2                   InConnect<LayerInput, AddSublayer, LeftOperand>,
3                   InConnect<Previous<LayerOutput>,
4                             AddSublayer, RightOperand>,
5                   OutConnect<AddSublayer, LayerOutput, LayerOutput>>;
```

这里的复合层只包含一个子层，其目的就是改变子层输入、输出容器端口的名称。通过这种方式，我们就可以将任何一个子层作为循环层的内核使用。

9.1.2　确定序列所在维度

循环层的输入中有一部分数据 $x_1^{1\sim T},...,x_m^{1\sim T}$，其中的每个 x 都表示一个序列。循环层需要对其进行拆分，每次选择序列中的一部分作为子层的输入。

但这里有一个问题：这些序列本质上是张量，而在现有的 MetaNN 设计中，我们并没有为张量的每个维度赋予显式的物理意义。循环层并不能从数据本身了解哪一维对应了序列所在的维度。举例来说，对于某个形状为 3×4 的矩阵，可以将其视为一个长度为 3 的序列，序列的每个元素是长度为 4 的向量；也可以将其视为一个长度为 4 的序列，序列的每个元素是长度为 3 的向量。这两种拆分方式会导致截然不同的计算结果。循环层无法从张量本身了解到哪种拆分方式是正确的，因此我们需要额外的接口来描述上述信息。

MetaNN 通过引入一个 policy 来描述这一信息：

```
1   struct RnnPolicy {
2       using MajorClass = RnnPolicy;
3       struct SeqIdContTypeCate;
```

```
4
5          // ...
6      };
7
8      template <typename... TSeqIDs>
9      struct PSeqIDsAre : virtual public RnnPolicy {
10         using MinorClass = RnnPolicy::SeqIdContTypeCate;
11         using SeqIdCont = PSeqIDsAre;
12     };
```

其中 SeqIdCont 是编译期的一个映射，其键为输入端口；值为一个整数，表示序列所在的
维度。比如，可以通过如下的声明来表示 LayerInput 的第 0 维为其序列所在维度：

```
1      PSeqIDsAre<SeqID<LayerInput, 0>>;
```

其中的 SeqID 为一个元函数。在第 2 章定义的 MetaNN 的映射中，键与值均是类型，SeqID
接收一个整数作为值，在内部将其转换为相应的类型。其具体实现并不复杂，就留给读者
自行分析。

通过引入这个 policy，用户就可以为循环层的输入序列指定所在的维度。不同的输入
序列所在的维度不一定相同，但输入序列的长度需要相同。比如，如果以一个 3×4 与一个
4×2 的矩阵作为循环层的输入，同时指定两个矩阵的序列所在维度分别为 1 与 0，那么循环
层会在其内部将两个矩阵分别拆分成长度为 3 与 2 的 4 个向量，每次以一组长度为 3 与 2
的向量作为子层的输入，循环 4 次执行。但对于本例来说，如果用户所指定的两个矩阵的
序列所在维度均为 0，那么程序将出错：因为两个序列的长度分别为 3 与 4，二者不相等，
循环层不知道该如何将拆分后的数据发送到子层中处理。

9.1.3 正向传播与反向传播

在设定了 Previous 模板与序列所在维度后，循环层就已经获取了足够的信息来进行正
向传播。正向传播本质上是根据 SeqIdCont 的信息将张量进行必要的拆分，并将拆分结果
连同其他的输入信息依次送入子层进行计算。循环层会累积每一步的正向传播结果，形成
相应的张量序列并输出。我们会在本章的后续详细讨论正向传播的实现逻辑。

循环层的反向传播逻辑从概念上来说也并不复杂。反向传播所接收的输入梯度与正向
传播的输出结果相匹配，它本质上也是张量序列。反向传播会将张量序列进行拆分，并按
照从后至前的顺序将拆分后的结果传入子层的反向传播接口中进行计算。

关于反向传播有一点需要说明：通常来说，循环层的反向传播会采用随时间反向传播
(Backpropagation Through Time，BPTT) 算法，这个算法会将子层每一步反向传播的结果作
为下次反向传播的输入之一进行处理。如果采用 BPTT 算法，那么循环层可能需要对子层
的 policy 进行一些调整，确保其可以产生输出梯度，同时反向传播的逻辑也会复杂一些。
另一种方案是不使用 BPTT 算法，采用一种简化的反向传播方式。这种方式会在一定程度
上提升系统的计算速度，但可能会对其效果产生负面影响。MetaNN 的循环层引入了一个

policy，可以打开或关闭 BPTT 算法，而循环层也会根据该 policy 选择适当的处理逻辑——这些都会在本章后续讨论循环层的具体实现时说明。

9.2　循环层的实现

9.2.1　主体框架

循环层定义于类模板 RecurrentLayer 中，这个类模板的声明如下：

```
1    template <typename TInputs, typename TPolicies>
2    class RecurrentLayer;
```

与一般的层类似，这个类模板同样包含两个参数，分别表示输入类型映射表，以及相应的 policy 信息。

在其内部，这个类模板包含了如下几部分内容。

- （元）数据域：循环层会根据传入其中的 policy 推导出一系列的定义，并将其保存在其元数据域中。同时，循环层还会根据（元）数据域的信息构造相应的数据成员，用于存储运行期信息。
- 构造函数、参数初始化等接口：循环层会在其构造函数中调用子层的构造函数，同时提供了参数初始化、参数获取等接口，这些接口都是调用子层的相关接口来实现的。
- 正向传播与反向传播：循环层会调用子层实现正向传播与反向传播，但由于其涉及序列的拆分与合并，因此相应的逻辑是比较复杂的。我们将在后续重点讨论其实现细节。

接下来，就让我们依次看一下每一部分的具体实现。

9.2.2　（元）数据域

RecurrentLayer 的（元）数据域定义如下：

```
1    template <typename TInputs, typename TPolicies>
2    class RecurrentLayer
3    {
4        static_assert(IsPolicyContainer<TPolicies>);
5        using CurrentPolicy = PlainPolicy<TPolicies>;
6        using KernelGen = KernelGenerator_<TInputs, TPolicies>;
7
8        using KernelType = typename KernelGen::KernelType;
9        constexpr static bool UseBptt = KernelGen::UseBptt;
10   public:
11       static constexpr bool IsFeedbackOutput
12           = PolicySelect<GradPolicy, CurrentPolicy>::IsFeedbackOutput;
13       static constexpr bool IsUpdate = KernelType::IsUpdate;
14
15       using InputPortSet = typename KernelGen::InputPortSet;
16       using OutputPortSet = typename KernelGen::OutputPortSet;
```

```
17          using InputMap = typename KernelGen::InputMap;
18
19    private:
20          using SeqIdCont
21              = typename PolicySelect<RnnPolicy, CurrentPolicy>::SeqIdCont;
22          using TShapeDictHelper
23              = typename ShapeDictHelper<IsFeedbackOutput, InputMap>;
24
25    private:
26          std::string m_name;
27          KernelType m_kernel;
28          typename TShapeDictHelper::type m_inputShapeStack;
29    };
```

在其内部，它将输入类型映射表与 policy 传入 KernelGenerator_ 元函数，以构造子层相关的类型（我们会在随后讨论 KernelGenerator_ 的实现）。KernelGenerator_ 会返回如下的内容。

- KernelType：子层类型，循环层将其保存在同名的（元）数据域中（第 8 行），并使用该类型声明相应的子层对象 m_kernel（第 27 行）。

- UseBptt：一个 bool 类型常量，表示是否在反向传播时使用 BPTT 算法。循环层将其保存在同名的（元）数据域中（第 9 行）。

- IsUpdate：子层是否需要更新参数，循环层将其保存在同名的（元）数据域中（第 13 行），也即循环层是否需要更新参数取决于其子层是否需要更新参数。

- InputPortSet 与 OutputPortSet：循环层的输入、输出端口集合。注意，循环层的端口取决于其子层的端口。

- InputMap：记录了每个输入的参数类型。循环层需要根据子层的端口信息来设置其 InputMap（第 17 行）。

循环层在这一阶段主要会使用 KernelGenerator_ 来推导上述内容。除此之外，它还会构造 IsFeedbackOutput 来表示循环层本身是否产生输出梯度；构造 SeqIdCont 来记录序列所在的维度信息；调用 ShapeDictHelper 来实例化类型，保存输入参数的形状信息。

接下来，让我们首先看一下 KernelGenerator_ 的实现。

9.2.3 KernelGenerator_ 的实现

KernelGenerator_ 的定义如下：

```
1     template <typename TInputMap, typename TPolicies>
2     struct KernelGenerator_
3     {
4       using WrapperPolicy = PlainPolicy<TPolicies>;
5
6       template <typename UInput, typename UPolicies>
7       using Kernel =
8         typename PolicySelect<LayerStructurePolicy, WrapperPolicy>
9             ::template ActFunc<UInput, UPolicies>;
10      static_assert(!LayerStructurePolicy::template IsDummyActFun<Kernel>);
```

```
11
12      using KernelPolicy = SubPolicyPicker<TPolicies, KernelSublayer>;
13      constexpr static bool IsUpdate = ...;
14      constexpr static bool UseBptt = ...;
15      constexpr static bool UpdateFeedbackOutput =
16        PolicySelect<GradPolicy, WrapperPolicy>::IsFeedbackOutput ||
17        (IsUpdate && UseBptt);
18
19      using AmendKernelPolicy = ...;
20
21      using SeqIdCont = ...
22      using KernelInputMap
23          = typename CalKernelInputMap_<TInputMap, SeqIdCont>::type;
24      using KernelType = Kernel<KernelInputMap, AmendKernelPolicy>;
25      using InputPortSet = typename KernelType::InputPortSet;
26      using OutputPortSet = typename KernelType::OutputPortSet;
27
28      using InputMap =
29          typename conditional_t<is_same_v<KernelInputMap, NullParameter>,
30                                 EmptyLayerInMap_<InputPortSet>,
31                                 Identity_<TInputMap>>::type;
32
33      static_assert(InputMapPortsetMatch<InputMap, InputPortSet>);
34      static_assert(CheckPortOverLap_<InputPortSet, OutputPortSet>::value);
35      static_assert(SeqIdsValid<SeqIdCont, InputPortSet>);
36      static_assert(Sequential::Size<SeqIdCont> != 0);
37  };
```

在其内部，KernelGenerator_ 首先通过 PolicySelect 获取表示子层的类模板，并将其保存在 Kernel 中（第 6～9 行）。循环层需要通过 PActFuncIs 指定具体的子层类模板，而这个信息会在这里被提取出来。注意，Kernel 只是一个类模板，我们需要向其中添加输入类型映射表与 policy 才能实例化出具体的子层类型。

接下来，这个元函数会获取子层的 policy，并由此推导出是否需要更新参数（IsUpdate），以及是否采用 BPTT 算法来更新参数（UseBptt）。如果这二者同时满足，或者循环层要求计算输出梯度，那么 UpdateFeedbackOutput 会被设置为 true：这表示我们需要更新子层的 policy，确保其产生输出梯度。

接下来，KernelGenerator_ 会根据 UpdateFeedbackOutput 的值推导出新的子层 policy 并将其保存在 AmendKernelPolicy 中。这个信息将后续用于子层实例化。

到目前为止，我们已经获得了子层的类模板（Kernel）以及子层的 policy（AmendKernelPolicy），为了实例化子层，我们还需要它的输入类型映射表。

系统使用 CalKernelInputMap_，根据序列维度信息 SeqIdCont 来构造子层的输入类型映射表。本质上，CalKernelInputMap_ 会进行如下的处理。

- 如果子层的端口被命名为 Previous<...>的形式，那么其中包含的数据并不会被拆分。换句话说，它不是一个序列，SeqIdCont 中不应包含相应的信息。CalKernelInputMap_ 会确保这一点。

- 反之,如果 SeqIdCont 包含了一个输入数据的序列维度,那么我们就需要推导出相应的输入类型。KernelGenerator_能获取循环层相应元素的输入类型。但为了传递给子层,我们可能需要引入 Permute 操作,将序列所在维度调整为输入数据的最高维;之后使用索引操作,获取序列中的每个元素。Permute 操作与索引操作本质上会引入运算模板,将循环层的输入类型修改为新的类型,这个新的类型才是子层的输入类型。CalKernelInputMap_的主要工作就是添加 Permute 操作与索引操作,构造相应的运算模板作为子层的输入类型。

有了子层的输入类型映射表与 policy 定义后,我们就可以基于 Kernel 实例化具体的子层,并将其保存在 KernelType 之中。在此之后,我们可以通过子层的元数据域获取其输入、输出端口集合(第 25～26 行)。

在讨论基本层时我们提到过,如果层的输入类型映射表为空(NullParameter),我们就需要通过 EmptyLayerInMap_基于输入端口集合构造相应的映射:映射的每个键为集合中的元素,其值为 NullParameter。循环层包含了类似的逻辑,只不过循环层的输入端口集合是由其子层的输入端口集合确定的。因此在确定了子层的输入端口集合后,我们就可以使用 EmptyLayerInMap_构造类似的映射了(第 28～31 行)。

最后,KernelGenerator_通过一些静态断言来确保其生成的信息是合理的。

- InputMapPortsetMatch 确保 InputMap 中的键所组成的集合与 InputPortSet 是匹配的。
- CheckPortOverLap_确保子层的输入、输出端口是合法的,即如果子层的输出容器中包含了一个 X 端口,那么其输入容器中就一定要包含相应的 Previous<X>端口。只有这样,子层上一步的输出才能作为下一步的输入。
- SeqIdsValid 确保 SeqIdCont 中的每个键都在输入容器中出现过。
- 最后一个静态断言将确保 SeqIdCont 不为空,否则表示循环层的输入容器中并不存在序列元素。如果是这样,那么循环层也就失去了意义。

9.2.4 ShapeDictHelper

循环层在反向传播过程中接收上层传入的输入梯度,将其进行拆分并依次调用子层的反向传播接口。如果循环层本身要产生输出梯度,那么它会获取子层的输出梯度并进行累积。但累积的结果并不能直接作为循环层的输出梯度,我们需要在累积结果上引入额外的变换来构造循环层的输出梯度。要引入什么样的变换呢?

考虑如下的情形:循环层的输入为一个 4×3×5 的张量,其序列所在维度为 1,也即它表示了一个长度为 3 的序列。为了更高效地进行正向传播,循环层会首先通过 Permute 操作将其变换成形状为 3×4×5 的张量,之后每次从中获取一个 4×5 的矩阵调用子层的正向传播接口。

但这种设计会为反向传播带来问题:在反向传播过程中,子层的输入梯度也将是形状为 4×5 的矩阵；反向传播完成后，输出梯度将被累积成形状为 3×4×5 的张量——这个张量的形状与循环层的输入数据并不相同。理论上，我们还需要一个 Permute 操作对这个输出梯度的累积结果进行变换，变换后的结果才能作为循环层的输出梯度。

此外，在讨论基本层时我们提到过，层可能会验证输出梯度与输入数据的形状是否匹配，以在一定程度上保证结果的正确性。我们希望在循环层中也引入上述功能。可以看出，这些需求都与形状相关。因此，MetaNN 引入了 ShapeDictHelper 来统一处理上述需求。

ShapeDictHelper 的主要定义如下：

```
template <bool bFeedbackOutput, typename TInputMap>
struct ShapeDictHelper
{
    static_assert(!bFeedbackOutput);
    using type = NullParameter;
};

template <typename... TKeys, typename... TValues>
struct ShapeDictHelper<true, LayerInMap<LayerKV<TKeys, TValues>...>>
{
    using shapeDictType = ...;
    using type = std::stack<shapeDictType>;

    template <typename TIn>
    static void PickShapeInfo(type& shapeStack, const TIn& p_in);

    template <typename TSeqIdCont, typename TRes>
    static auto Collapse(type& shapeStack, TRes&& p_res);
};
```

它包含了两个版本，分别处理产生输出梯度（bFeedbackOutput 为 true）以及不产生输出梯度（bFeedbackOutput 为 false）的情况。

如果 bFeedbackOutput 为 true，那么 ShapeDictHelper 中会包含一个 type 声明，它本质上是一个异类词典，用于记录每个输入数据的形状信息。同时，ShapeDictHelper 中还会包含 PickShapeInfo 与 Collapse，分别用于在正向传播时获取输入参数的形状，以及在反向传播时对累积的输出梯度进行变换。

如果 bFeedbackOutput 为 false，那么 ShapeDictHelper 将只包含一个类型为 NullParameter 的 type 声明：这只是一个占位符，确保循环层中使用该 type 声明对象的合法性。

9.2.5 构造函数、参数初始化等接口

循环层提供了若干接口，用于构造子层对象、初始化参数、进行正向传播与反向传播等操作。其中，正向传播与反向传播相对复杂，将在后文中讨论。本小节将讨论参数初始化等接口的实现方式。

循环层的构造函数及相关数据域定义如下：

```
1   template <typename TInputs, typename TPolicies>
2   class RecurrentLayer
3   {
4   public:
5       template <typename... TParams>
6       RecurrentLayer(const std::string& p_name, TParams&&... kernelParams)
7           : m_name(p_name)
8           , m_kernel(p_name + "/kernel",
9                       forward<TParams>(kernelParams)...) {}
10
11      // ...
12  private:
13      std::string m_name;
14      KernelType m_kernel;
15  };
```

其中，循环层的内部包含了两个数据域：m_name 表示其名称，m_kernel 则表示子层对象。循环层的构造函数接收一个字符串 p_name，以及一个可变长度模板参数 kernelParams。构造函数会将 p_name 的值赋予 m_name，同时使用 m_name + "/kernel"作为子层的名称，使用 kernelParams 作为参数初始化子层。

除了构造函数外，循环层还提供了层所需要支持的参数初始化等接口。这些接口会调用子层的相应逻辑进行实现。以参数初始化接口为例：

```
1   template <typename TInputs, typename TPolicies>
2   class RecurrentLayer
3   {
4   public:
5       template <typename TInitializer, typename TBuffer>
6       void Init(TInitializer& initializer, TBuffer& loadBuffer)
7       {
8           LayerInit(m_kernel, initializer, loadBuffer);
9       }
10
11      // ...
12  private:
13      KernelType m_kernel;
14  };
```

其中，循环层的 Init 接口在其内部调用了 LayerInit 函数，传入子层对象与初始化相关参数完成参数初始化。LayerInit 函数会确保：如果子层包含 Init 接口，那么调用这个接口，否则什么也不做。因此，它可以与任何子层协同工作。

循环层还提供了接口以获取参数与梯度并进行中性检测，其实现方法与参数初始化接口类似。限于篇幅，这里就不赘述了。

9.2.6 正向传播

循环层的正向传播代码如下：

```
1    template <typename TIn>
2    auto FeedForward(TIn&& p_in)
3    {
4        using TInputKeys = typename RemConstRef<TIn>::Keys;
5        if constexpr (IsFeedbackOutput)
6            TShapeDictHelper::PickShapeInfo(m_inputShapeStack, p_in);
7
8        auto permuteRes = PermuteBySeqID<TInputKeys, SeqIdCont>
9                            (forward<TIn>(p_in), TInputKeys::Create());
10
11       const size_t seqNum = GetSeqNum<TInputKeys, SeqIdCont>(permuteRes);
12       if (seqNum == 0)
13           throw std::runtime_error("Empty sequence as input.");
14
15       auto firstInputCont =
16           Split0<TInputKeys, SeqIdCont>(permuteRes, TInputKeys::Create());
17       auto previousOutput = m_kernel.FeedForward(std::move(firstInputCont));
18       using OutputKeys = typename decltype(previousOutput)::Keys;
19       auto outputCont =
20           InitOutputCont<OutputKeys>(previousOutput, OutputKeys::Create());
21
22       for (size_t i = 1; i < seqNum; ++i)
23       {
24           auto curInputCont =
25               SplitN<TInputKeys, SeqIdCont>
26                   (permuteRes, TInputKeys::Create(), previousOutput, i);
27           previousOutput = m_kernel.FeedForward(std::move(curInputCont));
28           FillOutputCont<OutputKeys>(previousOutput, outputCont);
29       }
30       return outputCont;
31   }
```

其中 FeedForward 函数首先获取输入容器的元数据域 Keys，并将其保存在 TInputKeys 中。正向传播的输入类型是异类词典，而异类词典的 Keys 元数据域实际上就是 VarTypeDict 模板的实例，模板中包含了所有的键。在后续的操作中，我们可以直接使用 TInputKeys::Create 来构造新的异类词典容器。

如果循环层需要计算输出梯度（IsFeedbackOutput 为 true），那么它就会使用 TShapeDictHelper 中的相应接口来记录输入参数的形状信息，供反向传播时使用（第 5~6 行）。在此基础上，它会调用 PermuteBySeqID，根据序列所在的维度信息，调整序列的输入内容，使得每个序列输入的最高维都对应序列所在的维度，调整后的结果会被保存在一个新的异类词典对象中（第 8~9 行）。

接下来，系统调用 GetSeqNum 获取序列长度。GetSeqNum 会遍历每个序列输入，确保这些输入的序列长度相同，并将该长度返回。这个长度被保存在 seqNum 中，系统同时会确保这个值不为 0，否则将抛出异常（第 11~13 行）。

在此之后，就可以调用子层的正向传播逻辑了。循环层首先通过 Split0 函数获取第 1 步要传入子层的数据，之后调用子层的 FeedForward 函数进行正向传播，并将传播结果保存在 previousOutput 之中。接下来，系统会通过 InitOutputCont 函数构造一个容器，用来累积子层每一步正向传播的输出，同时将 previousOutput 放置到该容器之中（第 15～20 行）。

在完成了子层正向传播的首次调用后，系统会通过一个循环执行剩余的子层正向传播调用逻辑：

（1）依次获取序列输入中的每个元素，并以此来构造相应的输入（第 24～26 行）。

（2）调用子层的正向传播逻辑，输入步骤（1）构造好的结果，将返回结果保存在 previousOutput 中（第 27 行）。

（3）将返回结果填充到最终的输出容器 outputCont 中（第 28 行）。

循环完成时，outputCont 中累积了子层每一次正向传播所对应的输出。这个结果将作为循环层的输出返回。outputCont 是一个异类词典容器，容器中的键与子层输出的键集合相同；容器中的每个值都是一个张量，张量的第 0 维等于 seqNum，也就是输入数据的序列长度。

9.2.7 反向传播

循环层的反向传播代码如下：

```
1  template <typename TIn>
2  auto FeedBackward(TIn&& p_in)
3  {
4      if constexpr (UseBptt)
5          static_assert(KernelType::IsFeedbackOutput);
6
7      using TInputKeys = typename RemConstRef<TIn>::Keys;
8      if constexpr (!IsFeedbackOutput && !IsUpdate)
9      {
10         static_assert(!KernelType::IsFeedbackOutput);
11         return LayerInputCont<RecurrentLayer>();
12     }
13     else if constexpr (!IsFeedbackOutput)
14     {
15         // ...
16     }
17     else
18     {
19         const size_t seqNum = GetGradSeqNum<TInputKeys>(p_in);
20         if (seqNum == 0)
21             throw std::runtime_error("Empty sequence as grad input.");
22
23         auto firstInputGrad =
24             GradSplit0<TInputKeys>(p_in, TInputKeys::Create());
25         auto curOutputCont =
26             m_kernel.FeedBackward(std::move(firstInputGrad));
27         using OutputGradKeys = typename decltype(curOutputCont)::Keys;
28         auto outputGrad =
29             InitOutputCont<OutputGradKeys>(curOutputCont,
30                                            OutputGradKeys::Create());
31         for (size_t i = 2; i <= seqNum; ++i)
32         {
```

```
33              auto curInputCont =
34                  GradSplitN<TInputKeys, UseBptt>
35                      (p_in, curOutputCont, TInputKeys::Create(), seqNum - i);
36              curOutputCont = m_kernel.FeedBackward(std::move(curInputCont));
37              FillNormalGradOutput<OutputGradKeys>(curOutputCont, outputGrad);
38          }
39
40          auto filledPrevGrad =
41              FillPrevGradOutput<OutputGradKeys>(curOutputCont,
42                                                 std::move(outputGrad));
43
44          ReverseOutputCont<OutputGradKeys>(filledPrevGrad);
45          return TShapeDictHelper::template Collapse<SeqIdCont>
46                  (m_inputShapeStack, std::move(filledPrevGrad));
47      }
48  }
```

如果在反向传播时使用 BPTT 算法，那么子层一定要计算输出梯度，系统通过一个静态断言来保证这一点（第 4～5 行）。

在此之后，系统会根据不同的编译期设置选择适当的处理逻辑：如果循环层本身不需要计算输出梯度，也不需要更新其内部参数，那么不需要引入实际的反向传播逻辑，只需要返回一个空的容器来表示反向传播结果（第 8～12 行）；如果循环层只需要更新其内部参数，不需要计算输出梯度，那么系统会选择第 13～16 行的代码执行；如果循环层需要计算输出梯度，则会选择第 17～47 行的代码执行。第 13～16 行的代码逻辑可以视为第 17～47行的代码逻辑的简化版。我们在这里只分析第 17～47 行的代码逻辑，第 13～16 行的代码逻辑则留给读者自行分析。

循环层的输入梯度容器中的每个元素都是一个序列。在计算输出梯度时，系统首先通过辅助函数 GetGradSeqNum 获取序列的长度（第 19 行），在此基础上通过 GradSplit0 获取输入梯度序列中的最后一个元素，使用其调用子层的 FeedBackward 函数。与正向传播类似，循环层会使用首个子层反向传播的输出构造返回容器 outputGrad，并将首个子层的反向传播结果保存在该容器中（第 23～30 行）。

之后，系统通过一个循环来从后向前依次获取输入梯度序列中的每个元素，调用子层的反向传播接口，并将返回结果保存在 outputGrad 中（第 31～38 行）。

注意，在循环执行的每一步中，只有序列输入对应的梯度会被保存（FillNormalGradOutput 确保了这一点）。在循环执行完毕后，系统会调用 FillPrevGradOutput 将最后一步反向传播结果中的非序列输入对应的梯度保存在 outputGrad 容器中（第 40～42 行）。

注意，由于反向传播的输入梯度是从后向前提供给子层的，因此相应的 outputGrad 中的序列输入所对应的梯度也是按照从后向前的顺序保存的。系统调用了 ReverseOutputCont 函数将序列输入所对应的梯度序列反向，这样才能确保梯度结果的正确性（第 44 行）。

最后，系统使用了 TShapeDictHelper::Collapse 对输出梯度进行变形，确保序列所在的维度与输入数据相同。变换后的结果将作为循环层的输出梯度返回（第 45～46 行）。

9.3 循环层应用示例

我们在 9.2 节中讨论了循环层的实现。在此基础上，本节将给出两个循环层的具体应用示例。

9.3.1 以 AddLayer 作为内核的循环层

如前文所述，我们可以为循环层指定不同的子层（内核），以实现不同的功能。在所有的内核之中，加法层（AddLayer）所包含的逻辑相对简单。本小节将以 AddLayer 作为循环层的内核，展示循环层的使用方法。

我们在本章之初展示了循环层的数学表示形式，如果将 AddLayer 套用到这个数学表示形式上，那么循环层的行为可以被描述为：

$$\boldsymbol{h}^t = \boldsymbol{x}^t + \boldsymbol{h}^{t-1}$$

其中 $\boldsymbol{h}^{t-1}$ 与 $\boldsymbol{x}^t$ 为两个张量，二者相加作为循环层下一步的输入。

为了将 AddLayer 作为循环层的内核，我们首先需要引入一个复合层，调整 AddLayer 的接口名称：

```
1    struct AddSublayer;
2
3    using Topology
4        = ComposeTopology<Sublayer<AddSublayer, AddLayer>,
5                          InConnect<LayerInput, AddSublayer, LeftOperand>,
6                          InConnect<Previous<LayerOutput>,
7                                    AddSublayer, RightOperand>,
8                          OutConnect<AddSublayer, LayerOutput, LayerOutput>>;
9
10   template <typename TInputMap, typename TPolicies>
11   using Base
12       = ComposeKernel<LayerPortSet<LayerInput, Previous<LayerOutput>>,
13                       LayerPortSet<LayerOutput>,
14                       TInputMap, TPolicies, Topology>;
15
16   template <typename TInputs, typename TPolicies>
17   class AddWrapLayer : public NSAddWrapLayer::Base<TInputs, TPolicies>
18   {
19       using TBase = Base<TInputs, TPolicies>;
20   public:
21       AddWrapLayer(std::string p_name)
22           : TBase(TBase::CreateSublayers().
23               template Set<AddSublayer>(move(p_name)))
24       { }
25   };
```

在 AddLayer 的原始定义中，其输入容器的键为 LeftOperand 与 RightOperand。通过引入复合层 AddWrapLayer，我们将输入容器的键 RightOperand 重新命名为 Previous<LayerOutput>。这样，AddWrapLayer 的容器名称就满足了循环层内核的要求。

在此基础上，我们可以声明如下的循环层实例：

```
1    using RootLayer = MakeInferLayer<RecurrentLayer,
2                                     PSeqIDsAre<SeqID<LayerInput, 0>>,
3                                     PActFuncIs<AddWrapLayer>>;
```

这表明该循环层将使用 AddWrapLayer 作为其内核，它的输入容器中 LayerInput 端口所对应的张量为一个序列，其中序列所在的维度为 0。

9.3.2　GRU

GRU 是一种典型的循环神经网络结构。本小节将以 GRU 为例讨论循环层的实现。我们首先来看看 MetaNN 中对 GRU 的核心算法（实现为 GruStep 复合层）的实现。

在网络上搜索一下，就可以找到多种 GRU 的数学定义，不同定义间的差异并不大——主要在于是否引入偏置层。出于讨论简洁的考虑，MetaNN 在实现时采用了众多定义中的一种——不引入偏置层。如果需要，对其进行修改，引入相应的偏置层也并不是什么困难的事情。

MetaNN 中所使用的 GRU 的数学定义如下：

$$z^t = \text{Sigmoid}(W_z x^t + U_z h^{t-1})$$
$$r^t = \text{Sigmoid}(W_r x^t + U_r h^{t-1})$$
$$\hat{h}^t = \text{tanh}(W x^t + U(r^t \circ h^{t-1}))$$
$$h^t = z^t \circ \hat{h}^t + (1 - z^t) \circ h^{t-1}$$

这表示了循环一步所需要进行的工作。其中 x^t 是当前步的输入，h^{t-1} 是上一步循环层的输出，○表示对应元素相乘。

GRU 的这个数学定义比张量相加复杂很多。但无论网络的定义是复杂还是简单，我们需要做的第一步通常来说都是引入一个复合层来描述相应的网络结构。MetaNN 引入了 GruStep 复合层来描述核心计算过程。以第一个公式

$$z^t = \text{Sigmoid}(W_z x^t + U_z h^{t-1})$$

为例，相应引入的子层与连接关系如下：

```
1    struct Wz; struct Uz; struct Add_z; struct Act_z;
2
3    using Topology = ComposeTopology<
4            Sublayer<Wz, WeightLayer>,
5            Sublayer<Uz, WeightLayer>,
6            Sublayer<Add_z, AddLayer>,
7            Sublayer<Act_z, SigmoidLayer>,
8
9            // Wz x^t
```

```
10              InConnect<LayerInput, Wz, LayerInput>,
11
12              // Uz h^{t-1}
13              InConnect<Previous<LayerOutput>, Uz, LayerInput>,
14
15              // Wz x^t + Uz h^{t-1}
16              InternalConnect<Wz, LayerOutput, Add_z, LeftOperand>,
17              InternalConnect<Uz, LayerOutput, Add_z, RightOperand>,
18
19              // Sigmoid(Wz x^t + Uz h^{t-1})
20              InternalConnect<Add_z, LayerOutput, Act_z, LayerInput>,
21              // ...
22      >
```

也即，子层 Act_z 的输出就是 z^t。公式其余部分的书写方式与 z^t 的书写方式类似，限于篇幅，就不一一列出了。这些语句描述了 GruStep 的结构，将其放置到 Topology 之中。

在此基础上，我们可以定义 ComposeKernel 来自动生成 GruStep 所需的正向传播、反向传播等逻辑：

```
1    template <typename TInputMap, typename TPolicies>
2    using Base =
3        ComposeKernel<LayerPortSet<LayerInput, Previous<LayerOutput>>,
4                      LayerPortSet<LayerOutput>,
5                      TInputMap, TPolicies, Topology>;
```

这表明复合层的输入端口为 LayerInput 与 Previous<LayerOutput>（分别存储 x^t 与 h^{t-1}），输出容器为 LayerOutput（存储 h^t），其内部结构由 Topology 指定。

构造 GruStep 的最后一步就是从 Base 模板派生，引入相应的构造函数，并在其中构造每个子层的对象：

```
1    template <typename TInputMap, typename TPolicies>
2    class GruStep
3        : public Base<TInputMap, CalParameterPolicy<TPolicies>>
4    {
5        using ModifiedPolicy = CalParameterPolicy<TPolicies>;
6        using TBase = Base<TInputMap, ModifiedPolicy>;
7
8    public:
9        GruStep(const std::string& p_name, size_t p_fanIn, size_t p_fanOut)
10           : TBase(TBase::CreateSublayers()
11                   .template Set<Wz>(p_name + "/Wz", p_fanIn, p_fanOut)
12                   .template Set<Uz>(p_name + "/Uz", p_fanOut, p_fanOut)
13                   ...)
14       {}
15   };
```

其中，CalParameterPolicy 会基于层的计算单元与计算设备类型推导出参数的类型，并使用该参数的类型对输入的 policy 进行简单的调整。系统会使用调整之后的 policy 与输入类型映射表实例化复合层。

在引入了 GruStep 之后，我们就可以使用其构造实际的 GRU 循环层了：

```
1   using RootLayer = MakeInferLayer<RecurrentLayer,
2                                    PActFuncIs<GruStep>,
3                                    PSeqIDsAre<SeqID<LayerInput, 0>>>;
```

9.4　小结

本章讨论了循环层的实现。

循环层包含了一个子层（又称为内核），循环层会接收序列类型的输入数据，在其内部进行拆分，使用序列拆分后的结果依次调用子层的正向传播函数。我们希望将循环层设计得尽量通用：将循环相关的逻辑与子层拆分开。循环层本身包含的是相对通用的逻辑，在此基础上，只要我们提供了满足接口要求的子层，就可以组合成满足特定需求的循环神经网络。

到目前为止，我们讨论了基础层、复合层与循环层的实现。无论是基础层，还是复合层或循环层，其本质都是对输入数据进行变换，构造运算模板。在第 10 章，我们将讨论求值，也即如何快速地计算运算模板，得到运算结果。

9.5　练习

1. 与复合层的讨论类似，在讨论循环层时，我们并没有对每一条相关的代码展开分析，只是讨论了其中相对重要的部分。请阅读循环层的实现代码，确保了解其实现细节。
2. 本章以 AddLayer、GruStep 为例展示了循环层的构造方式。在源代码中包含了相应循环层的测试逻辑。请阅读相关代码，通过具体的正向传播、反向传播示例了解循环层的使用方式。
3. 在循环层的反向传播过程中，我们需要对输入梯度进行拆分，并按照从后至前的顺序将拆分后的数据送入子层的反向传播接口。能否将拆分后的数据按照从前到后的顺序送入子层的相应接口呢？为什么？

第10章

求值与优化

本章讨论 MetaNN 中的求值。

求值在深度学习框架中是非常重要的一步。从程序的角度上来看，深度学习框架的本质是对输入数据进行变换，产生输出结果。这种变换需要大量的计算资源，是否能够快速、准确地完成计算（或者说求值）直接决定了框架的可用性——如果整个求值过程相对较慢，那么整个框架将无法满足实际的计算需求。

人们开发出了很多软件库来提升数值计算的性能。深度学习框架可以利用相应的软件库，辅以特定的硬件实现提速。MetaNN 可以利用这些软件库来提升系统性能，这相当于从运算的层面来提升计算速度。如何引入此类软件库以实现快速求值并非本章所讨论的内容。本章所关注的是另一个层面，即如何更加有效地利用编译期计算所提供的信息来提升计算速度。正是由于前文所引入的元编程技术，从而为网络级的求值优化提供了前提。

- 第 5 章引入了富类型体系，这使得求值时可以针对不同的类型引入相应的优化。
- 第 6 章引入了表达式模板，将整个网络的求值过程后移，从而为同类计算合并与多运算协同优化提供了前提。
- 第 7、8、9 章构造的层中，正向传播与反向传播的接口都是模板成员函数，这使得层对计算优化的影响减少到最低。

上述技术的支持，使得 MetaNN 可以相对容易地引入网络层面上的性能优化。本章将讨论求值优化的相关技术。

MetaNN 中的求值涉及与数据类型、运算模板的交互，形成了一个相对复杂的子系统——求值子系统。本章将讨论求值子系统的实现。我们将首先介绍 MetaNN 中的求值模型，在此基础上讨论 4 种优化方式：避免重复计算、针对运算特性的优化、同类计算合并与多运算协同优化。

本书的前 9 章以元编程作为讨论的重点。本章与前 9 章略有差异，并不会将重点放在元编程上。这是因为求值的主要工作是运行期计算，而元编程则侧重于编译期计算。在 MetaNN 中，编译期计算并非目标，而是一种手段——其目的是能够为运行期计算优化提供更好的支持。正是有了编译期计算与元编程的支持，本章所讨论的优化才能得以实现。

虽然讨论求值时不可避免地会涉及元编程以外的内容。但我们在讨论这些内容时，将会侧重于设计思想的讨论，只分析与元编程相关的代码。

10.1　MetaNN 的求值模型

MetaNN 的层在正向传播与反向传播的过程中会调用相应的运算函数，构造运算模板，而 MetaNN 中的求值就是将运算模板对象转换为相应的主体类型的过程。

10.1.1　运算的层次结构

MetaNN 的运算操作会构造相应的运算模板。运算模板实际上描述了参数与结果之间的关系。某个运算的参数可能是另一个运算的结果，相应地，运算模板就在参数与结果之间构成了一个层次结构。图 10.1 所示为一个典型的运算层次结构。图中使用圆形表示基本数据类型[①]，使用圆角矩形表示运算模板。为了描述方便，我们在图 10.1 中使用小写字母表示基本数据类型，使用大写字母表示运算模板。这里主要关心求值的输入结构，不关心运算模板所对应的具体运算类型，因此图 10.1 只是简单地引入了字母对结点进行标识。

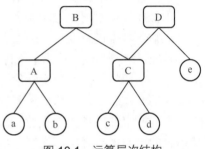

图 10.1　运算层次结构

比较图 10.1 与图 6.1，不难看出二者的差异：输入求值系统中的并非传统意义上的树型结构。神经网络的一次计算可能涉及多个目标的求值。比如在图 10.1 中，我们的目标是完成对运算模板 B 与 D 的求值。单独来看，B 或 D 组成的求值结构都是树型结构，但由于 B 与 D 共享某些中间结果（图 10.1 中的结点 C），因此将二者合并后，就形成了图 10.1 所示的复杂结构。

我们当然可以对 B 与 D 单独求值。但 MetaNN 的主要优势就是将求值后移，以希望通过运算合并来提升计算速度。从这个角度出发，我们没有理由不将 B 和 D 的求值过程合并——这样能够有更多的机会进行求值优化。

基于上述结构，该如何实现求值呢？显然，由于对 B、D 的求值依赖于 A、C 的求值结果，因此我们首先应对 A、C 求值，在此基础上对 B、D 求值。

从图 10.1 中可以看到一些求值过程中可以被优化的地方。第 1 种优化方式，B、D 的求值过程均依赖于 C，我们只需要对 C 进行一次求值，就可以将求值结果用于 B、D 的求值过程中，这样能够避免对 C 重复求值，从而提升求值速度。

第 2 种优化方式，对运算模板的求值本身就可能存在优化的空间。即使对于相同的运

---

① 比如使用 Tensor 类模板实例化所产生的张量。

算，在一些特殊的情况下也可以简化计算过程。我们会在后续的讨论中看到这样的例子。

第 3 种优化方式则相对隐晦一些：在求值过程中，如果能将相同类型的计算过程合并，则可能进一步提升求值速度。这一点通常需要专用的软件库进行支持。比如，一些软件库提供了函数，可以同时进行多组矩阵相乘的运算。以图 10.1 为例，假定 A 与 C 均是矩阵相乘，那么有可能将 A、C 求值的过程合并到一起完成。这同样会提升求值速度。

事实上，还存在第 4 种优化方式。考虑图 10.1，我们的目标之一是完成 D 的求值，而要完成这一步，则首先需要对 C 进行求值。事实上，如果我们知道了 C、D 的输入信息与运算类型，则可能从数学的角度对这一条支路的求值过程进行简化——绕过对 C 求值的过程，直接使用 c、d、e 完成对 D 的求值。

本章将在后续讨论上述优化方式的实现。

10.1.2 求值子系统的类划分

MetaNN 中引入了多个类协同工作以实现求值。

- EvalItem 表示某个具体的求值请求。
- EvalGroup 用于整合相似的 EvalItem，以合并相似的计算，提升求值速度。
- EvalItemDispatcher 用于接收 EvalItem，并分发到适当的 EvalGroup 中。
- EvalPlan 用于接收求值请求，组织求值过程。
- EvalHandle 用于封装求值计算的参数与结果。
- EvalBuffer 用于保存求值结果，避免同一对象的反复求值。

接下来，我们将首先以图 10.1 为例，概述 MetaNN 中的求值流程。之后，我们将依次讨论每个类的实现细节。

1．求值流程概述

MetaNN 中的求值分成两步：注册与计算。MetaNN 的数据类型都必须提供 EvalRegister 函数，进行求值注册。同时，MetaNN 还提供了 EvalPlan::Eval 函数，触发实际的求值计算。注册会返回 EvalHandle 对象，它用于封装求值结果。一个典型的求值调用涉及调用若干次 EvalRegister 函数，获取相应的 EvalHandle 对象；之后调用一次 EvalPlan::Eval 函数，进行实际的计算；接下来使用获得的 EvalHandle 对象获取求值结果。以图 10.1 为例，为了完成对 B 与 D 的求值，我们可能需要这么写：

```
1    auto handle1 = B.EvalRegister();
2    auto handle2 = D.EvalRegister();
3
4    EvalPlan::Inst().Eval()
5
6    auto resB = handle1.Data();
7    auto resD = handle2.Data();
```

其中 resB 与 resD 分别对应了 B 与 D 的求值结果。

接下来，让我们以 B.EvalRegister 的调用为例，说明求值的注册流程。通常来说，B 中会保存一个 EvalBuffer 类型的对象，如果 B 在之前进行过求值，那么其 EvalBuffer 中保存了求值的结果。此时，B.EvalRegister 直接返回 EvalHandle 类型的对象表示求值结果。只有在之前没有对 B 进行过求值的情况下，B.EvalRegister 才会真正地构造求值请求，完成整个求值的流程。

如果要在 B.EvalRegister 中构造求值请求，由于 B 的求值依赖于 A，因此 B.EvalRegister 首先要调用 A.EvalRegister 并获取相应的 EvalHandle 对象——这个对象表示了 A 的求值结果。与之类似，B.EvalRegister 还需要调用 C.EvalRegister 来获取相应的句柄，表示 C 的求值结果。

在有了表示 A、C 求值结果的句柄的基础上，B.EvalRegister 可以通过其内部的 EvalBuffer 获取表示 B 求值结果的句柄。B.EvalRegister 将调用这 3 个句柄的 DataPtr 函数，获取指向参数与结果数据的 const void* 类型的指针。之后，B.EvalRegister 会构造一个 EvalItem 对象。EvalItem 对象以及 const void* 类型的指针都会被传递给 EvalPlan::Register 接口，从而在 EvalPlan 中注册求值。

EvalPlan::Register 接口接收指向参数与结果数据的 const void* 类型的指针作为输入参数。EvalPlan 会在其内部保存这些信息，而这些信息本质上也隐含了求值的顺序。在所有的求值请求被注册完毕后，可以调用 EvalPlan::Eval 触发实际的计算。实际计算时，EvalPlan::Eval 将调用 EvalItemDispatcher，将所有当前可以进行求值的 EvalItem 对象组合成相应的 EvalGroup，并选择某个 EvalGroup，调用 EvalGroup::Eval 接口进行计算。

EvalItem 对象中包含了表示参数与结果数据的句柄，在 EvalGroup::Eval 被调用时，我们可以确保参数句柄中已经保存了相应的求值结果[①]。EvalGroup::Eval 从参数句柄中获取相应的参数值，调用具体的计算逻辑，并将计算结果保存在结果数据句柄中——这个句柄将用于后续求值，或者在求值结束后获取结果（如上述代码第 6~7 行）。

接下来，我们将依次讨论每个类的实现细节。首先来看 EvalItem。

2. EvalItem

EvalItem 表示具体的求值操作，但它的内部并不包含计算逻辑，只包含了该计算所需要的所有输入、输出信息。所有的 EvalItem 类均派生自 BaseEvalItem：

```
1    class BaseEvalItem
2    {
3    public:
4        BaseEvalItem(size_t evalItemID,
5                     set<const void*>&& p_inputs, const void* p_output):
6            m_id(evalItemID),
7            m_inputPtrs(std::move(p_inputs)),
```

---

① 以图 10.1 为例，在与 B 相关的 EvalGroup::Eval 被调用时，可以确保相应的 EvalItem 中，A 与 C 所对应的句柄中已经包含了相应的求值结果。

```
8                    m_outputPtr(p_output)
9        {}
10
11       virtual ~BaseEvalItem() = default;
12
13       size_t ID() const { return m_id; }
14       const set<const void*>& InputPtrs() const { return m_inputPtrs; }
15       const void* OutputPtr() const { return m_outputPtr; }
16
17   private:
18       const size_t m_id;
19       const set<const void*> m_inputPtrs;
20       const void* m_outputPtr;
21   };
```

BaseEvalItem 中包含了每个 EvalItem 都需要提供的信息与接口。

- m_id：用于区分具体 EvalItem 类型的 ID。每一个具体的 EvalItem 类型都对应唯一的 ID。EvalPlan 使用这个 ID 值区分不同的 EvalItem 类型，进而引入不同的处理逻辑。

- m_outputPtr：指向计算结果的指针。

- m_inputPtrs：表示输入数据的指针。以图 10.1 为例，为了对 B 求值，我们需要首先对 A 与 C 求值。A 与 C 的运算结果可以视为 B 的输入数据。相应地，B 的 m_inputPtrs 中会保存表示 A 与 C 计算结果的指针。

BaseEvalItem 的实现是平凡的，它会从构造函数中接收上述信息，将其保存在相应的数据域中。同时提供了接口来获取这些信息，仅此而已。同时，BaseEvalItem 的派生类会调用其构造函数，传入上述数据。我们会在讨论具体的 EvalItem 实现时看到该如何构造这些信息。

3. EvalGroup

EvalGroup 用于整合相似的 EvalItem，以一次性完成多个计算。EvalGroup 会确保对其中包含的 EvalItem 同时求值，从而提升求值效率。所有的 EvalGroup 均需派生自 BaseEvalGroup：

```
1   class BaseEvalGroup
2   {
3   public:
4       virtual ~BaseEvalGroup() = default;
5
6       virtual void Add(std::unique_ptr<BaseEvalItem>) = 0;
7       virtual void Eval() = 0;
8       virtual list<const void*> ResultPointers() const = 0;
9   };
```

派生类需要实现 BaseEvalGroup 所规定的接口。

- Add：将 EvalItem 添加到 EvalGroup 中。

- Eval：对其中包含的 EvalItem 求值。

- ResultPointers：返回其中包含的所有 EvalItem 对应的表示结果的指针。

比如，我们可以为矩阵乘法引入相应的 EvalGroup，通过 Add 接口获取多个矩阵乘法

计算的请求并加以合并。同时，在 Eval 接口内部调用英特尔（Intel）公司的?gemm_batch
接口，一次性完成所有的矩阵乘法，提升计算效率。

MetaNN 当前只实现了一个平凡的 TrivialEvalGroup，它只能包含一个 EvalItem，在调
用 Eval 接口时对其中包含的 EvalItem 进行求值：

```
1    template <typename TEvalItem>
2    class TrivialEvalGroup : public BaseEvalGroup
3    {
4    public:
5        virtual void Add(std::unique_ptr<BaseEvalItem> item) override final
6        {
7            if (m_evalItem)
8                throw std::runtime_error(...);
9            m_evalItem = ...;
10       }
11
12       void Eval() override final
13       {
14           if (!m_evalItem)
15               throw std::runtime_error(...);
16           EvalInternalLogic(*m_evalItem);
17       }
18
19       virtual std::list<const void*> ResultPointers() const override final
20       { ... }
21
22   protected:
23       virtual void EvalInternalLogic(TEvalItem&) = 0;
24   private:
25       std::unique_ptr<TEvalItem> m_evalItem;
26   };
```

TrivialEvalGroup 接收一个模板参数，其表示相应的 EvalItem 类型。使用不同的 EvalItem
类型可以实例化不同的 TrivialEvalGroup。

TrivialEvalGroup 包含了一个 m_evalItem 数据域，在首次调用 Add 接口时，该数据域会
被填充。再次调用 Add 接口会触发异常——通过这种方式，我们确保了 TrivialEvalGroup 只
会包含一个 EvalItem。同时，TrivialEvalGroup::Eval 函数会调用 EvalInternalLogic 进行实际的
运算。派生自 TrivialEvalGroup 的类型需要实现 EvalInternalLogic 以引入具体的计算逻辑。

我们会在讨论具体求值逻辑的实现时看到 TrivialEvalGroup 的使用方式。

4. EvalItemDispatcher

EvalGroup 用于整合类型相同的 EvalItem，进行计算合并以提升计算速度。并非所有类
型相同的 EvalItem 都可以被合并到一起。以矩阵乘法为例，我们可以通过调用诸如 MKL
这样的计算库来一次性计算多个矩阵相乘，但 MKL 要求参与计算的矩阵尺寸必须相同。
相应地，我们需要将相同尺寸的矩阵乘法划分到同一个 EvalGroup 中，将不同尺寸的矩阵
乘法划分到不同的 EvalGroup 中。

每个 EvalItemDispatcher 对象负责一类 EvalItem 的划分，它需要将现阶段可以被求值的 EvalItem 添加到适当的 EvalGroup 中并返回 EvalGroup 供 EvalPlan 完成求值。

每个 EvalItemDispatcher 均应派生自 BaseEvalItemDispatcher：

```
1   class BaseEvalItemDispatcher
2   {
3   public:
4       BaseEvalItemDispatcher(size_t evalItemID)
5           : m_evalItemID(evalItemID)
6       {}
7       virtual ~BaseEvalItemDispatcher() = default;
8       virtual void Add(std::unique_ptr<BaseEvalItem>) = 0;
9
10      virtual size_t MaxEvalGroupSize() const = 0;
11      virtual std::unique_ptr<BaseEvalGroup> PickNextGroup() = 0;
12  protected:
13      const size_t m_evalItemID;
14  };
```

BaseEvalItemDispatcher 中只包含一个数据域：m_evalItemID。该数据域表示 EvalItem 所对应的 ID。它提供了 3 个接口。

- Add 用于向其中添加一个 EvalItem。
- PickNextGroup 用于获取其中包含的一个 EvalGroup。EvalPlan 将调用这个接口并使用获取到的 EvalGroup 进行求值。
- MaxEvalGroupSize 返回包含 EvalItem 最多的 EvalGroup 中 EvalItem 的个数。在当前的 MetaNN 实现中，EvalPlan 将使用这个值来选择获取哪个 EvalGroup 并求值。

与 EvalGroup 类似，MetaNN 当前只实现了一个平凡的 TrivialEvalItemDispatcher，将每个传入的 EvalItem 分到单独的 EvalGroup 中。但我们完全可以引入更复杂的 EvalItem-Dispatcher 以实现将多个 EvalItem 合并计算。

5. EvalPlan

EvalPlan 类的主要定义如下：

```
1   class EvalPlan
2   {
3       using DataPtr = const void*;
4   public:
5       static EvalPlan& Inst();
6
7       template <typename TDispatcher>
8       void Register(std::unique_ptr<BaseEvalItem> item);
9
10      bool IsAlreadyRegisted(DataPtr ptr) const;
11
12      void Eval();
13
14  private:
```

```
15        unordered_map<DataPtr, size_t> m_nodeInArcNum;
16        unordered_map<DataPtr, set<DataPtr>> m_nodeAimPos;
17        unordered_map<DataPtr, unique_ptr<BaseEvalItem>> m_nodes;
18        unordered_map<size_t,
19            unique_ptr<BaseEvalItemDispatcher>> m_itemDispatcher;
20        set<DataPtr> m_procNodes;
21    };
```

EvalPlan 是一个单例模式，它没有提供 public 的构造函数，用户需要调用其 Inst 接口来获取唯一的实例。基于该实例，用户可以：

- 调用 Register 接口来注册求值请求；
- 调用 IsAlreadyRegisted 接口，传入表示求值结果的数据指针，来判断该请求是否已经被注册；
- 调用 Eval 接口，进行实际的求值计算。

整个求值结构可以视为一个有向无环图（DAG）。图中的结点对应了 EvalItem——具体的求值请求，而图中的边则表示请求之间的依赖关系。以图 10.1 为例，对 B 的求值依赖于对 A 与 C 的求值。相应地，在有向无环图中就会对应 3 个结点，分别表示对 A、B 与 C 的求值计算，同时存在两条有向边 A→B 与 C→B。

EvalPlan 引入了若干数据域来表示相应的图结构。

- m_nodes 包含了所有的求值结果指针，它相当于 DAG 中的结点集合。
- m_procNodes 包含了当前可以进行计算的求值结果指针。
- m_nodeInArcNum 是一个映射，其键取自 m_nodes 中的结点，而值表示该结点的入度。
- m_nodeAimPos 是另一个映射，其键取自 m_nodes 中的结点，值则是另一个集合，表示在 DAG 中，键所对应结点的后继结点集合——键所对应的 DAG 结点的出弧。

此外，EvalPlan 还包含一个数据域 m_itemDispatcher，用于记录每个 EvalItem 类型所对应的 EvalItemDispatcher 实例。

在定义了上述数据域的基础上，我们就可以看看 EvalPlan 中主要的接口实现了。首先是 EvalPlan::Register 接口，其定义如下：

```
1     template <typename TDispatcher>
2     void Register(std::unique_ptr<BaseEvalItem> item)
3     {
4         assert(item);
5         DataPtr outPtr = item->OutputPtr();
6         if (IsAlreadyRegisted(outPtr)) return;
7
8         const auto itemID = item->ID();
9         auto dispIt = m_itemDispatcher.find(itemID);
10        if (dispIt == m_itemDispatcher.end())
11        {
12            m_itemDispatcher
13                .insert({itemID, std::make_unique<TDispatcher>(itemID)});
14        }
15
```

```
16          const auto& inPtrs = item->InputPtrs();
17
18          size_t inAct = 0;
19          for (auto* const in : inPtrs)
20          {
21              if (m_nodes.find(in) != m_nodes.end())
22              {
23                  m_nodeAimPos[in].insert(outPtr);
24                  ++inAct;
25              }
26          }
27          m_nodeInArcNum[outPtr] = inAct;
28          m_nodes.emplace(outPtr, std::move(item));
29          if (inAct == 0)
30          {
31              assert(m_procNodes.find(outPtr) == m_procNodes.end());
32              m_procNodes.insert(outPtr);
33          }
34      }
```

它接收一个函数参数和一个模板参数：前者表示要进行注册的 EvalItem，后者表示该 EvalItem 所对应的 EvalItemDispatcher 类型。在其内部，它首先判断该 EvalItem 所对应的求值结果是否已经被添加到 EvalPlan 之中，如果是，直接返回即可（第 6 行）。

否则，需要将该 EvalItem 纳入 EvalPlan 所表示的 DAG 之中：首先根据 EvalItem 中记录的求值输入指针为已有的结点添加出弧，同时统计当前 EvalItem 所对应结点的入度（第 16～26 行）；之后，将当前结点以及该结点对应的入度信息保存在 m_nodes 与 m_nodeInArcNum 之中（第 27～28 行）。如果当前结点的入度为 0，表明当前结点可以被立即求值，不需要等待其他结点求值完成，那么将该结点置于 m_procNodes 中（第 29～33 行）。

除了上述操作外，Register 接口还需要确保处理当前输入的 EvalItemDispatcher 是存在的，如果不存在，那么需要构造出一个并将其放置到 m_itemDispatcher 之中。m_itemDispatcher 是一个映射，其键表示 EvalItem 的具体类型所对应的 ID，不同的 EvalItem 会使用不同的 EvalItemDispatcher 来进行分发。EvalPlan 相应地会通过 m_itemDispatcher 来记录每个求值过程中需要使用的 EvalItemDispatcher。

接下来，让我们看一下 EvalPlan::Eval 函数的实现：

```
1      void Eval()
2      {
3          // ...
4          AddToDispatcher(m_procNodes);
5
6          while (!m_procNodes.empty())
7          {
8              // 选择一个 EvalGroup 求值
9              // ...
10             auto nextGroup = ...;
11             nextGroup->Eval();
12
13             // 更新 DAG
```

```
14            // ...
15       }
16
17       assert(m_nodeInArcNum.empty());
18       assert(m_nodeAimPos.empty());
19       assert(m_nodes.empty());
20   }
```

在讨论复合层时我们提到了拓扑排序算法。这里的求值过程使用的是类似的方式：m_procNodes 中包含的结点入度为 0，这表明对该结点的求值不需要依赖于对其他结点的求值，可以直接进行。我们首先调用了私有接口 AddToDispatcher 将 m_procNodes 中的全部结点添加到相应的 EvalItemDispatcher 中，之后就可以任选一个 EvalItemDispatcher[①]，调用它的 PickNextGroup 接口获取其中包含的 EvalGroup 对象。在此基础上调用 EvalGroup::Eval 函数完成求值。

每完成一次求值后，相应 EvalGroup 中包含的 EvalItem 就被处理完成了。此时可以从 DAG 中删除相应的结点及其出弧——这可能会产生新的入度为 0 的结点。新的结点会被添加到 m_procNodes 以及相应的 EvalItemDispatcher 中，从而在下一步进行求值。

6. EvalHandle

EvalHandle 是 MetaNN 中求值句柄的统称，可以在求值完成后通过其 Data 接口获取相应的求值结果。

事实上，MetaNN 实现了 3 个表示句柄的类模板。与 EvalItem、EvalGroup 不同，这些句柄类模板并非派生自某个基类。它们只是在概念上相关：均提供 Data 接口，返回相应的求值结果；均提供 DataPtr 接口，返回指向求值结果的指针。不同的求值句柄返回的数据类型不同，而 EvalPlan 需要一种统一的数据表示形式并以之规划求值顺序。因此，求值句柄还需要提供 DataPtr 接口，它返回一个 const void*类型的指针，指向句柄中的数据，供 EvalPlan 使用。

这 3 个求值句柄统称为 EvalHandle，但具体的应用场景不同。

- EvalHandle：它的内部封装了求值结果。通常来说，在构造之初，这个句柄中保存的数据是无效的。它提供了接口 IsEvaluated 来判断其中数据的有效性（是否之前已经求值过了）。如果该接口返回 false，那么需要进行求值并将结果填充到句柄之中。EvalHandle<TData>同时提供了 SetData 将求值结果设置到句柄之中。EvalHandle<TData>保证在多个复本间共享相同的结果对象，多个 EvalHandle<TData>复本调用 DataPtr 时，返回结果相同。这使得我们可以在求值过程中引入一个 EvalHandle<TData>对象的多个复本，简化求值代码的编写。

- ConstEvalHandle：MetaNN 要求其中的每个数据成员都提供 EvalRegister 接口，用于注册与求值，返回相应的句柄。这个句柄只是用于获取求值结果，它无须提供写

---

① 在 MetaNN 当前的实现版本中，我们采用了一个启发式的方式选择 EvalItemDispatcher。

接口来修改其中保存的内容, 只需提供读接口。MetaNN 使用 ConstEvalHandle 来刻画这种只读的句柄。通常来说, 运算模板的 EvalRegister 返回的就是 ConstEvalHandle 的实例化类型。ConstEvalHandle 接收一个模板参数, 这个模板参数可以是一个主体类型, 也可以是一个 EvalHandle<TData>句柄。如果 TData 是一个主体类型, 那么调用其 EvalRegister 接口将返回 ConstEvalHandle<TData>; 如果 TData 并非主体类型, 那么调用其 EvalRegister 接口将返回 ConstEvalHandle <EvalHandle<TData'>>, 其中 TData' 为 TData 的主体类型。此外, MetaNN 还引入了 MakeConstEvalHandle 函数, 可以传入数据对象, 构造相应的 ConstEvalHandle。

- DynamicConstEvalHandle<TData>: 我们在讨论基本数据类型时引入了 DynamicData 数据类型, 用于保存层的中间结果。这种数据类型也会参与求值的过程。换句话说, 它应当提供 EvalRegister 接口返回相应的求值句柄。但 DynamicData 内部封装的数据结构可能是主体类型, 也可能是非主体类型, 而主体类型与非主体类型将返回不同的 ConstEvalHandle 模板实例。DynamicData 的 EvalRegister 接口需要引入一个额外的封装来隐藏 ConstEvalHandle 模板实例的差异, 提供一致的返回类型。因此, MetaNN 引入了 DynamicConstEvalHandle<TData>数据类型作为 DynamicData 的 EvalRegister 接口的返回类型。

DynamicConstEvalHandle<TData>与 ConstEvalHandle<TData>类似, 都是只读的, 不能修改其中的数据。

7. EvalBuffer

EvalBuffer 保存了求值结果, 避免对相同的对象反复值。

通常来说, 每个非主体类型对象都需要包含一个 EvalBuffer 数据域, 以保存求值后的结果。运算模板是一种典型的非主体类型, 以 Operation 类模板为例:

```
1  template <...>
2  class Operation
3  {
4    // ...
5    using TPrincipal
6      = PrincipalDataType<CategoryTag, ElementType, DeviceType>;
7
8    EvalBuffer<TPrincipal> m_evalBuf;
9  };
```

其中 PrincipalDataType 元函数根据计算单元、计算设备的类型以及数据类型推断出当前运算模板实例所对应的主体类型, 并使用这个主体类型实例化 EvalBuffer 对象 m_evalBuf。

EvalBuffer 是一个类, 可以使用不同的主体类型实例化。它在其内部提供了 3 个接口。

- IsEvaluated: 表示其中所保存的数据是否已经进行过求值。
- Handle: 返回句柄, 用于修改求值结果。
- ConstHandle: 返回句柄, 用于获取求值结果。

Handle 与 ConstHandle 的返回结果本质上指向同一个求值结果对象，只不过前者可以修改这个结果，用于在计算的过程中写入数据，而后者是只读的，用于读取计算结果。

8．Evaluate 辅助函数

为了简化求值子系统的使用，MetaNN 还提供了辅助函数 Evaluate：这个函数传入一个待求值的对象，在其内部首先调用该对象的 EvalRegister 方法，之后调用 EvalPlan::Eval 函数完成求值并返回求值结果。该函数简化了求值接口，但由于每次只能对一个待求值对象进行注册，因此会丧失一些求值优化的机会。

以上，我们简介了 MetaNN 求值子系统中的模块。这些模块并没有包含实际的计算逻辑，而只提供了计算结果的维护、计算过程的调度等功能。我们并没有深入这些模块的细节之中。这是因为这些模块的实现都是相对平凡的，虽然有很多模块都被实现为模板，但其中涉及的元编程技术并不算很多。本章将着重讨论如何基于这些模块，在 MetaNN 中引入适当的求值逻辑，以进一步对求值过程进行优化。接下来，我们将通过一些具体的代码讨论这些内容。

10.2 基本求值逻辑

本节将通过若干示例来讨论 MetaNN 中的基本求值逻辑。

MetaNN 中的每种数据类型都需要提供 EvalRegister 接口以支持求值。不同的数据类型在实现这个接口时，采用的方式也会有所区别。让我们首先看看主体类型是如何实现该接口的。

10.2.1 主体类型的求值接口

MetaNN 是富类型的，我们可以为其引入各种不同的数据类型，但这些数据类型会被划分为类别。同时，我们会为每个类别引入相应的主体类型。MetaNN 使用 Tensor 类模板的实例来表示主体类型。

求值本质上是将具体的数据类型转换为相应主体类型的过程。虽然对于主体类型来说，它并不需要引入实质的转换，但为了保证整个框架的一致性，主体类型也需要实现求值相关的接口。特别是 EvalRegister 接口，让我们看看 Tensor 类模板中该接口的实现方式：

```
1   template <typename TElem, typename TDevice, size_t uDim>
2   class Tensor
3   {
4       // ...
5   public:
6       auto EvalRegister() const
7       {
```

```
8              return MakeConstEvalHandle(*this);
9          }
10     };
```

其中 EvalRegister 接口需要返回一个句柄，框架的其他部分以及最终用户可以通过这个句柄来获取其中的求值结果。对于主体类型来说，它并不需要求值，因此其 EvalRegister 接口的实现是平凡的，只需要基于自身构造一个 ConstEvalHandle 的句柄并返回。

10.2.2 非主体基本数据类型的求值

在第 5 章，我们除了讨论主体类型之外，还讨论了若干基本数据类型，比如 ZeroTensor 等。这些数据类型也需要实现求值接口，将其转换为相应的主体类型。本小节将以 ZeroTensor 为例，来展示此类数据类型中求值逻辑的编写方式：

1. EvalRegister 接口

```
1     template <typename TElem, typename TDevice, size_t uDim>
2     class ZeroTensor
3     {
4         // ...
5         auto EvalRegister() const
6         {
7             using TEvalItem = EvalItem<ElementType, DeviceType, uDim>;
8             using TEvalGroup = EvalGroup<ElementType, DeviceType, uDim>;
9             using TItemDispatcher = TrivialEvalItemDispatcher<TEvalGroup>;
10
11            if (!m_evalBuf.IsEvaluated())
12            {
13                auto evalHandle = m_evalBuf.Handle();
14                if (!EvalPlan::Inst().IsAlreadyRegisted(evalHandle.DataPtr()))
15                {
16                    EvalPlan::Inst().Register<TItemDispatcher>(
17                        std::make_unique<TEvalItem>(std::move(evalHandle), m_shape));
18                }
19            }
20            return m_evalBuf.ConstHandle();
21        }
22
23     private:
24        using TPrin = PrincipalDataType<CategoryTag, ElementType, DeviceType>;
25        EvalBuffer<TPrin> m_evalBuf;
26     };
```

其中 ZeroTensor::m_evalBuf 用于保存求值结果。它提供了 Handle 接口来获取相应的求值句柄。

在上述代码中，系统首先构造出 EvalItem、EvalGroup 与 TrivialEvalItemDispatcher 类模板的实例（第 7～9 行）。在此基础上，系统判断 m_evalBuf 是否已经完成过求值，如果已经完成过求值，那么直接调用 EvalBuffer::ConstHandle 返回表示求值结果的句柄即可。

如果 m_evalBuf 没有进行过求值，那么首先通过其 Handle 接口获取相应的求值句柄。

之后调用 EvalPlan 的 IsAlreadyRegisted 接口，传入该句柄所包含的表示结果的指针，以判断相应的求值操作是否已经被注册到 EvalPlan 之中。如果没有被注册，才会引入实际的注册逻辑：构造相应的 EvalItem 对象，连同 TItemDispatcher 传入 EvalPlan 的 Register 接口之中（第 16～17 行）。

无论是否调用了 EvalPlan::Register，EvalRegister 都会通过 m_evalBuf.ConstHandle 返回一个句柄来表示求值结果。如果 m_evalBuf.IsEvaluated 为 true，那么可以直接通过该句柄获取相应的求值结果；否则需要在调用 EvalPlan::Eval 之后，才能通过该句柄获取相应的求值结果。

2. EvalItem 类模板

EvalItem 封装了求值所需要的输入数据。对 ZeroTensor 来说，它对应的 EvalItem 需要包含两项内容，即用于保存求值结果的 Handle 对象以及表示张量形状的 Shape 对象：

```
1   template <typename TElem, typename TDevice, size_t uDim>
2   class EvalItem : public BaseEvalItem
3   {
4   public:
5       using TPrincipal = PrincipalDataType<CategoryTags::Tensor<uDim>,
6                                            TElem, TDevice>;
7
8       EvalItem(EvalHandle<TPrincipal> resBuf, Shape<uDim> p_shape)
9           : BaseEvalItem(TypeID<EvalItem>(), {}, resBuf.DataPtr())
10          , m_resHandle(std::move(resBuf))
11          , m_shape(std::move(p_shape))
12      {}
13
14      EvalHandle<TPrincipal> m_resHandle;
15      const Shape<uDim> m_shape;
16  };
```

EvalItem 派生自 BaseEvalItem。EvalItem 会在其构造函数中调用 BaseEvalItem 的构造函数，传入 EvalItem 所对应的类型 ID，求值所需要的输入数据指针（这里为空，因为对 ZeroTensor 的求值不需要以其他求值结果作为输入），以及表示求值结果的数据指针。

注意，我们在这里使用了 TypeID 类模板来获取 EvalItem 所对应的 ID。TypeID 可以为每个具体的类型生成唯一的运行期常量，其定义如下：

```
1   namespace NSTypeID
2   {
3       inline size_t GenTypeID()
4       {
5           static std::atomic<size_t> m_counter = 0;
6           return m_counter.fetch_add(1);
7       }
8   }
9
10  template <typename T>
11  size_t TypeID()
```

```
12    {
13        const static size_t id = NSTypeID::GenTypeID();
14        return id;
15    }
```

　　首次使用某个具体的类型 T 调用 TypeID 时，系统会触发第 13 行的代码，为静态数据成员 id 赋值。id 的值由 GenTypeID 给出，而每次调用 GenTypeID 其返回值都是不同的，这就确保了使用不同类型调用 TypeID 时，相应的 id 是不同的。同时，使用相同的类型 T 多次调用 TypeID 时，由于静态数据成员 id 只会被初始化一次，因此我们可以保证使用相同类型调用 TypeID 时，获取到的 id 是相同的。通过这种方式，我们相当于可以为每个调用 TypeID 的类型赋予一个唯一的索引值。现在回到 EvalItem 的构造函数中，在这里使用 EvalItem 名称时，编译器会将其解析成实例化的类而非类模板。相应的 TypeID<EvalItem> 会获得当前类所对应的 ID。

　　除了派生自 BaseEvalItem 外，EvalItem 本身更像一个结构体：它的数据成员以公有变量的形式提供。EvalItem 中的数据将被 EvalGroup 使用，进行实际的运算。接下来，让我们看一下 EvalGroup 的实现。

3．EvalGroup 类模板

EvalGroup 类模板的定义如下：

```
1    template <typename TElem, typename TDevice, size_t uDim>
2    class EvalGroup : public TrivialEvalGroup<EvalItem<TElem, TDevice, uDim>>
3    {
4        using EvalItemType = EvalItem<TElem, TDevice, uDim>;
5    protected:
6        virtual void EvalInternalLogic(EvalItemType& evalItem) final override
7        {
8            static_assert(is_same_v<TDevice, DeviceTags::CPU>,
9                          "Only CPU is supported now.");
10
11            using CategoryTag = CategoryTags::Tensor<uDim>;
12            PrincipalDataType<CategoryTag, TElem, TDevice> res(evalItem.m_shape);
13
14            if constexpr (uDim == 0)
15            {
16                res.SetValue(0);
17            }
18            else
19            {
20                auto lowLayer = LowerAccess(res);
21                auto mem = lowLayer.MutableRawMemory();
22
23                const unsigned bufLen
24                    = sizeof(TElem) * evalItem.m_shape.Count();
25                memset(mem, 0, bufLen);
26            }
27            evalItem.m_resHandle.SetData(std::move(res));
28        }
29    };
```

　　这个 EvalGroup 派生自 TrivialEvalGroup，在其内部实现了 EvalInternalLogic 接口，引

入具体的计算逻辑。

当前，EvalGroup 只支持计算设备为 CPU 的张量求值（第 8～9 行），可以在后续需要时，通过编译期分支支持其他的设备类型。

在 EvalInternalLogic 内部，系统构造了表示结果的对象 res。之后根据张量的维度值选择不同的编译期分支进行处理：如果张量维度为 0，即是一个标量，那么只需要调用其 SetValue 接口设置内部数据为 0。

如果张量的维度非 0，那么需要对张量中的底层数据进行填充。注意，在这一部分代码中，我们使用了 LowerAccess 来获取张量的底层访问接口，并基于这个接口进行填充。如第 5 章讨论的那样，底层访问接口可以提升访问速度，但并不安全，不适合暴露给最终用户，但框架内部的求值函数则正适合使用底层访问接口。

在填充完数据，也即完成了求值之后，EvalInternalLogic 会调用句柄的 SetData 成员函数，将数据传入句柄中。SetData 会在其内部标记当前句柄所包含的对象已经完成了求值。这样，下一次调用同一个对象的 EvalRegister 时，判断 m_evalBuf.IsEvaluated 将返回 true，使得我们无须进行二次求值计算。

10.2.3　运算模板的求值

MetaNN 正向传播与反向传播的输出是运算模板。相应地，深度学习系统的预测与训练的核心是对运算模板求值。本小节将以 Sigmoid 运算模板的求值代码为例，分析运算模板的求值逻辑编写方式。

当用户调用 MetaNN 中的 Sigmoid 操作时，MetaNN 将返回一个实例化自 Operation 的运算模板：Operation<OpTags::Sigmoid, TOperands, TPolicies>。其中的第 1 个模板参数表示计算类型 Sigmoid，第 2 与第 3 个模板参数则表示运算模板的输入参数类型以及 policy 信息。Operation 类模板本身实现了 EvalRegister 如下（其中的 m_evalBuf 用于保存求值后的结果）：

```
1    template <typename TOpTag, typename TOperands, typename TPolicies>
2    class Operation
3    {
4        // ...
5        auto EvalRegister() const
6        {
7            if (!m_evalBuf.IsEvaluated())
8            {
9                auto evalHandle = m_evalBuf.Handle();
10               if (!EvalPlan::Inst().IsAlreadyRegisted(evalHandle.DataPtr()))
11               {
12                   using TOperSeqCont = typename OperSeq_<TOpTag>::type;
13
14                   using THead = Sequential::Head<TOperSeqCont>;
15                   using TTail = Sequential::Tail<TOperSeqCont>;
16                   THead::template EvalRegister<TTail>(m_evalBuf, *this);
17               }
18           }
19           return m_evalBuf.ConstHandle();
```

```
20          }
21
22      private:
23          EvalBuffer<TPrincipal> m_evalBuf;
24      };
```

其实现与 ZeroTensor 中的同名函数类似，都是先判断之前是否进行过求值，只有在之前没有进行过求值计算时，才会触发求值注册的相关逻辑。但对运算模板的求值中，我们引入了一个 OperSeq_ 的概念（第 12 行）。我们会在后续讨论求值优化时，再来讨论这个概念的用途。对于 Sigmoid 运算模板来说，我们引入了如下的定义：

```
1      template <>
2      struct OperSeq_<OpTags::Sigmoid>
3      {
4          using type
5              = OperCalAlgoChain<TailCalculator<OperSigmoid::NSCaseGen::EvalItem,
6                                                OperSigmoid::NSCaseGen::EvalGroup>>;
7                                                                                };
```

即 Operation::EvalRegister 第 12 行获取的是 OperCalAlgoChain 类型的对象。

OperCalAlgoChain 是一个容器，存储了不同的计算方法。Sequential::Head 与 Sequential::Tail 是两个元函数，分别用于获取这个容器中的首个元素与除去首个元素之外的其他元素。Operation ::EvalRegister 在第 14 行调用了 Head 元函数获取了其中的首个元素 TailCalculator，并调用了其 EvalRegister 方法（第 16 行）。

TailCalculator 接收 3 个模板参数。其中前两个模板参数表示求值注册所需要的 EvalItem 与 EvalGroup，第 3 个模板参数具有默认值，表示 TailCalculator 的 policy 数组（我们会在后文讨论）。TailCalculator::EvalRegister 的逻辑本质上很简单：它会调用 Operation::OperandTuple 接口，获取操作包含的全部操作数（操作的输入），对其中的每个元素依次调用 EvalRegister，并将返回的句柄收集起来；接下来，它会使用这些信息连同表示结果的句柄构造 EvalItem 对象，并调用 EvalPlan 的相应接口完成注册。

就 Sigmoid 操作而言，我们可以看到，TailCalculator 所接收的模板参数分别为 OperSigmoid:: NSCaseGen::EvalItem 与 OperSigmoid::NSCaseGen::EvalGroup。前者的定义如下：

```
1      template <typename TInputHandle, typename TOutputHandle>
2      class EvalItem : public BaseEvalItem
3      {
4          using CategoryTag = CategoryTagFromHandle<TOutputHandle>;
5      public:
6          EvalItem(TInputHandle oriHandle, TOutputHandle outputHandle)
7              : BaseEvalItem(TypeID<EvalItem>(),
8                              {oriHandle.DataPtr()}, outputHandle.DataPtr())
9              , m_inputHandle(std::move(oriHandle))
10              , m_outputHandle(std::move(outputHandle))
11          {}
12          const TInputHandle m_inputHandle;
13          TOutputHandle m_outputHandle;
14      };
```

可以看到，其定义与 ZeroTensor 相关的 EvalItem 很相似。二者主要的区别在于这里的

EvalItem 需要保存一个表示输入参数的句柄，同时需要使用该句柄获取表示输入参数的指针并以之调用 BaseEvalItem 的构造函数。

OperSigmoid::NSCaseGen::EvalGroup 的结构与 ZeroTensor 求值时使用的 EvalGroup 很类似，只是具体的计算逻辑不同。这里就不赘述了。

关于 TailCalculator，有一点需要说明：它所接收的第 3 模板参数是一个 policy 数组。默认情况下，TailCalculator 在构造 EvalItem 时，只会传入表示输入参数与输出结果的句柄。但我们可以在 TailCalculator 的第 3 个模板参数中引入相应的 policy 以改变其行为。

- PPassShape：表示在构造 EvalItem 时，还需要传入运算结果的形状信息。
- PPassPolicy：表示在构造 EvalItem 时，还需要传入 Operation 类模板中的 policy 信息。
- PPassAuxParam：表示在构造 EvalItem 时，还需要传入 Operation 类模板中的运行期辅助参数信息。

比如，对于 Permute 运算来说，它的 OperSeq_ 定义如下：

```
1   template <>
2   struct OperSeq_<OpTags::Sigmoid>
3   {
4       using type
5           = OperCalAlgoChain<
6               TailCalculator<OperPermute::NSCaseGen::EvalItem,
7                              OperPermute::NSCaseGen::EvalGroup,
8                              PolicyContainer<PPassPolicy, PPassShape>>>;
9   };
```

这就表明其 EvalItem 需要接收运算结果的形状以及 Operation 类模板中保存的 policy 数组作为参数。

相应的 EvalItem 声明如下：

```
1    template <typename TInputHandle, typename TOutputHandle,
2              typename TPolicies>
3    class EvalItem : public BaseEvalItem
4    {
5    public:
6        using CategoryTag = CategoryTagFromHandle<TOutputHandle>;
7
8        EvalItem(TInputHandle oriHandle, TOutputHandle outputHandle,
9                 Shape<CategoryTag::DimNum> shape);
10       //...
11   };
```

可以看到，EvalItem 的模板参数中增加了 TPolicies 来接收 Operation 类模板中的 policy 数组；同时其构造函数中增加了 Shape 来表示运算结果的形状信息。

以上，我们基本上完成了运算模板的求值逻辑的讨论。至于 OperSeq_ 的作用，将留到求值优化的部分进行讨论。

10.2.4　DynamicData 与求值

我们在第 5 章引入了 DynamicData 类模板以隐藏具体的数据类型信息，提供统一的接口以便于编译期与运行期逻辑的交互。

作为 MetaNN 中众多数据类型的一种，DynamicData 也需要提供 EvalRegister 接口来注册求值。但 DynamicData 比较特殊，它是对底层具体数据类型的封装。其 EvalRegister 接口定义如下（其中的 m_internal 是底层数据指针）：

```
1    template <typename TElem, typename TDevice, typename TDataCate>
2    class DynamicData
3    {
4        // ...
5
6        DynamicConstEvalHandle<...>
7        EvalRegister() const
8        {
9            if (!m_internal)
10               throw std::runtime_error(...);
11
12           return m_internal->EvalRegister();
13       }
14   private:
15       std::shared_ptr<InternalType> m_internal;
16   };
```

其中 DynamicData::EvalRegister 本身并不会引入任何求值注册的逻辑，而是将该逻辑委托给底层的具体数据类型完成。同时，DynamicData::EvalRegister 返回 DynamicConstEvalHandle——这是一种特殊的句柄，它基于 m_internal->EvalRegister 的结果构造，提供了接口以获取计算结果。

以上，我们分几种情况讨论了 MetaNN 中基本的求值代码书写方式。接下来，我们将讨论求值过程的优化。

10.3 求值过程的优化

本节我们将按照从简单到复杂、从一般到特殊的原则，讨论 4 种求值优化的方式：避免重复计算、针对运算特性的优化、同类计算合并与多运算协同优化。

10.3.1 避免重复计算

在一个神经网络中很可能出现同一个中间结果被多次使用的情况。图 10.1 中的 C 就是一个典型的例子。另一个例子则来自第 9 章讨论的 GRU 的公式：

$$z^t = \text{Sigmoid}(W_z x^t + U_z h^{t-1})$$
$$r^t = \text{Sigmoid}(W_r x^t + U_r h^{t-1})$$
$$\hat{h}^t = \tanh(W x^t + U(r^t \circ h^{t-1}))$$

$$h^t = z^t \circ \hat{h}^t + (1 - z^t) \circ h^{t-1}$$

如果 x^t 可以是网络中前趋层的输出，那么在求值过程中，它会被表示成一个中间结果。这个中间结果要分别与 3 个矩阵进行点乘。显然，我们不希望每一次点乘都对 x^t 进行一次求值，而是只对 x^t 求值一次，重复使用求值的结果与 W_z、W_r、W 进行点乘。

这是求值优化中的一种很朴素的思想：避免对相同的对象（这里的 x^t）重复计算，从而提升系统性能。

MetaNN 是如何支持这种求值优化的呢？事实上，前文所讨论的求值框架已经能够支持这一类优化了。通常来说，每个需要引入求值逻辑的具体类型都会在其 EvalRegister 中包含如下的代码结构：

```
1   auto EvalRegister()
2   {
3       if (!m_evalBuf.IsEvaluated())
4       {
5           // ...
6       }
7       return m_evalBuf.ConstHandle();
8   }
```

其中的 m_evalBuf 存储了求值结果。只有在 m_evalBuf.IsEvaluated 为 false 时，才进行求值；反之，如果该值为 true，那么说明这个对象之前已经完成求值了，不需要再次求值，此时直接返回之前的求值结果即可。

但仅仅使用上述结构，并不足以完全避免重复计算。考虑如下的代码：

```
1   auto input1 = a + b;
2   auto input2 = input1;
3   auto res1 = trans1(input1);
4   auto res2 = trans2(input2);
5
6   res1.EvalRegister();
7   res2.EvalRegister();
8   EvalPlan::Inst().Eval();
```

其中 input2 是 input1 的副本，而 res1 与 res2 分别使用 input1 与 input2 进行了各自的变换。我们希望系统足够智能，对 res1 与 res2 求值时，只会对 input1 或 input2 这二者之一求值一次。

MetaNN 现有的求值组件就能够满足这项需求了。首先，MetaNN 中的 EvalBuffer 会在复制时共享底层的数据对象。这也就意味着，从 input1 复制出 input2 后，这两个对象内部的 EvalBuffer 共享同一个求值结果对象。完成二者之中任何一个的求值，都会更新另一个的求值状态，使得其无须再次求值。

其次，考虑代码的第 7 行，调用 res2.EvalRegister 时，会触发 input2.EvalRegister 的调用[①]。input1 与 input2 在调用 EvalPlan::Register 时，会传入表示输出结果的指针，而这两次

---

① 注意，此时 input1 与 input2 均未完成求值，因此前文所讨论的 m_evalBuf.IsEvaluated 判断方法并不会阻止 input2 向 EvalPlan 中的注册。

调用所传入的表示输出结果的指针会指向相同的地址。EvalPlan 会在其内部进行判断，如果传入了一个已经注册过的求值请求（输出结果的指针已经位于 EvalPlan 之中），那么忽略掉当前的求值请求——这样也能够避免重复计算。

10.3.2　针对运算特性的优化

10.3.1 小节讨论的避免重复计算是一种通用的优化方式，与具体的计算逻辑无关。本小节与 10.3.3 小节讨论的优化方式只能应用于特定的计算逻辑。

MetaNN 中定义的运算除了可以接收操作数作为输入外，还可以接收 policy，这些 policy 是编译期常量，会影响运算的执行逻辑。在一些情况下，我们可以针对不同的 policy 引入相应的优化。

比如，在当前的 MetaNN 中引入了 ReduceSum 运算，用于对输入张量沿着某些维度求和并输出求和后的结果。比如，假定运算的输入为 N 维张量，我们希望沿第 i 维求和，那么求和后的结果将是一个 $N-1$ 维的张量，同时满足：

$$y(a_1,a_2,\ldots,a_{i-1},a_{i+1},\ldots,a_N) = \Sigma_{a_i}x(a_1,a_2,\ldots,a_{i-1},a_i,a_{i+1},\ldots,a_N)$$

我们可以一次性指定多个求和的维度。具体沿着哪些维度求和，是通过 policy 指定的。

在 ReduceSum 对应的 EvalGroup 中，我们引入了 Eval 接口进行实际的计算：

```
1   template <typename, typename, typename TPolicies>
2   class EvalGroup
3   {
4   protected:
5       virtual void EvalInternalLogic(EvalItemType&) final override
6       {
7           // ...
8           if constexpr (IsRegular(dimBits))
9               // ...
10
11          else
12              // ...
13      }
14  private:
15      constexpr static bool IsRegular(std::array<bool, OriDim>)
16      { ... }
17  };
```

该 EvalGroup 接收 3 个模板参数，其中的第 3 个模板参数就是调用 ReduceSum 时所传入的 policy 的变形，其中记录了需要求和的维度。

EvalGroup 在其内部会基于这个 policy 获取需要求和的维度。对于一般的情形，会执行 else 分支，引入相对复杂的求和逻辑。但如果要求和的维度是输入张量的最后若干维时，IsRegular 函数将返回 true，此时系统会选择第 9 行所对应的分支进行计算，计算过程会得到相应的简化。

可以看到，policy 是编译期的输入，IsRegular 是一个元函数，我们又使用了 if constexpr

来进行判断。这些机制放到一起保证了整个判断过程是在编译期完成的，不会对运行期性能产生任何副作用。

10.3.3　同类计算合并

某些特定的计算逻辑可能会在神经网络中多次出现，但参与计算的参数可能发生改变。还是以 GRU 的计算为例，其中涉及 6 次矩阵点乘，如 $W_z x^t$ 与 $U_z h^{t-1}$ 等，每次点乘的操作数均有所差异。此时，我们无法采用避免重复计算的方式来简化计算，但我们也没有必要依次对每个点乘求值。

比如，在 GRU 的计算公式中，6 次点乘中的 3 次都是某个矩阵与 x^t 相乘。完全可以考虑将这 3 个点乘合并到一起完成。此时，x^t 中的元素可以在 3 次点乘中共用，这减少了因数据传输所需要的耗时。

同时，通常情况下，我们需要借助于一些第三方的库来进行计算加速。很多第三方的库都提供了批处理的接口，以更大限度地利用计算资源。还是以点乘为例，英特尔公司的 MKL 就提供了?gemm_batch 的接口，可以一次性读入一组参与计算的矩阵，通过一次调用完成多个矩阵乘法。英伟达（NVIDIA）公司的 CUDA 库也提供了类似的功能，在 GPU 上实现批量计算。如果将可以一起计算的矩阵点乘整合起来，使用上述库中的接口进行计算，就可以极大地提升计算速度。

为了支持这种计算合并，MetaNN 的求值子系统提供了 EvalGroup 类。我们可以调用它的 Add 方法向其中添加同类型的计算请求，而 EvalGroup 类有足够的自由度来判断是否将若干个计算请求进行合并。

当前，MetaNN 中所有计算所对应的 EvalGroup 都是平凡的，它们都不支持计算合并。这是因为目前 MetaNN 还只是一个深度学习的基础框架，还没有进行算法的深入优化。随着算法优化的进行，可以考虑引入诸如 MKL 或者 CUDA 这样的库，同时自己编写若干批量计算的加速函数，在此基础上就可以引入新的 EvalGroup 类型，进行同类计算合并了。

同样是以矩阵点乘为例，假定我们需要对点乘计算进行合并以提升系统速度，那么完全可以引入一个 EvalGroup，并修改点乘计算的注册逻辑：

```
1  using GroupType = ... // 支持计算合并的 EvalGroup
2  using Dispatcher = ... // 相应的 EvalItemDispatcher
3  EvalPlan::template Register<Dispatcher>(...);
```

在新的 EvalGroup 中，我们需要调整 Add 的逻辑，将有可能合并的计算[①]放到一组中，并在 EvalGroup::Eval 中调用第三方的库一次性完成多组计算，以实现同类计算的合并。

同类计算合并的前提是：相关计算必须满足一定的条件，使得我们可以基于其构造并

[①] 注意，即使输入同一个 EvalGroup 中的计算也并非都能合并。比如，MKL 中要求参与点乘的矩阵具有相同的尺寸，不满足这一条是无法调用其?gemm_batch 接口的。

行算法，提升系统性能。因此，并非所有的计算逻辑都能从中受益。但值得庆幸的是，通常来说深度学习系统中耗时较高的操作（如矩阵点乘）都可以找到实现得较好的批处理版本。因此，采用计算合并，也可以使整个系统的性能得到较大的提升。

10.3.4 多运算协同优化

多运算协同优化是指同时考虑多个运算，从数学的角度上进行化简，从而达到优化的目的。与"避免重复运算""同类运算合并"相比，多运算协同优化是一种更加特殊的优化方式，但如果能够善加利用，也能发挥很大的作用。

对于深度学习框架来说，所谓系统优化，不只是要优化计算速度，还要优化系统的稳定性与易用性。"避免重复计算""同类计算合并"等方式主要针对计算速度进行优化，但多运算协同优化则可以同时兼顾这三者。接下来，让我们通过一个具体的示例展示如何在 MetaNN 中引入多运算协同优化。

1. 背景知识

很多典型的深度学习框架中，似乎都存在一些"重复"的构造。比如，Caffe 中有一个 Softmax 层，还包含了 SoftmaxLoss 层。无独有偶，TensorFlow 中包含了 tf.nn.softmax 层，还包含了 tf.nn.softmax_cross_entropy_with_logits 层。这些层的逻辑间存在重复。以 Caffe 为例，其 SoftmaxLoss 层要求输入一个向量 v 与标注类别 y，在此基础上，它：

（1）对输入向量 v 进行 Softmax 变换 $f(v_i) = \dfrac{e^{v_i}}{\sum_j e^{v_j}}$；

（2）计算损失函数值 $loss = -\log f(v_y)$，其中 y 为输入样本对应的标注类别。

整个计算过程的第（1）步实际上与 Softmax 层的功能完全相同，而第（2）步本质上是一个交叉熵的计算。Caffe 中包含了很多类似的构造，比如它有专门的层来计算 Sigmoid 的值，也有额外的层首先计算 Sigmoid，接下来计算交叉熵 。针对上述情况，为什么不引入一个专门的 CrossEntropy 层？这样，就不需要引入 SoftmaxLoss 层这样的结构，只要将 Softmax 层与 CrossEntropy 层串连起来，不就达到目的了吗。

Caffe 中并没有引入缓式求值，其中的每个层都会在其内部完成正向传播与反向传播的求值工作。而对于上述情况来说，如果引入 CrossEntropy 层，在其内部完成反向传播的求值，则会造成很大的稳定性问题。

CrossEntropy 层的输入可能是 Softmax 层的输出结果。Softmax 层本质上是将输入的向量中的元素归一化，使得它们均为正，同时加起来为 1——使用这个归一化的值来模拟每个类别的出现概率。对于复杂的问题来说，归一化后的向量中可能包含了上万个元素，由于这些元素均为正，同时相加结果为 1，这就导致了有些元素的值必然是一个非常小的正值，甚至由于计算误差，结果为 0。

假定标注类别 y 对应的就是这样一个非常小的值。CrossEntropy 层在正向传播时，输出的结果是 $-\log f(v_y)$；而在反向传播时，输出的梯度则是 $-1/v_y$。相信一些读者已经发现其中的问题了：当 v_y 非常小时；$-1/v_y$ 的绝对值会非常大。同时 v_y 在计算过程中所产生的误差会在计算 $-1/v_y$ 时放大很多，从而影响系统的稳定性。

因此，Caffe 等深度学习框架才会引入像 SoftmaxLoss 这样的层，将两步计算合并起来。进一步，通过数学推导，我们会发现这样的层在计算梯度时，公式可以被简化。Softmax 层的梯度计算涉及雅可比（Jacobian）矩阵与输入信息点乘，比较麻烦。但如果在此基础上再乘交叉熵所传入的梯度，那么相应的输出梯度中第 i 个元素可以化简为：

$$\frac{e^{v_i}}{\sum_j e^{v_j}} - \delta_{i=y}$$

式中的第一部分是 Softmax 层正向传播的输出，而第二部分 $\delta_{i=y}$ 当 $i = y$ 时为 1，其余情况为 0——这在计算上是极大的化简。同时，由于在这个式子中，并不存在一个极小的数作为分母，因此不会出现前文所讨论的不稳定的问题。

可以说，这种设计兼顾了速度优化与稳定性，但它会给框架的使用者带来困扰：使用者需要明确上述原理，才能选择正确的层——这相当于牺牲了易用性。

有没有办法兼顾这三者呢？如果使用面向对象的方式编写代码，很难兼顾这三者。但通过元编程与编译期计算，我们就可以做到三者兼顾。接下来，让我们看一下 MetaNN 是如何解决这个问题的吧！

2. MetaNN 的解决方案

MetaNN 中包含了两个层：SoftmaxLayer 与 NLLLossLayer。前者接收一个张量，对向量进行 Softmax 变换。后者接收两个张量 input、weight，分别置于其输入容器的 LayerInput 与 LossLayerWeight 端口中。在正向传播时，这个层计算

$$y = -\Sigma_{a_1,\ldots,a_n}\text{weight}(a_1,\ldots,a_n)\log(\text{input}(a_1,\ldots,a_n))$$

并输出。我们可以使用这两个层来实现前文所述的 SoftmaxLoss 的行为，SoftmaxLoss 结构如图 10.2 所示。在图 10.2 中，NLLLossLayer 的输入容器，LossLayerWeight 与 LayerInput 分别连接 BiasVector 与 SoftmaxLayer 的输出。BiasVector 中标注类别所对应的位置为 1，其他位置为 0。这样在正向传播时，NLLLossLayer 的输出就等价于 Caffe 中 SoftmaxLoss 的输出。

现在考虑上述结构在进行反向传播时会产生什么结果。首先，为了保证反向传播得以正常进行，MetaNN 中的层会在正向传播时保存中间结果。SoftmaxLayer 所保存的中间结果是输入向量计算完 Softmax 所产生的结果，而 NLLLossLayer 保存了其输入信息。

在反向传播时，输入梯度会首先传递给 NLLLossLayer。该层会调用 NLLLossGrad 函数，传入输入梯度以及之前保存的输入信息作为参数，构造出相应的运算模板。这个运算模板会被进一步传递给 SoftmaxLayer，作为其输入梯度。而 SoftmaxLayer 会调用 SoftmaxGrad，传入输入梯度与正向传播时保存的中间变量（Softmax 的计算结果），构造相

应的运算模板并输出。

　　SoftmaxLayer 的输出梯度是一个运算模板，其内部结构如图 10.3 所示。基于元编程与编译期计算，我们可以在编译期检测待求值的结构中是否包含这样的子结构。如果包含，就可以引入相应的优化：获取 Softmax 结果（$e^{v_i}/\sum_j e^{v_j}$），以及 BiasVector 中为 1 的元素位置 (y)，使用

$$\frac{e^{v_i}}{\sum_j e^{v_j}} - \delta_{i=y}$$

计算梯度值，与输入梯度相乘并返回。

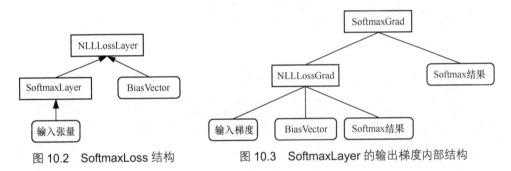

图 10.2　SoftmaxLoss 结构　　　　图 10.3　SoftmaxLayer 的输出梯度内部结构

3．编译期的求值结构匹配

　　MetaNN 引入了 OperSeq_以匹配求值结构。OperSeq_本质上实现了一个职责链模式。这是一种经典的设计模式，它将能够处理同一类请求的对象连成一条链，使这些对象都有机会处理请求，所提交的请求沿着链传递，从而避免请求的发送者和接收者之间的耦合关系。链上的对象逐个判断是否有能力处理该请求，如果能就处理；如果不能，则传递给链上的下一个对象，直到有一个对象能处理它为止[①]。

　　具体到我们的应用场景，我们所处理的请求是对某个结构进行求值，比如，我们希望对图 10.3 中 SoftmaxGrad 的结果进行求值。可以有多种方式处理该请求，比如，对 NLLLossGrad 先求值，再使用该求值结果进一步计算；也可以将上述结构一次性求值。我们将不同的处理方式串连成一个链式结构，让每一种求值方式都有机会进行处理。OperSeq_定义了这个链式结构，为了实现类似 SoftmaxLoss 的功能，我们为 SoftmaxGrad 引入了如下的定义：

```
1   template <>
2   struct OperSeq_<OpTags::SoftmaxGrad>
3   {
4       using type =
```

----

① 以上描述来源于网络。

```
5              OperCalAlgoChain<NSCaseNLLLossGrad::Calculator,
6                      TailCalculator<NSCaseGen::EvalItem,
7                                     NSCaseGen::EvalGroup,
8                                     PolicyContainer<PPassPolicy>>>;
9      };
```

这是一个编译期的职责链，其中包含了两种处理方式：NSCaseNLLLossGrad::Calculator 中的求值方式是判断输入的求值结构是否满足图 10.3 的形式，如果满足，就一次性计算出求值结果；TailCalculator 中的求值方式则变成前文所述的通用求值方式。

事实上，从这里也可以看出 TailCalculator 名称的由来，它通常用于描述整个职责链中最后一种求值方式，也是最通用的求值方式。

回顾一下我们在 Operation::EvalRegister 中的代码：

```
1      auto EvalRegister() const
2      {
3          // ...
4
5          using TOperSeqCont = typename OperSeq_<TOpTag>::type;
6
7          using THead = Sequential::Head<TOperSeqCont>;
8          using TTail = Sequential::Tail<TOperSeqCont>;
9          THead::template EvalRegister<TTail>(m_evalBuf, *this);
10
11         // ...
12     }
```

其中的第 7 行相当于从职责链中选择了第一种求值方式，而第 9 行则尝试调用该求值方式的 EvalRegister 函数求值。对于 SoftmaxGrad 来说，这相当于首先尝试使用 NSCase NLLLoss Grad ::Calculator 进行求值。

NSCaseNLLLossGrad::Calculator 的逻辑框架如下：

```
1      struct Calculator
2      {
3          // ...
4          template <typename TCaseTail, typename TEvalRes, typename TOp>
5          static void EvalRegister(TEvalRes& evalRes, const TOp& oper)
6          {
7              using TOp1 = typename TOp::template OperandType<0>;
8              using TOp2 = typename TOp::template OperandType<1>;
9              if constexpr (!Valid_<TOp1, TOp2>::value)
10             {
11                 using THead = Sequential::Head<TCaseTail>;
12                 using TTail = Sequential::Tail<TCaseTail>;
13                 THead::template EvalRegister<TTail>(evalRes, oper);
14             }
15             else
16             {
17                 // ...
18             }
19         }
20     };
```

注意其中的第 9 行, 我们在这里使用了一个 Valid_元函数来判断当前传入的结构是否满足图 10.3 所示的样式。如果不满足, 就从求值职责链中获取下一个求值算法, 调用相应的EvalRegister 函数。如果满足, 就会进入 else 分支, 尝试使用优化的算法完成求值。

Valid_的定义如下:

```
1   template <typename T1, typename T2>
2   struct Valid_
3   {
4       constexpr static bool value = false;
5   };
6
7   template <typename TLossOperands, typename TSoftmaxOperand>
8   struct Valid_<Operation<OpTags::NLLLossGrad,
9                           TLossOperands, PolicyContainer<>>,
10              TSoftmaxOperand>
11  {
12      using TCheckOperand = Sequential::At<TLossOperands, 2>;
13      constexpr static bool value = is_same_v<TCheckOperand,
14                                              TSoftmaxOperand>;
15  };
```

这是一个很简单的分支逻辑, 通常情况下, Valid_都会返回 false。只有传入 SoftmaxGrad 中的两个参数满足第 1 个参数是一个 NLLLossGrad 的运算模板, 而且其第 3 个参数与 SoftmaxGrad 的第 2 个参数类型相同 (它们都对应了 Softmax 结果) 时, 它才为 true。此时, 系统会尝试使用优化后的算法进行求值。

注意, 即使 Valid_为 true, 我们也不能保证一定可以使用优化后的算法完成求值。为了使用优化后的算法求值, 我们就必须要求图 10.3 中两个标记为 "Softmax 结果"的对象是相等的。通常来说, 这一点是可以满足的。但框架本身并不能保证这一点, 因此我们必须引入相应的逻辑来进行判断。

4. MetaNN 中的对象判等

为了确保计算优化的正确性, 我们需要从 SoftmaxGrad 的运算模板对象中获取两个表示 Softmax 结果的操作数, 判断二者是否相等。只有在二者相等的情况下, 才能使用优化算法, 否则应该变成基本的求值逻辑。那么, 该如何判断这两个对象相等呢?

事实上, 判断两个操作数是否相等是深度学习框架中的一个常见问题, 很多运算的优化都要在确保传入其中的操作数满足一定条件的基础上才能进行, 而操作数相等是一种很基础的判断。MetaNN 中的数据类型主要是张量, 判断两个张量是否相等, 最直接的方式就是比较两个张量中对应的元素是否相等。但这种做法会引入大量的比较操作, 从而影响系统性能。事实上, 之所以会出现某个运算直接或间接地使用了两个 "相等"的操作数, 是因为在计算过程中, 某个操作数可能会被复制成多份, 不同的副本参与不同部分的运算。如果我们能将判断相等的问题, 转化为判断两个对象是否互为副本的问题, 那么相应的计算就可能得到简化。

以图 10.3 为例，Softmax 的计算结果会被复制成两份，一份保存在 SoftmaxLayer 中，另一份保存在 NLLLossLayer 中。反向传播时，这两个副本会用作 SoftmaxGrad 的两个（直接或间接的）操作数。我们只需要确定 SoftmaxGrad 的这两个操作数互为副本。

由于在 MetaNN 中，数据类型在复制时默认采用的是浅拷贝，因此判断两个对象是否互为副本，只需要比较这两个对象内部所保存的指针。MetaNN 为每个数据类型都引入了相应的接口，来判断另一个对象是否为其副本。比如，对于 Tensor 类来说，其中包含了如下的接口：

```
1  template <typename TElem, typename TDevice, size_t uDim>
2  class Tensor
3  {
4      // ...
5      bool operator== (const Tensor& val) const
6      {
7          return (m_shape == val.m_shape) &&
8                 (m_mem == val.m_mem);
9      }
10  };
```

对于两个 Tensor 类模板实例化出的类型对象 a、b 来说，只有在二者指向相同的内存（第 7 行），具有相同的尺寸信息（第 8 行）时，a == b 才为 true，否则为 false。

MetaNN 还支持不同类型的对象进行比较，只不过比较的结果直接返回 false：

```
1  template <typename T1, typename T2,
2           ...
3           enable_if_t<!std::is_same_v<T1, T2>>* = nullptr>
4  bool operator== (const T1&, const T2&)
5  {
6      return false;
7  }
```

我们还可以相应地写出 operator !=的逻辑：

```
1  template <typename T1, typename T2, ...>
2  bool operator!= (const T1& val1, const T2& val2)
3  {
4      return !(val1 == val2);
5  }
```

基于这些接口，我们就可以比较两个 MetaNN 中的数据对象，而无须关注其具体的数据类型。

运算模板也引入了类似的逻辑：

```
1  template <...>
2  class Operation
3  {
4      // ...
5      bool operator== (const Operation& val) const
6      {
```

```
7              return (m_auxParams == val.m_auxParams) &&
8                     (m_operands == val.m_operands);
9          }
10     };
```

它表示，若要两个 Operation 对象相等，当且仅当其中所包含的操作数与辅助参数相等。

其他诸如 DynamicData、ScalableTensor 等模板也包含了 operator == 的实现。这里就不一一列举了。

5. 自动触发优化

在讨论了 MetaNN 中的 operator == 后，让我们回过头来看 SoftmaxGrad 的求值实现。如前文所述，SoftmaxGrad 在求值时需要处理两种情况。其中的 NSCaseNLLLossGrad::Calculator 可以基于特定的数据结构进行优化。如果输入其中的求值参数不满足要求，它就会调用另一个求值模块 TailCalculator，后者会采用一般的求值流程，即首先调用参数的 EvalRegister 接口，并在此之后构造 SoftmaxGrad 的求值请求，传递给 EvalPlan。

上述优化逻辑封装于 MetaNN 的内部，对于框架的用户来说它是透明的。框架的用户可以构造 SoftmaxLayer 或 NLLLossLayer 的对象，进行正向传播与反向传播。将这两个对象关联起来，比如使用复合层将 SoftmaxLayer 的输出送入 NLLLossLayer 的输入，那么在反向传播时，就会自动触发优化算法，实现快速计算。

本小节所讨论的优化方式必须要在涉及多个运算，同时这些运算满足一定结构的前提下才能使用。因此，笔者将这种优化方式称为"多运算协同优化"。在本节，我们以"Softmax + 交叉熵"这个场景讨论了多运算协同优化的实现方案，这种优化方式可以用于很多场景之中。比如我们可能要在计算完 Softmax 后，对输出结果取 Log，此时就可以引入多运算协同优化简化计算；又如，如果需要首先计算 Sigmoid，再计算交互熵，那么也可以引入多运算协同优化，来优化反向传播时梯度的计算。

10.4 小结

本章讨论了 MetaNN 中的求值与优化算法。

与前 9 章相比，本章所讨论的代码并不多，更侧重于一些设计方面的讨论。这是因为本书所讨论的主体是 C++模板元编程，而对于求值与优化来说，其中并没有涉及一些新的元编程技术[①]，因此我们在这里并没有花费很多的笔墨来分析具体的代码。

但本章也是非常重要的一章。笔者一直认为，技术是用来解决实际问题的，我们不应该为了技术而技术。之所以讨论元编程，就是因为通过元编程与编译期计算，能够使我们在运行期进行更好的性能优化。我们在本章所讨论的几种优化方式也体现了这一点。相比

---

① 由于多运算协同优化涉及了编译期职责链模式的编写，因此对其中的一些代码进行了讨论。

之下，使用面向对象编写的框架可以通过一些手段来避免重复计算，但只有引入了缓式求值与表达式模板后，我们才能比较方便地进行同类计算的合并，同时在计算的过程中根据实际情况选择更有利的计算方案。更进一步，通过深入地使用元编程与编译期计算的技术，我们还能做到多运算协同优化。

C++ 是一门讲求执行效率的语言，其标准在不断演进，但其讲求效率的初衷从未改变。从 C++03 到 C++17，其中引入了很多技术，使得我们可以更方便地进行元编程与编译期计算。我们有理由相信，标准的演进会大幅度降低元编程技术的门槛，让越来越多的人可以使用编译期计算构造更快、更稳定的系统。

10.5　练习

1. 在本章中，我们介绍了 MetaNN 求值子系统所包含的若干模块。限于篇幅，本章并未讨论这些模块的具体实现代码。读者可阅读相关模块的实现代码，确保了解它们的工作原理。

2. 本章引入了 TypeID 为每个参与求值的计算关联一个整数值，以便于对类型相对的计算进行合并。事实上，从 C++11 起，C++就提供了 std::type_index 函数来实现类似的目的。但本章并没有使用 std::type_index，而是采用了一个自定义的实现。请在网络上搜索 std::type_index 的介绍并仔细阅读，分析没有使用该函数的原因（提示：与 "运行时类型识别（Run-Time Type Information，RTTI）" 相关）。

3. 事实上，TypeID 还有一种更简单的实现方式：

```
template <typename T>
size_t TypeID()
{
    static size_t id;
    return (size_t)(&id);
}
```

试分析为什么这段代码可以用于为不同的类型指定相应的 ID，同时对比本章中的实现，分析二者的优劣。

后记

　　2018 年年底，我出版了一本讨论 C++模板元编程的书，也正是因为这本书，我有幸结识了高博等数位 C++方面的专家。在 2019 年的一次聚会上，我提到希望写该书的第二版，高博老师对此给予大力的支持。在高博老师和他的团队的共同帮助下，有了本书的面世。

　　之所以要将相同的主题拿出来再写一次，是因为相对 2018 年，我对 C++模板元编程以及深度学习框架有了更深的认识。基于这些认识，我对自己搭建的深度学习框架也进行了很大的调整。到 2019 年下半年，这些调整积累到了一定的程度，以至于我觉得需要用一本书来重新讨论这个问题。

　　但事实告诉我，我的一些想法还是太天真了。从 2019 年下半年开始，我在构思新书的同时对当时的代码进行梳理，发现代码中有着这样或那样不尽如人意之处，因此代码也在不断调整。直到 2020 年年中，我才觉得可以供"方家一笑"了。于是我从那个时候开始减少代码的更新，转而将工作的重点放到写书上。

　　虽然代码已经基本编写完成，同时又有第一版的内容"打底"，但写本书也比想象中艰难很多：首先，随着对深度学习框架认识的深入，我发现了原有框架的诸般不足，因此对其进行了很大的调整，这就使得原书中的内容不再适用；其次，随着对 C++模板元编程认识的加深，我在新的框架中引入了若干新的程序编写方法，将这些内容一一讨论清楚并不是一件容易的事情，这也就导致了本书用了将近一年的时间才得以完成。

　　一件有意思的事情是，在写本书的同时，我也在进行着上一本书英文版的出版相关工作。这就使得我在写本书的同时，不得不深入细致地回顾上一本书中的内容。在埋首于两本主题相同的书之时，我多次感觉到上一本书中的很多内容是多么的不成熟。

　　但在写这篇后记时，回过头来看这几年的写书历程，我想我可以无愧地说一句："无论是上一本书，还是这一本书，我都做到了我能达到的最好的状态。"

　　可能是由于在学校里待的时间较长，这两本书都是按照论文的标准来编写的。所谓论文标准，通常要求作品有系统性、前瞻性、严谨性。我尽量做到这几点，可以说，本书是关于 C++模板元编程与深度学习框架的第二篇"论文"。它在第一篇"论文"的基础上进行提炼、修正，达到了一个更高的高度。书不厚，但从论文的角度来说，它也绝对不算薄了。

　　相信很多人都有撰写论文的经历，但每个人撰写论文的初衷各不相同。对我来说，写这两本书（两篇"论文"）的目的是希望能更好地对自己已有的经验进行总结，同时要看到自己的不足之处，从而找到下一步努力①的方向。而我也确实达到了目的，在写作本书的最后一段时间里，我也确实找到了一些有意思的内容，这些内容将会添加到现有的框架之中——这也就意味着，在合适的时机，我可能会再写一本书：同样的主题，更深入的见解。

论文写出来是要给他人分享与评判的，而各位读者就是这篇"论文"的评判者。我诚心正意，殚精竭虑以成篇——今奉于君前，请指正！

读书使人快乐，愿您阅读本书时，有一个愉快的旅程。

谢谢阅读。

李伟

2021 年 1 月 18 日，于西雅图

---

① 不敢用"研究"二字，感觉差得还远。